中国新材料产业发展报告（2017）

国家发展和改革委员会高技术产业司
工业和信息化部原材料工业司
中 国 材 料 研 究 学 会
编写

化学工业出版社
·北京·

图书在版编目（CIP）数据

中国新材料产业发展报告. 2017/国家发展和改革委员会高技术产业司，工业和信息化部原材料工业司，中国材料研究学会编写. —北京：化学工业出版社，2018.7
ISBN 978-7-122-32512-9

Ⅰ. ①中… Ⅱ. ①国… ②工… ③中… Ⅲ. ①工程材料-研究报告-中国-2017 Ⅳ. ① TB3

中国版本图书馆CIP数据核字（2018）第128690号

责任编辑：刘丽宏　　装帧设计：韩　飞
责任校对：王素芹

出版发行：化学工业出版社（北京市东城区青年湖南街13号　邮政编码100011）
印　　装：三河市延风印装有限公司
787mm×1092mm　1/16　印张18¼　字数332千字　2018年7月北京第1版第1次印刷

购书咨询：010-64518888（传真：010-64519686）　售后服务：010-64518899
网　　址：http://www.cip.com.cn
凡购买本书，如有缺损质量问题，本社销售中心负责调换。

定　　价：145.00元

《中国新材料产业发展报告（2017）》编委会

前言

《中国新材料产业发展报告（2017）》（以下简称《报告》）是由国家发展和改革委员会（简称发改委）高技术产业司和中国材料研究学会合作，还邀请到国家工业和信息化部（简称工信部）原材料工业司加盟，共同组织编写的年度系列报告的第13部。全书围绕我国经济重点发展领域，如新能源、生物、新一代信息技术、航空航天、节能环保以及重大工程项目建设需要的新材料，深入学习《新材料产业发展指南》，以深化改革、推动科技创新、加快改变经济发展方式为主线，着重阐述了发展新材料产业的背景需求和战略意义，新材料产业的国内外发展现状及趋势，发展我国新材料产业的主要任务及存在的主要问题，以及推动我国新材料产业发展的对策和建议等。同时，《报告》还收入了特色工业园区新材料产业发展的专门报告，是一部综合性强、信息量大、内容深刻的咨询文献。《报告》可以为有关政府职能部门和全国广大从事新材料产业化的科技工作者和产业界人士在制定发展新材料产业规划时提供一份有参考价值的文献。

《中国新材料产业发展报告（2017）》由中国材料研究学会产业化工作委员会负责统筹策划和具体实施，同时邀请到“国家新材料产业发展专家咨询委员会”有关专家指导和参与，使报告所选的章节内容，突出了重点发展方向和领域，体现了我国当代新材料产业的发展现状及特点，同时对推动新材料产业发展的对策和建议提出了专家观点，既具有指导性，也有较强的可操作性。

参加《报告》编写的人员都是来自材料科技和产业界第一线的专家、学者，他们对各自领域内的新材料产业的国内外现状、发展趋势、技术关键、市场需求等都有全面的了解和掌握，通过他们的论述和分析，使我们能够对我国当前新材料重点产业的现状和特点、主要问题以及对策和建议都能得到较全面的了解和掌握。

但是也应看到，我国新材料产业目前还处在由大到强转变的关键时期，我国新材料产业的发展还任重道远，我们希望《报告》的编写、出版、发行能对我国新材料产业又快又好的发展做出贡献，我们热切希望从事新材料研发、产业化发展的政府职能部门、专家、企业家及其他人士，参加《报告》的编写，共同为发展我国新材料产业献计献策，贡献力量和智慧。

新材料量大面广，发展很快，再加上时间仓促和水平所限，所以本报告难免有不尽如人意之处，我们热切希望各方面的读者多提出宝贵的意见；也热烈欢迎关注我国新材料产业发展的学者、专家和企事业家们积极参与讨论和支持。

我们谨代表本书编委会，对热心中国新材料产业的发展、积极热情为本书撰写报告的所有作者、对本书的编辑和出版付出辛勤劳动和贡献的工作人员一并表示真诚的感谢！

《中国新材料产业发展报告（2017）》编委会

目 录

第一篇 综述

第二篇 专题

第三篇 特色园区篇

第一篇 综述

李 强 周少雄 曾 宏

引言

新材料、新思想、新动力——迎接我国新材料产业发展新阶段

材料工业是制造业的基础产业，服务于国民经济、社会发展、国防建设和人民生活的方方面面，是实现制造业强国战略目标的物质基础。新材料作为材料工业发展的先导，已成为当前全球最重要、发展最快的高新技术领域之一，成为世界各国必争的战略性新兴产业。加快推动我国新材料产业发展，实现“一代装备、一代材料”向“一代材料、一代装备”转变，对于引领材料工业升级换代，支撑“中国制造2025”新兴产业发展，保障国家重大工程和国防军工建设，构建国际竞争新优势具有重要的战略意义。

继“十二五”新材料产业成为国家重点发展的七大战略性新兴产业后，新材料又被列为《中国制造2025》十大优先发展领域之一，2017年初，国家四部委联合发布了《新材料产业发展指南》，同时作为实现制造业强国重要支撑和保障的新材料产业在“十三五”多个国家层面的顶层规划中均有涉及，可见新材料之重。为加快推进我国新材料产业发展，2016年12月，国务院专门成立了“国家新材料产业发展领导小组”，设立了“国家新材料产业发展专家咨询委员会”，彰显出新时期国家对新材料产业发展重要性和紧迫性的高度重视，也为加快推动新材料产业跨越式突破带来了难得的历史发展契机。

新材料已成为我国经济结构调整、新旧动能转换的重要新引擎，伴随全球产业竞争格局的重大调整，我国新材料产业快速发展进入新一轮黄金周期，催生新材料高速高质发展的驱动力越来越由单一军事需求牵引向军民融合发展双

驱转型，新材料日益成为下游行业重大应用和国防安全的坚强基础，成为国家实施创新驱动发展战略、提升国际综合竞争力的关键战略导向，也更加成为抢占先机、重点突破的前沿高地。已启动的16个国家科技重大专项、新近和即将逐步启动的16个科技创新2030国家重大项目以及多项国家重大工程的顺利实施，新材料的支撑保障作用已日益彰显。摸清产业发展基础、厘清产业发展战略、确定重点发展领域、制定针对性的政策措施是新材料产业取得成功的关键。

《中国制造2025》重点领域技术创新绿皮书（新材料）和《新材料产业发展指南》均明确指出："十三五"期间，新材料产业将以三大重点方向为导向。一是发展先进基础材料，实现转型升级。基础材料产业是实体经济不可或缺的发展基础，我国百余种基础材料产量已达世界第一，但大而不强，面临总体产能过剩、产品结构不合理、高端应用领域尚不能完全实现自给等三大突出问题，迫切需要发展高性能、差别化、功能化的先进基础材料，推动基础材料产业的转型升级和可持续发展。先进基础材料是指具有优异性能、量大面广且"一材多用"的新材料，主要包括钢铁、有色金属、石化、建材、轻工、纺织等基础材料中的中高端材料，对国民经济、国防军工建设起着基础支撑和保障作用。二是发展关键战略材料，实现高端自主供给。关键战略材料是重大工程成功的保障，加快高端转移、加大国产化比重迫在眉睫。关键战略材料主要包括高端装备用特种合金、高性能分离膜材料、高性能纤维及其复合材料、新型能源材料、电子陶瓷和人工晶体、生物医用材料、稀土新材料、先进半导体材料、新型显示材料等高性能新材料，是实现战略性新兴产业创新驱动发展战略的重要物质基础，是支撑和保障海洋工程、轨道交通、舰船车辆、核电、航空发动机、航天装备等领域高端应用的关键核心材料，也是实施智能制造、新能源、电动汽车、智能电网、环境治理、医疗卫生、新一代信息技术和国防尖端技术等重大战略需要的关键保障材料。目前，在国民经济需求的百余种关键材料中，约1/3国内完全空白，约1/2性能稳定性较差，部分产品还受到国外严密控制，突破受制于人的关键战略材料，具有十分重要的战略意义。三是发展前沿新材料，抢占战略制高点。革命性新材料的发明、应用一直引领着全球的技术革新，推动着高新技术制造业的升级换代，同时催生了诸多新兴产业。在发挥前沿新材料引领产业发展方面，我国的自主创新能力严重不足，催生新兴产业的新材料原创主要来自国外。提升引领发展能力，迫切需要在3D打印材料、超导材料、智能/仿生/超材料、石墨烯等新材料前沿方向加大创新力度，加快布局自主知识产权，实现重大原始创新，抢占战略发展制高点，形成新的国家新材料战略优势领域。

第1章 全球新材料产业发展态势

1.1 全球新材料产业发展现状

新材料技术与信息技术、生物技术、能源技术并称为21世纪支柱性高新技术，是一个国家国民经济、社会发展、国防建设和人民生活的物质基础和先导，国际竞争日趋激烈，世界各国竞相将发展新材料产业列为国际战略竞争的重要组成部分。在新一轮科技革命浪潮的推动下，全球新材料产业近年来得到迅猛发展，研发格局全球化趋势日见端倪。

（1）产业规模不断扩大，地区差异日益明显

2010年全球新材料市场规模超过4000亿美元，到2016年已经接近2.15万亿美元，平均每年以10%以上的速度增长。尽管2012年以来，全球经济仍未摆脱低迷，但新材料产业发展并未因此而受到明显影响，仍保持着稳中有升的持续发展态势。随着全球高新技术产业的快速壮大和制造业的不断升级以及可持续发展的持续推进，新材料的需求将更加旺盛，新材料的产品、技术、模式将不断更新迭代，市场将更加广阔，产业将继续快速增长。

全球新材料产业发展地区差距日益明显。长期以来，新材料产业的创新主体是美国、日本和欧洲等发达国家和地区，长时间处于领先地位，拥有绝大部分大型跨国公司，在经济实力、核心技术、研发能力、市场占有率等多方面占据绝对优势，形成全球市场的垄断地位。其中，全面领跑的国家是美国，日本在纳米材料、电子信息材料等方面有明显优势，欧洲则在结构材料、光学与光电材料等方面有明显优势。中国、韩国、俄罗斯紧随其后，目前属于全球第二梯队。我国在半导体照明、稀土永磁材料、人工晶体材料等方面有比较优势，韩国在显示材料、存储材料等方面有比较优势，俄罗斯则在航空航天材料等方面具有比较优势。除巴西、印度等少数国家之外，大多数发展中国家的新材料产业相对比较落后。从全球新材料市场来看，北美和欧洲拥有目前全球最大的新材料市场，且市场已经比较成熟，而亚太地区，尤其是我国，新材料市场正处在一个快速发展的阶段。从宏观来看，全球新材料市场的重心正逐步向亚洲地区转移。伴随新一轮科技革命和产业大变革的来临，全球技术要素和市场要素配置方式将发生深刻变化，地区差异随之会进一步加剧。

近15年来，世界各国的新材料产业快速扩张、高速增长，并呈现出专业化、复合化、精细化、智能化、绿色化特征。受全球经济疲软影响，我国新材料产业增速有所放缓，但仍保持增长态势，2016年我国新材料产业总产值达2.65万亿元，产生了若干创新能力强、具有核心竞争力、新材料销售收入超过100亿元的综合性龙头企业，培育了一批新材料销售收入超过10亿元的专业型骨干企业，建成了一批主业突出、产业配套齐全、年产值超过300亿元的新材料产业集聚区和特色产业集群。

（2）集约化、集群化发展，高端材料垄断加剧

随着全球经济一体化进程加快，集约化、集群化和高效化成为新材料产业发展的突出特点，我国新材料产业也正朝着这一趋势迈进。新材料产业呈现横向、纵向扩展，上、下游产业联系也越来越紧密，产业链日趋完善，多学科、多部门联合进一步加强，形成了新的产业战略联盟，有利于产品开发与应用拓展的融合，但是也形成了寡头垄断。一些世界著名的材料企业纷纷结成战略伙伴，开展全球化合作，通过并购、重组及产业生态圈构建，整体上把控着全球新材料产业的优势格局。例如，世界新材料主要生产商美国铝业、美国杜邦、德国拜耳、美国GE塑料、美国陶氏化学、日本帝人、日本TORAY、韩国LG等大型跨国公司，凭借其技术研发、资金和人才等优势，纷纷结成战略联盟，开展全球化合作，通过并购、重组及产业联盟，构筑系列专利壁垒，加速对全球新材料产业的垄断，并在高技术含量、高附加值的新材料产品市场中保持主导地位。其中，日本TORAY基本垄断了高性能碳纤维及其复合材料的市场，美国铝业掌握了飞机用金属新材料80%的专利，美国杜邦、日本帝人控制了对位芳纶纤维90%的产能，日本信越、德国瓦克、日本住友、美国MEMC和日本三菱材料五家公司占据国际半导体硅材料80%的市场份额，美国科锐占据碳化硅单晶70%以上的全球市场份额，日本住友电工、日本三菱化学和美国FCM占据了半绝缘砷化镓90%的全球市场份额等。

（3）交叉融合创新加速，研发模式加快转变

基础学科突破、多学科交叉、多技术融合快速推进了新材料的创制、新功能的发现和传统材料性能的提升，新材料研发日益依赖于多专业的协同创新。例如，固体物理的重大突破催生了系列拓扑材料的出现；材料与物理深度融合诞生了高温超导材料；高密度、低功耗、非挥发性存储器技术开发更是多专业合作的典型案例，即物理学家提出阻变、相变、磁隧道结和电荷俘获四种新的存储概念，材料学家找出合适的材料来实现对应功能，微电子专家设计相应的电路，以保证存储信号的写入、读取和擦除。

值得注意的是，针对现有研发思路和方法的局限性（性能、周期、资源），借鉴人类基因组工程，以高通量计算、高通量制备、高通量表征、数据库与大

数据等技术为支撑，立足把握材料成分—原子排列—显微组织—材料性能—环境参数—使用寿命之间关系的材料基因组工程快速发展，将推动新材料的研发、设计、制造和应用的创新模式发生重大变革，使新材料研发周期和研发成本大幅度缩减，并将加快探索发现前沿材料、实现材料新功能，加速新材料的创新过程。

（4）全生命周期绿色化，资源能源高效利用

进入21世纪以来，面对日益严重的资源枯竭、不断恶化的生态环境和大幅提升的人均需求等发展困境，绿色发展和可持续发展等理念已经成为全人类共识。材料发展更加关注可持续性，资源、能源、环境对材料生产、应用、失效的承载能力，战略性元素的绿色化高效获取、利用、回收再利用以及替代等受到空前重视。因此，世界各国都积极将新材料的发展与绿色发展紧密结合，高度重视新材料与资源、环境和能源的协调发展，大力推进与绿色发展密切相关的新材料开发与应用，例如：欧洲首倡材料全寿命周期技术，对钢铁、有色金属、水泥等大宗基础材料的单产能耗、环境载荷要求降低20%以上；提倡新能源材料、环保节能材料等，高度重视新材料从生产到使用全生命周期的低消耗、低成本、少污染和综合利用等。

1.2　国外主要国家新材料产业相关政策

新材料技术与信息技术、能源技术、生物技术等高新技术正加速融合，大数据、云计算、数字仿真等技术在新材料研发设计中的作用不断突出，增材制造、材料基因组计划、“互联网+”等新技术、新模式蓬勃兴起，新材料创新步伐持续加快，新材料和新物质结构不断涌现，“一代装备，一代材料”向“一代材料，一代装备”转变，凸显材料的战略性和基础性作用，新材料技术成为各国竞争的热点之一。为此，国外主要国家均制定了相应的新材料发展战略和研究计划。

（1）美国——国家制造业创新网络战略规划、材料基因组计划等

美国处于世界科技的领先地位得益于对新材料研究的长期重视和持续支持。长久以来，美国科研的主导方向是为国防领域服务，所以材料研究与开发主要集中在国防和核能领域，这使得美国航空航天、计算机及信息技术等行业的相关材料应用得到迅速发展。1991年，美国提出了通过改进材料制造方法、提高材料性能来达到提高国民生活质量、加强国家安全、提高工业生产率、促进经济增长的目的，自此，美国科技政策向军民结合调整。在已发表的第一份美国国家关键技术报告中，美国就将新材料列为所提出的对国家经济繁荣和国家安全至关重要的6个领域之首。从克林顿时期、小布什时期到奥巴马政府，美国都

将新材料发展置于国家战略高度，例如：克林顿时期制定的未来工业材料计划、小布什时期制定的氢燃料电池研究计划以及奥巴马时期提出的材料基因组计划等。

美国能源部为了推动清洁能源经济，于2010年12月发布了《关键材料战略》，以解决因产地、供应链脆弱以及缺乏合适的替代材料等原因导致的安全问题所带来的挑战。2011年12月，又发布了该战略的修订升级版——《2011关键材料战略》，重点支持风轮机、电动汽车、太阳能电池等清洁能源技术中用到的稀土及其他关键材料。

2011年6月，美国宣布了一项超过5亿美元的“制造业伙伴关系”计划，通过政府、高校及企业的合作来强化美国制造业，其中就包含了材料基因组计划。该计划在研究、培训和基础设施方面的投资超过1亿美元，目的是使美国企业发现、开发、生产和应用先进材料的速度提高到当时的两倍。在加强政府、高校及企业合作的同时，在强化美国制造业方面，专项启动了4个子计划：①提高美国国家安全相关行业的制造业水平；②缩短先进材料的开发和应用周期；③投资下一代机器人技术；④开发创新的、能源高效利用的制造工艺。

2011年6月底，白宫发布了美国国家科学技术委员会起草的《美国材料基因组计划》（MGI），内容主要包括了开发材料的创新基础设施（计算工具、实验工具和数字数据库）、实现先进材料的国家目标（为了国家安全的材料、为了人类健康和福利的材料、清洁能源系统材料）以及装备下一代材料，提出了实现材料领域发展模式的转变，把新材料研发和应用的速度从目前的10～20年缩短为5～10年。据2015年不完全统计，美国已有5个政府机构、38所大学、11个专业学会、39家公司和研究机构先后参与了“材料基因组计划”的相关研究。

2012年2月，白宫发布了《先进制造业国家战略计划》，创建了包括先进材料在内的4个领域的联邦政府投资组合，以调整优化联邦投资，促进先进材料发展。同时，还发布了“国家纳米计划”，在沿袭老版整体目标和重点领域的基础上，在具体战略部署方面进行了调整，规划确定了纳米材料、纳米制造等8大主要支持领域。

2014年，美国发布了《材料基因组计划战略规划》，主要包括生物材料、催化剂、光电材料、储能系统、轻质结构材料、有机电子材料等9大领域、63个方向。

2012年3月，美国启动“国家制造业创新网络计划”；2016年2月19日，发布了《国家制造业创新网络战略规划》（NNMI计划），组建了轻质现代金属制造创新研究所、复合材料制造创新研究所等，重点发展先进合金、新兴半导体、碳纤维复合材料等重点材料领域。

（2）欧盟——地平线2020计划、欧洲冶金计划等

为了抢占未来的新兴市场以促进欧盟经济发展，欧盟委员会2009年9月公

布的一份名为《为我们的未来做准备：发展欧洲关键使能技术总策略》的文件，该文件将纳米科技、微（纳）米电子与半导体、光电、生物科技及先进材料等5大科技认定为关键使能技术（KETs）。欧盟委员会指出，KETs的技术外溢效益和其所产生的加成效果，可以同时提升其他领域的发展，如通信技术、钢铁、医疗器材、汽车及航天等领域，因此对欧盟地区未来的经济持续发展有着重大的影响，也有助于面对社会与环境的重大挑战，提高欧盟在未来10年的国际竞争力。

欧盟委员会于2011年11月公布了为期7年、计划耗资800亿欧元的“地平线2020”（Horizon 2020）规划提案，这是欧盟首个全局性的重大科研规划。“地平线2020”重点关注三个主要目标：打造卓越的科学（预算246亿欧元）、成为全球工业领袖（预算179亿欧元）、成功应对社会的挑战（预算317亿欧元）。其中，针对“成为全球工业领袖”提出专项支持信息通信技术、纳米技术、微电子技术、光电子技术、先进材料、先进制造工艺、生物技术、空间技术以及这些技术的交叉研究。

2011年，欧盟以高性能合金材料需求为牵引，启动了欧盟第七框架计划下的“加速冶金学（AccMet）”项目。2012年，欧洲科学基金会又推出总投资超过20亿欧元的“2012～2022欧洲冶金复兴计划”，对数以万计的合金成分进行自动化筛选、优化和数据积累，以加速发现与应用高性能合金及新一代先进材料。2013年开始，欧盟在“地平线2020计划”中推进了“新材料发现（NoMaD）”项目，现已建成NoMaD数据库，用以托管、组织和共享材料数据，涉及8个计算材料科学小组和4个高性能计算机中心。

2012年7月，欧盟出台“第七框架计划（EP7）”，其中的“纳米科学、纳米技术、材料与新产品技术”主题计划在2013年部署12项中为优先项目。

2012年9月，欧盟科研与创新理事会出台欧盟飞机制造业《2050战略研发创新议程》，旨在集成纳米新材料技术、光电子技术和先进机械制造技术等来推进绿色航空航天技术的研究。

2014年，欧盟提出石墨烯旗舰计划，投资10亿欧元支持石墨烯制备、应用等13个方向。推出“纳米科学、纳米技术/材料与新制造技术（NMP）”项目以及“研究网络计划”，加速高性能合金及新一代材料的研发。

（3）德国——工业4.0

2012年6月，德国联邦环境部、德国联邦职业与健康安全研究所与巴斯夫研究所联合启动实施了“纳米材料安全性”长期研究项目。该项目的目标是要了解各类纳米材料可能对周边环境产生的影响，通过定量化方法对纳米材料进行安全性风险评估。

2012年11月，德国联邦教研部宣布启动“原材料经济战略”科研项目，目的在于开发高效利用并回收原材料的特殊工艺，加强稀土、铟、镓、铂族金属等的回收利用，促进资源循环使用。

德国联邦教研部为鼓励各种社会力量参与新材料研发，先后颁布实行了《材料研究（MatFo）》（1984 ～ 1993年）、《材料技术（MaTech）》（截至2003年）和《为工业和社会而进行材料创新（WING）》（始于2004年）三个规划。《WING规划》强调密切关注材料的可制造性，致力于协调各部门、各工业间的高水平材料研究。

2013年4月，德国颁布了《关于实施工业4.0战略的建议》白皮书，标志着“工业4.0”的概念正式诞生。“工业4.0”是德国政府提出的一个高科技战略计划，所谓的工业4.0是指利用信息物联系统将生产中的供应、制造、销售信息数据化、智慧化，最后达到快速、有效、个性化的产品供应，提升制造业的智能化水平，建立具有适应性、资源效率及人因工程学的智慧工厂，在商业流程及价值流程中整合客户及商业伙伴，其技术基础是网络实体系统及物联网。这一概念自此后迅速席卷全球，针对第四次工业革命，世界各国都极为重视，力争以此为契机抢占制造业的制高点。之后，德国将“工业4.0”项目纳入了《高技术战略2020》的10大未来项目中，通过新理念、新战略、新技术，把信息化推向质的变化阶段，推动以智能制造、互联网、新能源、新材料、现代生物为特征的新工业革命。德国企业界普遍认为，确保和扩大它们在材料研发方面的领先地位是它们在国际竞争中取得成功的一把钥匙。

2016年3月，德国发布了《数字战略2025》（Digital Strategy 2025），确定了实现数字化转型的10大步骤及具体实施措施，其中重点支柱项目包括工业3D打印等。

（4）日本——第五期科学技术基本计划

日本1994年将其一贯奉行的“科技立国”调整为“科技创新立国”，1996年开始实施首个“科学技术基本计划”，在第四期“科学技术基本计划”（2011 ～ 2015）中，特别强调材料等高新技术在国家发展战略中的重要地位，确定了新材料产业的重要发展方向。

日本先后推出了“材料整合（Materials Integration）”项目、“信息统合型物质材料开发”项目（MI2I：“Materials research by Information Integration” Initiative）以及“超高端材料/超高速开发基础技术项目”。先后启动了“元素战略研究（2007年）”、“元素战略研究基地（2012年）”、“创新实验室构筑支援事业之信息统合型物质材料开发（2015年）”、“超高端材料/超高速开发基础技术项目（2016年）”等计划，融合了物质材料科学和数据科学的新型材料开发方法，进行庞大的数据库累积和大数据解析，相关数据库主要包括日本无机材料数据库、日本物质材料研究机构（NIMS）的物质材料数据库、日本宇宙航空研究开发机构（JAXA）的材料数据库等。

日本经济产业省在2015年公布了《2015年版制造白皮书》，其中3D打印是其大力发展的项目。2016年，日本内阁通过了第五期"科学技术基本计划"，提倡建设"超智能社会"。第五期"科学技术基本计划"将"超智能社会"定义为："能够将所需的物品、服务在所需之时按所需之量提供给所需之人，能够精细化地应对社会的各种需求，使每个人都能享受到高质量的服务，跨越年龄、性别、地区、语言等种种差异，建成一个充满活力、适宜生活的社会。"

（5）韩国——未来增长动力计划

2012年6月，韩国知识经济部和教育科学技术部表示，到2020年，将投入5130亿韩元（约合人民币28.2亿元）推动"纳米融合2020项目"。

2013年7月，韩国政府发布了《第三次科学技术基本计划》，内容涉及2013～2017年韩国科学技术发展的基本规划和方向。为保证该计划的顺利实施，韩国政府制定了具体的行动方案，其主要内容包括：一是扩大国家研究开发领域投资；二是开发国家战略技术；三是发挥中长期的创新力量；四是积极发掘有潜力的新兴产业；五是增加就业岗位。《第三次科学技术基本计划》提出将在五大领域推进120项国家战略技术（含30项重点技术）的开发，其中30项重点技术包括先进技术材料、知识信息安全技术、大数据应用技术等。韩国的未来增长动力计划，集中支持新一代半导体、纳米弹性元件、生态材料、生物材料、高性能结构材料等。

韩国政府在2014年制定了3D打印技术产业发展的总体规划，并加强了技术开发、基础设施建设、人才培养、法律制度完善等基本产业环境的建设。2016年，在原有政策与推进工作的基础上，为提高韩国产业竞争力，韩国制定了《韩国3D打印产业振兴计划（2017～2019年）》，其目标是在2019年使韩国成为3D打印技术的全球领先国家。

（6）俄罗斯——2030年前材料与技术发展战略

俄罗斯也始终把发展新材料相关技术产业作为国家战略和国家经济的主导产业。2012年4月，《2030年前材料与技术发展战略》发布了18个重点材料战略发展方向，其中包括智能材料、金属间化合物、纳米材料及涂层、单晶耐热超级合金、含铌复合材料等，同时还制定了新材料产业主要应用领域的发展战略。

俄罗斯科学院于2015年发布了《至2030年科技发展预测》，内容主要包括7个科技优先发展方向，即信息通信技术、生物技术、医疗与保障、新材料与纳米技术、自然资源合理利用、交通运输与航天系统、能效与节能等。

通过对比国外主要国家新材料产业相关政策内容，在突出各自特色、优势发展领域的同时，均强调了三方面的共性重点。一是高度重视技术研发。美国"先进制造业的国家战略计划"，将加大研发投资力度作为重要目标，通过加强并永久化研究和试验税收减免来激励研发工作；德国“工业4.0”战略尤其重视制造业的智能化转型，充分结合信息物联系统与信息通信技术，重点发展智能工厂、智能生产和智能物流，研究智能化生产过程、整合物流资源、借助网络提升资源供应方的效率，以实现企业间价值链的横向集成、网络化制造体系的纵向集成。二是高度重视人才培养。在日本政府推出的“重振制造业”的措施中提到，要大量培养制造业人才，政府出资将具有特殊技术的人才作为专家，培训一线的技术人员和制造工人，实现对生产诀窍和传统制造技艺的传承；欧盟“地平线2020”计划也强调了对创新培训领域的发展计划；美国“先进制造业的国家战略计划”的重要目标之一就是提高劳动力的技能，并由此提出及时更新制造业劳动力、强化先进制造业工人培训、为未来工人提供职业教育、支持新型制造业学徒计划等具体措施。三是高度重视合作融合。日本政府成立“不同行业交流合作会议”，旨在推动不同制造业行业的相互渗透、融合，进而创造新的市场和领域；美国的“先进制造业的国家战略计划”提出应建立健全伙伴关系，围绕该目标提出应鼓励中小企业参与合作伙伴，通过支持跨部门伙伴关系增强“产业公地”，并通过创建区域集群来协调战略规划和集群内的风险分担。

1.3 全球新材料产业发展趋势

近几年，在全球技术创新热潮的推动下，全球新材料产业发展迅猛，全球化研制格局日益明显，并呈现出如下发展趋势。

（1）技术加速深度融合

一是新材料技术发展日新月异、产业化进程加快，产品品种不断涌现；二是新一代信息技术、3D打印技术、生物技术、节能环保技术、智能制造技术等新技术快速发展，新材料技术与这些新技术加速融合，不断催生出新的产品、技术、业态和模式。例如：以半导体芯片技术为基础的数字化技术与其他行业、领域的新技术融合，催生出生物芯片、半导体照明、仿生、柔性制造等新产品、新业态。

（2）上下游整合步伐加快

一是传统基础材料通过技术更新、产品性能优化和升级换代向新材料领域拓展。例如：全球知名新材料企业以前都是钢铁、化工、有色金属等传统基础材料企业。二是新材料产业上下游垂直扩散，形成完整的产业链。例如：伴随着元器件微型化、集成化发展，新材料技术与器件一体化趋势日趋明显，新材料产业与上下游产业之间、材料开发与装备硬件之间加速融合，紧密联系，加快了研究成果转化速度，提高了材料利用效率，降低了研发与市场风险，便于满足各种应用需求（如半导体照明、新型动力电池等），形成了上下游紧密联系的产业链和产业生态系统。

（3）绿色、复合、智能成为新材料的发展热点

发展绿色、高效、低能耗、可回收再利用的绿色材料以及绿色设计、绿色原材料、绿色制造、废旧产品的回收再利用技术等绿色材料技术是新材料产业未来的发展重点。同时，单一材料技术的发展已经相当成熟，在性能上继续实现重大突破的空间受限，从材料的发展历程和新材料性能、功能要求来看，复合化势在必行，也是新材料发展的重要趋势，成为实现材料高性能和高功能的重要途径。人类由信息社会向智能社会发展，需要大量的各种功能的材料和器件，通过复合可以研发出各种新功能、高功能、多功能的智能化材料，用于满足未来智能化社会的发展需求。

（4）引领发展的源驱动由军事需求向军民融合需求转变

新材料发展最初是为了满足国防和战争、核能利用和航空航天技术需要而发展起来的。未来，信息技术、生物技术的发展和新材料在能源、健康、生物、信息、交通和环保等领域的广泛应用，使得人类健康发展、经济持续增长、智能社会信息处理和应用的需求成为新材料发展的主体动力，未来新材料产业的发展将更加关注如何提高经济发展水平、提升人类生活质量。

第2章 我国新材料产业发展现状、挑战和重大需求

2.1 我国新材料产业发展现状

改革开放以来，我国材料领域取得了巨大成绩。一是基本建成了涵盖金属、高分子、陶瓷等结构与功能材料的研发和生产体系。二是形成了庞大的材料工业规模，我国的钢铁、有色金属、稀土、水泥、玻璃、化学纤维等百余种材料产量达到世界第一位。2013年，我国粗钢产量达到了7.79亿吨，10种有色金属产量达到了4055万吨，平板玻璃产量达到了7.5亿重量箱，水泥产量达到了22亿吨。三是取得了丰富的研发成果，我国材料领域科技论文数和发明专利申请数均达到世界第一位，2012年，中国在Web of Science收录材料科学论文数达到18000篇，是美国的2倍，日本的4.25倍。四是形成了数量可观的研发队伍，材料领域拥有院士200余人，科技活动人员115万，每年材料类毕业本科生4万余人、研究生1万余人。五是材料产业已成为我国的重要支柱产业，产值占我国GDP的28%，就业人口占全部城镇就业人口近15%。

与发达国家相比，我国新材料技术与产业起步较晚，但发展很快，通过自主创新，在金属材料、无机非金属材料、高分子材料、光电子材料、纳米材料等材料科技领域形成了一定优势。我国科技领域通过技术转移转化，使一大批科技成果转化为生产力，为经济社会发展和国防建设提供了许多关键新材料，实现了规模生产。经过近20年的奋斗，在体系建设、产业规模、技术进步、集群效应等方面取得了较大进步，为国民经济和国防建设做出了重要贡献。

目前，我国已成为名副其实的“材料大国”，并初步迈入“新材料大国”的行列。随着我国经济、社会及科技的发展，高新技术产业提升、传统产业升级、国家安全、国家重大工程的建设及资源、环境、人口健康等领域的可持续发展，都对新材料产业形成了巨大的市场需求，新材料产业发展前景持续看好。

（1）技术体系初步形成，产业规模不断壮大

我国新材料研发和应用发端于国防科技工业领域，经过多年发展，新材料

在国民经济各领域的应用不断扩大，基本形成了包括新材料研发、设计、生产和应用，品种较为齐全的技术创新体系。自“十二五”以来，我国新材料产业规模快速扩张，2016年总产值已达2.65万亿元，预计到2020年将接近4万亿元。其中，稀土功能材料、先进储能材料、光伏材料、有机硅、超硬材料、特种不锈钢、玻璃纤维及其复合材料等产能居世界前列。

（2）创新能力不断提升，部分关键材料取得重大突破

面对全球新一轮科技革命与产业变革的重大机遇和挑战，以及我国经济发展步入新常态和新旧动能的转换等宏观形势变化，和国家对科技的持续投入，我国新材料产业研发能力在不断积累中逐步增强，自主创新能力不断提升，部分关键材料取得重大突破。我国自主开发的拓扑绝缘体材料、高温超导、石墨烯等二维材料、块状纳米材料、智能/仿生与超材料、半导体照明材料、光伏材料、深紫外等人工晶体材料、分离膜材料、全钒液流等电池材料、低温共烧陶瓷、钽铌铍合金、非晶合金、高磁感取向硅钢、二苯基甲烷二异氰酸酯（MDI）、立方氮化硼等超硬材料、间位芳纶、器官替代及病毒快速检测等高端生物医用材料等新材料的研发、生产与应用技术已达到或接近国际水平，部分达到国际领先水平。新材料品种不断增加，高端金属结构材料、新型无机非金属材料和高性能复合材料保障能力明显增强，先进高分子材料和特种金属功能材料自给水平显著提高。

（3）一批制备技术和关键装备取得突破性进展，应用水平逐步提升

围绕国民经济和社会发展以及民生保障的重大需求，新材料应用领域逐步拓宽，市场潜力进一步释放，先进半导体材料、新型电池材料、稀土功能材料等领域加速发展，产业规模不断壮大。例如，稀土永磁材料在电子信息、风电、节能环保等领域的应用规模稳步扩大；锂离子电池材料在新能源、新能源汽车的应用快速增长；新型墙体材料、保温隔热材料等新型建材逐渐成为建筑工程的主流应用；集成电路及半导体材料、光电子材料等在电子信息产业的应用水平逐步提高；第三代铝锂合金成功实现在大飞机上应用，石墨烯在触摸屏、功能涂料等领域初步实现产业化应用；生物材料、纳米材料应用已取得了积极进展；高性能钢材料、轻合金材料、工程塑料等产品结构不断优化，有力地支撑和促进了高速铁路、载人航天、海洋工程、能源装备等国家重大工程建设的顺利实施以及轨道交通、海洋工程装备等产业的“引进来”、“走出去”的双向开放向纵深发展。

（4）产业集聚效应不断增强

近年来，在国家政策的支持引导和区域发展的迫切需求下，新材料产业已经成为许多省区产业发展的重点，在市场驱动与政府引导双重作用下，正快速形成特色集群。特别是地方政府出台了许多针对性优惠激励措施，加快建

设区域创新体系，加大对材料领域投入，为材料科技发展提供了优异的区域环境，形成了全国重视新材料产业发展的整体态势，新材料产业正呈快速集聚并形成特色产业集群发展，逐步形成了特色明显、各具优势的区域分布格局。例如，在长三角地区形成了浙江东阳、宁波、海宁磁性材料特色产业集聚区，杭州湾精细化工特色产业集聚区，江苏沿江电子信息材料等新材料产业带；在珠三角地区形成了新型显示材料、无机材料、改性塑料、新型电池、高性能涂料等材料产业集群；在环渤海地区（京津冀鲁），电子信息材料、能源材料、生物医用材料、纳米材料、超导材料等领域在全国具有较强竞争优势和特色，产业集聚态势明显。此外，山东、福建、江西、湖南、辽宁等省区也开始出现新材料产业集聚化的态势。通过国家发展战略的不断引导，我国的知识创新体系与技术创新体系、区域创新体系将会进一步实现深度融合，材料科技发展也将面临更大的空间和更好的机遇，创新成果也可在更大的舞台上转化为现实生产力。

2.2 我国新材料产业发展存在的问题及短板分析

2.2.1 存在的问题

客观地讲，与发达国家相比，虽然我国新材料产业取得了长足的进步，但还不是材料工业强国，新材料在产业规模、技术装备、创新能力和开发技术上依然还有不小差距，我国在先进高端材料研发和生产方面差距更大，关键高端材料远未实现自主供给，“大而不强，大而不优”的问题亟待改善。

（1）支撑保障能力较弱，受制于人的问题频现

国民经济发展和武器装备建设急需性能稳定、技术成熟的高性能新材料支撑。2011年，工信部对我国30余家大型骨干企业进行的新材料需求调研结果表明：在国民经济需求的130种关键材料中，约32%国内完全空白，约54%国内虽能生产，但性能稳定性较差，只有14%左右国内可以完全自给，近几年虽有好转，但关键材料制约问题依然频现。2016年，军委装备发展部对军用关键材料进口情况调查结果表明：我国进口的军用关键材料都涉及我国重大项目和我军武器装备建设。例如：高牌号取向硅钢、高强度耐腐蚀管线钢、特超级双相不锈钢、高端特种钢等国内尚属空白，高性能纤维及其复合材料高端产品、部分（超）大规格轻质合金和部分高性能特种胶料仍然主要依靠进口，高速列车轮轴及制动材料、高品质微电子材料、微波复合介质基板材料等核心材料基本全部依赖进口，远红外探测材料、中红外激光晶体、特种光纤等高品质光电子材料则受到国外严密控制、对我国严格禁运。

（2）引领发展能力不足，难以抢占战略制高点

新材料的发明和应用引领着全球的技术革新，不仅推动了已有产业的升级，而且催生了诸多新兴产业。无论是20世纪50年代崛起的半导体产业，还是90年代崛起的网络信息技术产业，乃至现在的信息通信技术产业，无一不是由单晶硅、光纤等革命性新材料的发明、应用和不断更新换代所促成的。现代航空业的繁荣兴旺离不开以高温合金为代表的先进高温结构材料在航空发动机上的应用，高铁、飞机、汽车等现代交通工具的绿色化、轻量化发展也迫切需要以碳纤维增强树脂基复合材料为代表的一系列新型复合材料的支撑。例如，波音787梦想客机的复合材料用量达50%，可实现整机减重超过20t和油耗降低20%以上。然而，在上述发挥引领作用的重大材料突破中，中国材料界的贡献并不充分。另外在引领材料自身发展的一些标志性新材料中，无论是因瓦合金和艾林瓦合金（1920年获诺贝尔物理学奖）、半导体材料（晶体管于1956年获诺贝尔物理学奖，快速晶体管、激光二极管和集成电路于2000年获诺贝尔物理学奖）、超导材料（金属超导体、陶瓷高温超导体分获1972年、1987年诺贝尔物理学奖），还是高分子材料（合成塑料及高分子理论分别于1950年和1953年获诺贝尔化学奖）、催化剂（聚合物齐格勒-纳塔催化剂于1963年获诺贝尔化学奖）、液晶和聚合物（1991年获诺贝尔物理学奖）、富勒烯和石墨烯（分获1996年和2004年诺贝尔化学奖）、光纤（2009年获诺贝尔物理学奖）、蓝光LED（2014年获诺贝尔物理学奖）、拓扑相变与拓扑材料（2016年获诺贝尔物理学奖）等，尽管我国科学家在相关领域也做出了一些重要贡献，但这些划时代的重大材料均不是我国科学家创制的。

（3）资源利用能力不强，制约可持续发展

矿产资源是材料制备的基础，我国的矿产资源利用普遍存在利用效率较低、环境污染较重的问题。以我国引以为豪的稀土资源为例，我国的稀土储量居世界第一，稀土产量占世界总量的90%以上，稀土功能材料产业规模居世界首位，是稀土生产的大国。然而，由于我国在稀土的高效利用方面缺乏核心技术和自主知识产权，不仅导致我国的稀土产品“低出高进”，还存在资源利用不平衡问题，成为我国稀土产业大而不强的重要原因。在“低出高进”方面，我国2/3稀土是以中低端产品方式出口，再花费高昂的代价进口高纯稀土金属及其氧化物、高端发光和催化等稀土功能材料。例如，激光晶体、闪烁晶体用高纯稀土化合物几乎全部依赖进口，汽车、电子、IT、新能源等战略性新兴所需的高端稀土功能材料被国外垄断，已成为相关产业的瓶颈。在平衡利用方面，随着稀土永磁、发光等稀土功能材料产业的快速增长，对镨、钕、铽、镝、铕等资源紧缺元素的需求量剧增，而与之共生的高丰度铈、镧、钇、钐等元素长期大量积压，稀土元素应用不平衡问题十分突出。

2.2.2 短板分析

我国新材料产业在国家政策的持续扶持和材料领域的共同努力下，经历了从无到有、从小到大、从分散到系统的历史性巨变，取得了长足的进步。但是，我国新材料产业起步较晚、底子薄、总体发展慢、不均衡，与发达国家相比，总体上仍处于跟踪模仿和产业化培育的发展阶段，无论是在产业规模、技术装备，还是在创新能力和开发技术上，都与国际先进水平存在较大差距。整体上看，目前我国新材料产业仅有10%左右的领域为国际领先水平，60% ～ 70%的领域处于追赶状态，还有20% ～ 30%的领域与国际水平存在相当大的差距。具体表现在：核心技术与专用装备水平相对落后，关键材料保障能力不足，大量高端新材料严重依赖进口；产品性能的稳定性、可靠性亟待提高；创新能力薄弱，产学研用合作不紧密，甚至脱节，人才团队缺乏，标准、检测、评价、认证、计量和管理等支撑体系不完善；产业布局依然散乱，低水平重复建设多，中低端品种产能过剩；推广应用难、经常遭到跨国企业的打压等问题没有根本解决。“无材可用、有材不好用、好材不敢用”现象频繁，很多高技术产业、科技重大专项严重受制于材料开发，新材料仍然不能满足制造业强国的现实和发展需求。

（1）创新资源焦聚不够，生产与应用脱节

主要反映在大专院校、科研院所、企业的创新资源、平台较分散，缺乏有效的整合与优化配置，产业链的上下游尚未形成协同创新能力，优势资源能力发挥不够。新材料本身具有基础性和多样性的特点，要求在国家层面上进行顶层设计、统筹规划、整体部署和政策导向。但是，长期以来，我国材料的研发和生产散落在多个部门中，各类科技计划、重大项目、基金等对新材料的支持集中度不够，单体支持体量小、条块分割，相互协调、共享不够，由于缺乏系统性，导致新材料的实际应用率偏低。

近年来，在各部门和各级政府的支持下，新材料创新成果频出，但是因为稳定性、可靠性和一致性等原因，导致生产与应用脱节，“有材不敢用，有材不好用”等现象突出。而新材料研发过程的系统性和复杂性，要求构建从材料研发到应用的完整技术链条，实现材料研制与应用的高效互动。我国由于材料的研发与应用结合不够紧密，工程应用研究不足、数据积累缺乏、评价技术不系统，不仅导致面向材料实际服役环境有针对性的研究缺失，还导致材料的质量工艺不稳定、性能数据不完备、技术标准不配套、考核验证不充分，从而造成大量的新材料难以跨越从研制到应用转化的“死亡之谷”。

（2）中低端产能过剩与关键高端材料保障不足并存

由于自主创新能力不足和加工技术及装备制造水平低，新材料产品的质量稳定性、性能一致性、可靠性等问题还比较突出，下游用户“有材不敢用，优材滥用”，导致我国新材料产业整体处在价值链的中低端。中低端产品和通用产品存在低价竞争、产能过剩风险，高性能、高附加值、高技术含量的产品相对较少，高端新材料和关键新材料保障能力不足，关键零部件、核心工艺和基础材料等相当大的比例仍然依赖进口，受到国外制约，也难以融入全球新材料供应体系。例如，大飞机、高铁、核电等所需的高温合金、高性能纤维、高性能钢材等关键材料仍然依赖进口。我国资源及能源利用效率低，资源优势还不能完全有效转化为产业优势；我国稀土产量占世界总产量的70%，但2/3资源以初级产品的方式出口。对于关键材料的保障来说，我国化工新材料产业国内保障能力仅50%（烯烃类基础化工新材料和电子级化工新材料缺乏）；用量较大的工程塑料和特种橡胶的自给率不足30%；新材料之王碳纤维进口依赖程度高达80%，日本和美国规定T800及以上严禁出口中国；高温合金自给率仅为50.1%，高端的高温合金主要依赖进口，制约着我国的飞机发动机和燃气轮机（简称“两机”）的发展。

（3）核心技术和专用装备相对落后，自主创新能力不足

我国新材料研发能力相对薄弱，核心技术与专用装备水平相对落后，仍以引进、消化和吸收为主，自主创新能力不足，核心技术受制于人；科研机构重研发、轻应用，“产、学、研、用”相互脱节，成果转化率低；企业创新动力不足，自主研发投入少，主要依靠模仿；创新体系不完善，创新产业链条不完善，产业链上下游缺乏有效沟通，新材料推广应用困难。总体来说，新材料产业多元化投入不足且分散，没有建立整体统筹的国家新材料重大专项和新材料产业专项基金进行强势引导，这些成为制约新材料和相关产业发展的现实诱因。

新材料技术集成能力差、加工技术及装备制造水平低是我国新材料及材料工业发展的极薄弱环节，造成长期过多依赖成套设备技术引进并且不能有效消化吸收的被动局面。新材料成果转化和产业化过程需要规模资金投入，但政府投入有限，投资回收周期长带来企业投资积极性不够，多元化的投/融资体系尚未建立，面向产业化服务的中介服务体系尚不完善，这在某种程度上制约了我国新材料产业的健康发展。

（4）高水平的新材料创新团队不足

任何行业的发展都离不开人才的支撑，新材料产业的发展更是如此。伴随我国材料领域技术创新与产业发展，领域人才队伍建设也取得了长足进步，为材料领域创新发展提供了强大的智力支撑。但受整体发展阶段和水平的制约，新材料领域人才队伍在总量、结构、地区分布及发展环境等方面，还存在一系列问题。新材料领域人才具有鲜明的科学、技术、工程方面的积累性与跨学科的复合性、团队性等特征，其人才队伍建设要与新材料领域的战略需求及未来

发展趋势不断适应。尽管最近教育部组织的各学院“双一流”评选中，材料相关学科进入“双一流”的比重不小，但整体来看，我国拥有国际视野的前沿新材料领军人才不多，新材料研发队伍与产业存量和增量需求不匹配，材料研发与应用高度融合的高级复合型人才方面更是缺乏，科技人员的工艺工程水平还不适应创新发展的能力需要等。例如：处于产业初创期的第三代半导体产业，由于缺乏有经验的高端领军人才、工程技术人才，还没有形成大规模、高水平的优势创新团队，人才的匮乏导致新材料产业的创新能力不足。

（5）标准、计量及管理体系不完善

新材料所涉及的品种和领域非常广泛，而且新材料和传统材料尚无严格界定，国家层面一直未整体出台新材料的标准、统计体系，不易与现行统计体系对接并获取真实、可靠的数据。一些省市（如湖南、上海、江苏）结合自身实际，出台了地方新材料目录和统计体系，但是地区间数据缺乏可比性。战略性新兴产业和新材料“十二五”规划将新材料划分为6大类，新近在《中国制造2025》、《中国制造2025技术路线图》和《新材料产业发展指南》中将新材料分类划分为先进基础材料、关键战略材料、前沿新材料三大类，分类的变化也导致统计标准体系不一致，也难以进行横、纵向比较。由于新材料的标准、计量和宏观管理体系不健全等问题尚未得到根本解决，不利于决策部门和业界及时掌握产业发展全局，对后续相关扶持措施的出台和未来发展重点的部署带来较大困难。有关部门已着手研究新材料的标准、统计体系，但仍面临较大困难，加快建立起科学、准确、动态反映产业发展实际的国家/地方新材料产业统计体系迫在眉睫。

（6）绿色低碳发展压力加大

党的十八大把生态文明建设放在突出地位，将绿色发展作为五大发展理念之一，要求“全面促进资源节约、加大自然生态系统和环境保护力度”，十九大报告更是突出了生态文明建设的重要性和紧迫性，国家环保政策频繁推出，新环保法的实施，“大气十条”、“水十条”、“河长制”、治理雾霾措施，环保税的全面实施等，彰显了政府对发展绿色低碳经济的决心。为应对全球气候变化、践行人类命运共同体理念，我国承诺到2020年，单位国内生产总值二氧化碳排放要比2005年降低40%～50%，国家“十三五”规划纲要对单位GDP能耗和主要污染物排放也提出了明确的约束性指标。普视角度看，我国新材料生产能耗高、水耗高，废水、二氧化硫、烟尘、粉尘和固体废物排放总量大，相当一部分新材料生产企业将不能满足环保治理的新要求，特别是京津冀、长三角和珠三角等大气污染相对严重的地区，企业面临的环保监管将更加严格，这必将对新材料产业的绿色发展提出更紧迫的要求。

综上所述，这些核心短板问题的逐步解决，需要进一步明晰政府与市场的关系，政府重点引导市场不能有效配置资源的基础前沿、社会公益、重大共性关键技术、典型应用示范及创新资源共享平台建设等公共科技活动，积极营造激励创新的政策环境，解决好“越位”和“缺位”问题，应对市场失灵；市场着力发挥好配置创新资源的基础性作用，构建出高效协同的创新生态环境，突出企业在技术创新决策、研发投入、科研组织和成果转化中的主体地位，各类创新资源联动互补，推进科技和经济的深度融合。各级政府需要保持战略上的定力、政策上的适用和策略上的得当，及时发现问题、对症下药、动态调整、持续完善；产业链和创新链需要通过市场机制，打破利益藩篱，加快产用对接、加强长效协作、开放资源平台、建立共享机制，坚持以创新驱动发展战略的科技创新双重任务为己任，“跟踪全球科技发展方向，努力赶超，力争缩小关键领域差距，形成比较优势”和“坚持问题导向，通过创新突破我国发展的瓶颈制约”，紧密围绕国家重大项目、战略性新兴产业、重大工程、重大装备等迫切需求和发展需求，集智破解发展难题、集力补齐创新短板，为建设制造业强国有效发挥好新材料的支撑和引领作用，渐次实现科技强、产业强、经济强和国家强。

2.3　我国新材料产业发展面临的重大需求

当前，新一轮全球科技革命和产业变革正在孕育兴起，我国也进入了深化改革的关键时期，国家正在大力推进经济结构调整和经济发展方式转变。为顺应世界科技创新和产业变革大势，需要着力攻克新一代信息技术、生物技术、新材料技术、新能源技术和智能制造技术等核心关键技术，并借助核心关键技术的突破解决我国在农业、能源、资源、环境、制造业、城镇化、海洋、国防等核心领域面临的瓶颈制约，走出一条后发国家赶超发达国家的中国式创新发展道路。而上述核心关键技术的突破和发展瓶颈制约的根本是解决迫切需要关键高端新材料的自主可控保障。

例如：以物联网、智能终端、量子计算及通信、增强现实、大数据与云计算等为代表的新一代信息技术，对第三代半导体材料、微电子/光电子/磁电子材料、新型显示材料、稀土功能材料提出了迫切需求，如缺少氮化镓射频器件，以高速宽带为特征的5G、6G移动通信网络将无法实现。

以新一代油气开采、高效燃煤发电技术等为代表的先进能源技术，对超级不锈钢、耐蚀合金、耐热合金等高端金属结构材料提出了迫切需求，如高效、洁净、经济的700℃超超临界火力发电离不开耐热合金及关键部件的自主化研制；以煤炭清洁燃烧、风电、太阳能电池、储能、智能电网、电动汽车等为核心的、有效应对大气环境挑战的新能源技术，急需发展以高温合金和高品质特殊钢、碳纤维及其复合材料、能量转换材料、储能材料、第三代半导体材料、稀土功能材料等为代表的新一代结构和功能材料。

以网络通信设备、集成电路及专用装备、航空航天装备、汽车、能源装备、数控机床及基础制造装备、海洋工程装备及船舶等为对象，以信息化、网络化、智能化为标志的智能制造技术，急需发展以大直径半导体硅材料、第三代半导体材料、碳纤维及其复合材料、轻合金、高温合金、特种钢、新型稀土材料等为代表的一大批关键高端新材料。

以飞机、火箭、新能源汽车和轨道交通等为代表的高端装备制造技术，以机器人与自动化系统、数控加工中心等为核心硬件的智能制造技术，对高性能碳纤维及其复合材料、高端轴承/齿轮/模具钢、轻质合金、稀土功能材料、3D打印材料等新材料提出了迫切需求，如没有高性能碳纤维等材料的自主保障，就无法保证我国大型飞机的国际竞争力；没有高安全性和长寿命的国产高端轴承/齿轮、轮对、制动组件用关键材料及部件，我国高速铁路的完全国产化就无法实现。

上述新材料，我国绝大部分还处于研发阶段和产业化初期，在材料品种、质量、数量上，距离未来需求有很大差距。特别是到2025年，我国民用航空航天和武器装备建设对T800级以及更高等级的高强中模、高强高模碳纤维的需求总量将超过2万吨/年，目前能基本满足前述使用要求的国产碳纤维仅有T300级高强碳纤维一个品种，实际产量也只有500t/年左右；我国航空发动机对高温合金的需求量将达到2万吨/年，目前我国高温合金总产量约为1万吨/年，其中一半左右用于军用航空发动机，但其质量和性能普遍较低，成为高推重比航空发动机发展的严重瓶颈；我国高端装备、海洋工程和武器装备对高品质特种钢的需求量将超过400万吨/年，目前国内尚无生产这些高品质特种钢的能力；我国信息技术、电力电子和军用电子系统对先进半导体抛光片的需求量预计达到15000万片/年，目前我国大直径半导体硅材料、第三代半导体材料、光电子材料几乎全部依赖进口；电子信息、航空航天、交通、通信、卫星、遥感、医疗、娱乐等领域对新型显示材料的需求量预计超过25000万平方米/年，但目前国内外都处在起步、抢跑阶段。

由此可见，新材料对我国国民经济发展和国防军工建设起着关键支撑和保障作用，是实施创新驱动发展战略的物质基础。据测算，到2030年，部分重点新材料的需求量举例如下：

大直径单晶硅、第三代半导体材料的需求量分别为40亿平方英寸（1in=0.0254m）/年和7.5亿平方英寸/年；柔性、便携、低成本、高色域、高光效新型显示材料的需求量约为4亿平方米/年；碳纤维的需求量超过18万吨/年；“两机”用高温合金的需求量约为10万吨/年；高端装备和武器装备用特种钢的需求量超过800万吨/年；民用大飞机、汽车及轨道交通、武器装备用高性能轻合金超过300万吨/年；国内市场对稀土催化材料的需求量超过2万吨/年，对稀土永磁材料的需求量将达45万吨/年以上，对稀土储氢材料的需求量将达到50万吨/年等。

总之，没有新材料的强力支撑，抢占核心科技战略领域制高点时就会缺乏物质基础，我国经济结构调整和产业转型升级也将缺乏源动力，我国国防安全会将继续面临威胁，我国能源、资源和环境制约等瓶颈问题就无法得到自主解决。

第3章 发展我国新材料产业的战略思考

3.1 指导思想

坚持以十九大报告精神为引领，立足制造业强国建设，加快解决新材料产业发展面临的支撑保障能力较弱、引领发展能力不足、资源利用能力不强等现实问题，以抢占核心科技领域发展先机、破解受制于人难题、保障国家安全为导向，以国家重大重点工程、军民融合、工程示范应用为牵引，通过打牢基础、补齐短板、紧抓高端、自主供给，强化创新链、产业链、资金链和政策链的深度融合，坚持满足当前需求与面向长远的战略相结合，坚持新兴产业培育与传统产业结构调整相协调，坚持技术创新引领与市场需求带动相融合，坚持市场机制运作与宏观政策引导相衔接，优先发展具有共性、关键性、集成性、带动性的新材料高新技术，围绕产业化关键技术研发攻关，实现材料各创新环节紧密衔接，加快布局前沿新材料技术，把控自主原创知识产权，引领新材料高端技术的发展和升级换代，创造技术价值和规模新经济，建立起具有自主可控、结构合理、先进管用、开放兼容的战略性新材料产业体系，构建新材料产业链新优势，造就出一批立足世界科技前沿的创新人才队伍，探索出符合新材料产业发展规律、适合我国国情的中国材料发展道路，推动我国新材料产业跻身世界前列，支撑制造业相关产业领域跻身全球价值链中高端，支撑制造业强国战略顺利实施。

3.2 发展目标

围绕先进基础材料，有效控制基础材料产业总体规模，加快实现产业结构优化，实现基础材料产品升级换代，先进基础材料加快实现自主可控供给，并形成规模出口能力。加强质量品牌和标准体系建设，加强标准在各国之间的互认，加强优质生产力的品牌塑造，推进我国从材料大国向材料强国转变。

围绕关键战略材料，持续实现重点关键战略材料产业化及应用示范，注重补齐先进低成本工艺、应用评价验证等技术短板，有效解决新一代信息技术、高端装备制造业等战略性新兴产业的发展急需，关键战略材料综合保障能力逐年大幅提升，形成上下游协同的战略新材料创新、应用示范体系和公共服务科技条件保障体系，高端制造业重点领域所需战略材料制约问题基本解决，重点拳头产品进入国际供应体系，关键品种填补国际空白。

围绕前沿新材料，持续突破关键前沿新材料的源技术、核心技术，实现前沿新材料技术、标准、专利等有效前置布局，把控发展先机；关键前沿新材料取得重要突破并实现规模化应用；重点前沿新材料取得重大原创并实现高端应用，必争领域达到世界领先水平。

同时，面向国家重大需求、战略性新兴产业培育、产业结构调整、战略前沿发展以及“大众创新，万众创业”的高层次领军人才、研究开发人才和工程技术人才、高级技能人才等不同层次的需求，培养、引进并建设结构合理、梯度发展的人才队伍；不断优化人才结构，建设形成各专业领域核心领军人才、研究开发人才、工程技术人才和工匠技能人才组成的人才队伍、评价体系和激励机制，提升创新创业整体人才技能和科技供给水平；着重提高企业创新创业人才的水平和比重，使高层次创新创业人才大部分集中在战略新兴材料产业中。在推动新材料产业逐步迈入中高端的同时，同步加快实现以下能力建设目标。

（1）加快实现新材料产业的创新能力大幅提升

推动以绿色、智能、协同为特征的先进材料设计技术，加强设计领域共性关键技术研发，攻克材料设计、集成设计、复杂过程和系统设计等共性技术，开发一批具有自主知识产权的关键高端材料，建设完善材料创新生态系统，建设一批具有世界影响力的新材料创新基地，培育一批专业化、国际化的新材料龙头产业集群。

注重推动创新能力从量的积累向质的飞跃、从点的突破向系统能力提升转变，为塑造更多发挥先发优势的引领型发展蓄积强大动能；推动科技创新与经济社会发展的关系从“面向、依靠”到“深度融合、支撑引领”转变，助力新材料产业迈向全球产业价值链中高端；推动创新主体从科研人员的小众向“大众创新、万众创业”转变，科技创新与“双创”融合共进，汇聚起创新发展的不竭力量；逐步实现我国在全球科技创新格局中的位势从被动跟随向积极融入、主动引领转变，成为具有重要国际影响力的新材料科技强国。

（2）加快实现新材料重点企业的行业影响力显著增强

强化企业技术创新主体地位，支持企业提升国际竞争综合能力，发挥行业大型骨干企业的主导作用和高等院校、科研院所的基础作用，建立一批优势产业链创新联盟，开展政产学研用协同创新，攻克一批对产业竞争力整体提升具有全局性影响、带动性强的关键共性产业化技术，加快成果转化，形成优质生产力。鼓励原材料工业企业大力发展精深加工和新材料产业，延伸产业链，提高附加值，推动传统材料产业的转型升级。高度重视发挥中小微企业在新材料产业中的创新作用，支持中小微新材料企业向“专、精、特、新”方向发展，提高中小微企业对大企业、大项目的配套服务能力，打造一大批新材料“小巨人”企业，形成具有强势国际竞争力的“行业龙头+卫星小巨人”的优势产业生态群。

（3）实现新材料产业的集聚布局明显优化

依托区域城市群一体化建设，以布局“中国制造2025”示范区为重点，发展知识密集型、技术密集型的相关新材料产业集群，打造具有全球影响力、引领我国新材料产业发展的标志性产业集聚区，推动形成产业发展的体制机制创新区、创新链产业链融合区、国际合作承载区。围绕京津冀协同发展和首都全国科技创新中心建设，加强京津冀经济与科技人才联动、产业衔接、布局调整，发挥首都科技资源禀赋的溢出效应，形成辐射，带动环渤海地区和北方腹地发展的新材料产业发展共同体；发挥长三角城市群对长江经济带的引领作用，以上海、南京、杭州、合肥、苏锡常等都市圈为支点，构筑点面结合、链群交融的特色材料制造业发展新格局；以广州、深圳为核心，全面提升珠三角城市群战略性新兴产业的国际竞争力，延伸布局产业链和服务链，带动区域经济转型发展。

（4）实现新材料支撑服务和政策环境体系逐步完善

完善专业领域公共服务体系，优化和完善成果转化、技术转移机制。综合运用政府购买服务、无偿资助、业务奖励等方式，支持新材料产业集群地区建立和完善公益性行业公共服务平台，充分发挥相关行业协会专业优势和行业资源整合调动能力，进一步完善平台公益性服务功能，提升服务质量、践行行业规范，形成适合大中小微不同企业特点的服务模式。在建立和整合共性技术研发平台过程中，进一步突出成果转化、技术扩散和转移职能，制定和出台有利于共性技术研发基地技术转移和成果推广的配套政策。建立成果推广奖惩机制，促进共性技术推广应用。推动企业知识产权管理体系贯标、达标，加大对知识产权侵权的执法和执行力度。加强对国内外材料产业技术创新发展形势研究，做好政策预研工作，加快研究制订促进材料技术创新和企业发展的新政策。发挥市场在资源配置中的基础性作用和政府在宏观调控的引领作用，积极创造积极、宽松的政策环境，促进企业加快技术创新，重点鼓励大中小微企业加大研发创新力度。

3.3 重点发展方向

3.3.1 支撑和保障转型升级发展的先进基础材料

（1）先进钢铁材料

在先进制造基础零部件用钢方面，重点突破先进装备用高性能轴承、齿轮、工模具、弹簧、紧固件等用钢的材料、设计、制造及应用评价系列关键技术，重点发展高效节能电机、高端发动机、高速铁路、高端精密机床、高档汽车等先进装备用关键零部件用钢铁材料。

在高性能海洋工程用钢方面，通过低预热焊接特厚板及无缝管、可大线能量焊接厚板、R6级大规格锚链钢等的研发、生产、应用技术和规范标准研究，实现工程化示范考核及应用，满足我国400ft（1ft=0.3048m）以上自升式平台、重型导管架平台以及新一代半潜式平台对国产材料的迫切需求。

在新型高强韧汽车用钢方面，研发包括Q&P、δ-TRIP钢、中锰钢、TWIP钢及低Mn-TWIP钢等在内的新型超高强韧汽车用钢。

在高速、重载轨道交通用钢方面，重点突破400km/h以上的高断裂韧性、高疲劳性能车轮钢，30～40t轴重重载货车车轮用钢，承载寿命2亿～4亿吨级快速重载铁路用钢轨，新型热处理贝氏体钢轨等。

在新一代功能复合化建筑用钢方面，突破厚度100mm以上、高屈服强度、屈强比低、高温的屈服强度的功能复合化建筑用钢等。

在超大输量油气管线用钢方面，突破X90/100超高强管线钢，以及33mm以上厚度规格、X80级别及以上管线钢等。

在能源用钢方面，重点推进核电压力容器大锻件508-3系列、蒸汽发生器690传热管、AP1000/CAP1400整体锻造主管道316LN等关键钢种的研发生产，实现核电钢成套供应能力；不断提升超超临界锅炉大口径厚壁无缝管生产水平等。

（2）先进有色金属材料

在高性能轻合金材料方面，研发650MPa级新型高强韧、低淬火敏感性、厚度200mm以上的铝合金预拉伸板；研制≥700℃高温钛合金和高强韧钛合金、直径≥450mm的超大规格棒材等。

在功能元器件用有色金属关键配套材料方面，稀有、稀贵及高纯金属在现有基础上纯度提高1～2N，注重材料的循环再生与高效利用，利用率提高10%以上；开发600mm以上的高纯无氧铜压延铜箔等配套材料等。

（3）先进石化材料

在润滑油脂方面，注重基础油的开发与利用，加大对包括加氢基础油、GTL基础油、可生物降解等高档基础油在内的燃机油和液压油、汽轮机油、润滑脂等领域的应用；加大添加剂的开发与应用，针对新的环保法规提出的低硫、低磷、低灰分、低毒性、生物可降解、长寿命等特种性能要求的抗氧剂、黏度指数改进剂、清净分散剂、摩擦改进剂等添加剂产品进行分子设计、开发与应用。实现在液压油、工业齿轮油、透平油、润滑脂等最常见工业润滑油脂的通用型产品的自主知识产权配方开发；开发高性能、空间长寿命润滑剂产品等。

在高性能聚烯烃材料方面，突破高熔融指数聚丙烯、超高分子量聚乙烯、发泡聚丙烯、聚-1丁烯（PB）等工业化生产技术，实现规模应用。

在生物基石化材料方面，重点突破生物基橡胶合成技术、生物基芳烃合成技术、生物基尼龙制备关键技术、新型生物基增塑剂合成及应用关键技术、生物基聚氨酯制备关键技术、生物基聚酯制备关键技术、生物法制备基础化工原料关键基础技术等。

（4）先进建筑材料

在极端环境下重大工程用水泥基材料方面，重点发展满足水电工程的冲刷磨损、气蚀破坏混凝土，非贯穿裂缝、渗漏修补水泥基材料等；满足海洋工程用高抗侵蚀低碳水泥基胶凝材料，超高强、高韧低碳水泥基复合材料等；满足超低温海洋油田固井水泥制备技术，复杂地质环境下固井（高温、酸性气体侵蚀）自修复水泥基材料等；满足轨道交通用道桥混凝土结构超快速修复水泥基材料等。

在节能绿色结构-功能一体化建筑材料方面，重点突破固体废弃物在产品中利用率高、产品抗压强度高、抗折强度高、面密度小并集保温、隔热、防水、防火、装饰于一体的结构-功能一体化建筑材料。

在环境友好型非金属矿物功能材料方面，开发渗透系数小的防渗材料，难溶钾转化率≥80%及生防菌≥2.5×10^{13}个/kg的土壤修复剂，悬浮物SS＜30mg/L、COD＜100mg/L的水处理剂，指定摩擦系数0.4±0.06的摩擦材料，热导率小的保温材料，氧指数高的阻燃剂及高强石膏、高效冶金保护渣、高端石墨制品、高效催化剂、助滤剂、缓控释药物和化肥、高性能聚合物等典型建筑新材料。

（5）先进轻工材料

在生物基轻工材料方面，重点发展聚乳酸（PLA）、聚丁二酸丁二酯（PBS）、聚对苯二甲酸乙二醇酯（PET、PTT）、聚羟基烷酸（PHA）、聚酰胺（PA）等产品。PLA关键单体L-乳酸和D-乳酸的光学纯度达99.9%以上，成本下降20%以上；PBS关键单体生物基丁二酸、1,4-丁二醇提高生物转化率达5%～10%；PTT关键单体1,3-丙二醇以木薯淀粉、甘油等非粮原料发酵生产，PTT纤维聚合纺丝实现产业化；PA关键单体戊二胺硫酸盐成品纯度高于99%，成本大幅下降。

在工业生物催化剂方面，重点发展脂肪酶、脂（肪）氧合酶、葡萄糖氧化酶、天冬酰胺酶、氨基甲酸乙酯降解酶等食品工业用酶；漆酶、碱性木聚糖酶、角蛋白酶、胰蛋白酶、PVA降解酶等轻工纺织用酶；脂肪酶、氨基酸脱氨酶、天然产物糖基化酶和透明质酸酶等生物有机合成用酶。关键产品酶活力在现有基础上提升100%～300%；在极端条件下（温度、pH）酶活力达到或超过同期国外同类产品水平。

在特种工程塑料方面，重点发展基于热塑性聚酰亚胺（PI）工程塑料树脂、杂萘联苯型聚醚砜酮共聚树脂（PPESK）加工成型的特种纤维、耐高温功能膜、高性能树脂基复合材料、耐高温绝缘材料、耐高温功能涂料、耐高温特种胶黏剂等。热塑性聚酰亚胺工程塑料树脂：黏度0.38dL/g，玻璃化转变温度T_g=230～310℃，热分解温度T_d5%＞500℃，拉伸强度＞100MPa，弯曲强度＞150MP，成本＜15万/吨；杂萘联苯型聚醚砜酮共聚树脂，T_g=263～305℃，拉伸强度90～122MPa，拉伸模量2.4～3.8GPa，体积电阻率3.8×10^{16}～$4.8\times10^{16}\Omega\cdot cm$，成本降低到PEEK的50%～70%。

（6）先进纺织材料

在高性能纤维方面，碳纤维（T800级）拉伸强度≥5.8GPa，CV≤4%，拉伸模量294GPa，CV≤4%；对位芳纶断裂强度20～22cN/dtex，断裂伸长率3%～4%；聚酰亚胺纤维单丝纤度为2.0dtex（1dtex=10^{-5}kg/m），断裂强度＞4cN/dtex，极限氧指数为38%。

在高端产业用纺织品方面，实现可吸收缝合线、血液透析材料的自主产业化，替代国外进口产品；满足热、生化、静电、辐射等功能防护要求；高温过滤、水过滤产品性能满足各应用领域要求；土工材料满足复杂地质环境施工要求；满足多功能复合防护要求，同时实现轻质、舒适和部分智能化，过滤产品寿命和稳定性进一步提升，实现低成本应用和智能化监测预警等功能结合。

在功能纺织新材料方面，阻燃极限氧指数＞32，无熔滴，滴水扩散时间＜1s，能耗降低20%，高端产品基本实现自给。

在生物基化学纤维方面，PTT纤维原料1,3-丙二醇纯度＞99.5%，成本控制在1.5万元/吨以下；聚乳酸耐热温度≥110℃，单体纯度≥99.9%；PLA纤维断裂强度＞3.5g/d，断裂伸长率30%～35%，PLA纤维生产成本接近或达到PET生产成本。

3.3.2 处于产业化突破期的关键战略材料

（1）高端装备用特种合金

在先进变形、粉末、单晶高温合金方面，突破高温合金的低成本规模化生产技术；突破第四代粉末、单晶、点阵材料等新一代高温合金关键技术；打通先进高温合金制备工艺流程。国产高代次涡轮盘和单晶叶片等高温合金产品形成稳定供应能力，满足航空发动机与燃气轮机重大专项对高温合金材料的需求。

在特种耐蚀钢及700℃超超临界电站用耐热合金方面，研发耐大气、海洋、油气、高温、复杂应力状态等环境腐蚀的钢铁材料，全面提高我国耐蚀钢产业技术水平，典型钢种耐蚀性能提高1倍以上，并构建起自主知识产权的耐蚀钢材料体系。开发超级镍基合金、锅炉管材、高中压转子锻件、蒸汽发生器传热管、主泵电机材料、安全壳、专用焊接材料等，支撑700℃超超临界电站示范工程建设。

在特种铝镁钛合金方面，开发特种规格铝、镁、钛合金材料制备及精密成形工艺与控制、服役性能评价等技术，研发新型高强韧、低淬火敏感性、厚度200mm以上铝合金预拉伸板；高强韧、耐热250℃以上镁合金以及抗疲劳、抗蠕变、耐冲击、高塑性等系列镁合金；研制≥700℃高温钛合金和高强韧钛合金、直径$\varphi \geq$450mm的超大规格棒材等。

（2）高性能分离膜材料

在海水淡化反渗透膜产品方面，脱盐率＞99.8%，水通量提高30%，海水淡化工程达到200万吨/天，装备国产化率＞80%。

在陶瓷膜产品方面，装填密度超过300m^2/m^3，成本下降20%以上，需求量达到20万平方米，突破低温共烧结技术，形成气升式膜分离装备，能耗下降30%以上。

在离子交换膜产品方面，膜性能提高20%以上，氯碱工业应用超过1000万吨规模以上，突破全膜法氯碱生产新技术和成套装置。

在中空纤维膜产品方面，在自来水生产、污水处理等领域应用超过1000万吨/天，膜面积超过2000万平方米以上。

在渗透汽化膜产品方面，渗透通量提高20%，膜面积达到10万平方米，突破大型膜组器和膜集成应用技术，推广应用规模超过百万吨溶剂脱水和回收。

在膜材料的基础前沿理论和原创技术研究方面，构建面向应用过程膜材料的分子设计、表面性质调变和孔道微结构控制的方法，研究分离过程中膜表面、限域效应及物质在纳微孔道的传递行为，在膜材料的基础理论研究方面取得突破。注重研发混合基质膜、智能膜、催化膜、膜接触器等新型膜材料及膜过程关键技术，为我国具有自主知识产权的高性能膜材料开发奠定基础。

在膜装备及集成应用示范方面，重点突破以特种超滤、反渗透、电渗析与MVR集成的废水零排放技术，以抗污染陶瓷膜为核心的油气田开采废水回用技术及成套装备，以气体分离膜为核心的工业尾气超低排放与VOC回收技术、海上天然气以及生物沼气膜法净化技术，建成应用装置。开展制膜原材料的国产化和膜组器的大型化研究，增加规模化膜生产线和工程应用示范线的建设力度，在海水淡化、煤化工、海洋工程、石油化工、冶金工业、造纸工业、印染工业等行业中，不断增加我国膜产品的国产化率和市场占有率。

（3）高性能纤维及其复合材料

在高性能碳纤维及其复合材料方面，国产高强中模、高模高强碳纤维及其复合材料技术成熟度达到9级；航空用碳纤维复合材料部分关键部件取得CAAC/FAA/EASA等适航认证。

在高性能对位芳纶纤维及其复合材料方面，国产对位芳纶纤维及其复合材料技术成熟度达到9级。

建立统一的国产高性能纤维材料技术标准体系，攻克系列化高性能纤维高效制备产业化技术，开展与国产高性能纤维相匹配的复合材料基体材料、设计技术、成型工艺、性能表征、应用验证及回收再利用等研究，确保重大装备、重大工程需求。

（4）新型能源材料

在太阳能电池方面，晶硅电池效率≥25%，硅基薄膜电池效率≥15%，光伏系统上网电价≤0.5元/（kW·h）；有机太阳能电池能量转换效率≥20%；染料敏化太阳能电池光电转换效率≥15%。

在锂电池方面，能量型锂电池比能量≥300W·h/kg，功率型锂电池比功率≥4000W/kg；动力电池≤1.5元/（W·h），储能电池≤1.0元/（W·h），材料及电池生产设备全部实现国产化。

在燃料电池方面，燃料电池系统≤0.3万元/kW，膜电极成本≤50元/kW，高温复合膜成本≤0.3万元/m^2。

（5）新一代生物医用材料

在再生医学产品方面，持续研制出一批应用于骨、皮肤、神经等组织再生修复的生物活性材料。

在功能性植/介入产品方面，持续开发出一批应用于心血管、人工关节、种植牙、视觉恢复等临床治疗的生物医用材料及器件。

在医用原材料方面，实现重要原材料的国产化，支撑量大面广的医用耗材、渗透膜、可降解器械等产品。

（6）电子陶瓷和人工晶体

在电子陶瓷方面，重点开发高介电常数且低介电损耗的高k电介质陶瓷。

在人工晶体方面，开发大尺寸、高质量、低成本的人工晶体材料；突破大尺寸非线性晶体（中远红外、紫外、深紫外）、高光产额闪烁晶体、低缺陷蓝宝石等产业化关键技术，并规模应用。

（7）稀土新材料

重点研发满足大数据存储、高铁、智能制造、电动汽车、工业和医用机器人等新兴产业以及航天军工需求的新型高性能、高稳定性的稀土功能材料。开发高性能稀土发光材料、激光与闪烁材料及功能晶体；研究开发稀土硬磁/软磁、磁热、微波、超磁致伸缩等新型磁性功能材料，探索其本征特性及新应用；发展新能源汽车急需的稀土储氢材料及器件；开展废旧稀土功能材料的回收和再利用技术；发展镧、铈、钇等高丰度稀土在永磁、磁热、微波、催化、发光及储氢等领域的新应用技术。

在稀土磁性材料方面，烧结磁体综合性能［磁能积（MGOe）+矫顽力（kOe）］达到80；Ce含量占稀土总量的40%时，磁能积>40MGOe。

在稀土光功能材料方面，白光LED荧光粉应用器件光效>200Lm/W，满足广色域（>100%NTSC）显示屏应用需求。

在稀土催化材料方面，汽油烯烃和硫含量、机动车催化剂及器件满足国Ⅵ排放标准，实现稀土催化材料在工业废气和汽车尾气净化、石油炼化等应用的性能和寿命双突破。

在稀土储氢材料方面，开发高能量密度、低成本的新型动力和储能电池材料，形成电池材料及制品的自动化控制、工业生产、成套装备能力与测试评价平台。

在超纯稀土材料方面，重点突破稀土氧化物纯度7N（N代表9，7N=99.99999%），稀土金属纯度5N等高端稀土材料产品。

同时，注重突破新型稀土材料成分设计与高通量制备技术、稀土功能材料微观组织可控制备技术、稀土材料高温高压合成及表面包覆技术、稀土绿色高效分离提纯技术等共性关键技术。

（8）先进半导体材料

在第三代半导体单晶衬底方面，突破6～8in（1in=0.0254m）SiC、4～6in GaN、2～3in AlN单晶衬底制备技术，研制出可生产大尺寸、高质量第三代半导体单晶衬底的国产化装备。

在第三代半导体光电子器件、模块及应用方面，突破200Lm/W以上光效的LED外延和芯片制备技术；研制出50mW以上的AlGaN基紫外LED。

在第三代半导体电力电子器件、模块及应用方面，突破15kV以上SiC电力电子器件制备关键技术；高质量、低成本GaN电力电子器件的设计与制备；在高压电网、高速轨道交通、消费类电子产品、新能源汽车、新一代通用电源等领域的应用。

在第三代半导体射频器件、模块及应用方面，开发100MHz以上GaN基HEMT微波射频器件和模块；实现新一代移动通信和卫星通信领域中的应用。

在基础研究及前沿技术方面，研究大失配、强极化第三代半导体材料外延生长动力学以及第三代半导体新结构材料和新功能器件。

在重大共性关键技术方面，研究面向新一代通用电源的GaN基电力电子技术，面向下一代移动通信的GaN基射频器件及系统应用技术，超高能效半导体光源核心材料、器件及全技术链绿色制造技术，第三代半导体固态紫外光源与紫外探测材料与器件技术，以及用于第三代半导体的衬底及同质外延、核心配套材料与关键装备。

在典型应用示范方面，实现SiC电力电子材料、器件与模块及在电力传动和电力系统的应用示范；半导体照明技术持续向更高光效、更低成本、更高可靠性、更高光品质的方向发展，并逐步开始跨领域的交叉融合，形成更高技术含量与产品附加值，例如：与生物作用机理及面向健康医疗和农业的系统集成技术与应用示范等。

（9）新型显示材料

在印刷显示方面，突破60in级、4K2K高分辨率印刷OLED显示屏，开发100in级、8K4K超高分辨率印刷AMOLED显示屏。

在柔性显示方面，突破300PPI分辨率中小尺寸柔性AMOLED显示屏，可弯曲直径＜1cm；开发100in级、可卷绕式8K4K柔性显示、中小尺寸可折叠显示屏。

在激光显示方面，突破100in级高清激光家庭影院，色域空间达到160% NTSC；开发200in级超高清激光显示产品，色域空间达到200%NTSC。

3.3.3　具有重大产业化前景的前沿新材料

（1）3D打印用材料

打破国外装备对于高性能金属、陶瓷和高分子粉末原料的垄断，支撑我国3D打印技术总体产业链的协同发展。在特种合金粉末、不锈钢粉末、钛合金粉末、高分子复合材料粉末、结构陶瓷粉末、纳米生物材料等制备领域，形成支撑3D打印装备与大规模商用相适应的材料标准。推动3D打印技术和产业在高端特种合金部件、大众产品设计应用和个性化产品服务领域的普及化发展。实现3D打印材料和技术在航空航天、生物医用、交通运输等领域的应用示范，催生“3D+”新兴产业规模增长。

在低成本钛合金粉末方面，突破满足航空航天3D打印复杂零部件用粉要求，低成本钛合金粉末成本相比现有同等钛合金粉末降低50%～60%。在铁基合金粉末方面，利用3D打印工艺致密化后的金属制品，其物理性能与相同合金成分的精铸制品相当。在高温合金粉末方面，开发金属粉末的致密化技术，建立制品的评价标准体系。在其他3D打印特种材料方面，突破适用于3D打印材料的产业化制备技术，建立相关材料产品标准体系。

（2）超导材料

在强磁场用高性能超导线材方面，突破高性能超导线材结构设计及批量化加工控制技术。在低成本千米级YBCO涂层导体方面，掌握涂层导体织构化基带、功能层沉积技术和MOCVD、PLD制造装备。在高电压等级超导限流器等应用产品方面，掌握高电压等级超导限流器等应用产品的电磁设计、超高压绝缘、装配结构与挂网运行等关键技术。

整体突破高性能低成本超导线材集束拉拔塑形加工技术、大型高效长寿命制冷机技术和低漏热低温容器制备技术、面向不同波段和频率的超导应用产品制备技术。

（3）智能/仿生与超材料

在仿生生物黏附调控与分离材料方面，实现长效抗海洋生物黏附（3年，低于5%），环境无毒害；实现高效的黏附调控富集分离99%以上；获得多种长效仿生抗海洋生物黏附的涂层材料及仿生高效分离技术与装备。

在柔性智能材料与可穿戴设备方面，实现柔性仿生智能材料“卷对卷”的生产，实现电磁可调、智能传感、0°～360°任意弯曲、与人体兼容。在可控超材料与装备方面，实现特定频段内电磁波从吸波与透波的可控转换，或者将特定频段内的吸波或透波转换为辐射电磁波。

整体突破仿生生物黏附调控与分离材料的大面积制备与涂层黏合技术；智能材料的柔性化、大面积的制备和生物兼容技术；具有智能化和仿生特性的自适应可控式超材料的联合设计技术。

智能材料领域重点研究面向典型智能系统用高性能传感与驱动材料的设计、微观结构、物理基础及集成应用理论，突破以高性能低功耗传感材料、高性能铁性机敏材料、柔性智能可控（温控、电控）调光薄膜等一批重点智能材料的关键制备与集成应用技术。

仿生材料领域发展、完善基于二元协同的仿生材料理论体系，重点突破生物黏附调控、免疫结构匹配与分子协同等关键仿生技术，研发出基于仿生技术设计的重大疾病快速精准诊断、组织器官替代等新型生物医用材料，实现仿生油水分离材料等工业化应用。

重点突破超材料与其他新材料一体化设计的新方法，研发智能感知、智能可控等核心关键技术，发展超材料智能通信及探测、环境自适应、自主健康监测等创新集成应用技术及产品，实现超材料制品在航空航天、海洋工程和地面智能装备等领域的应用。

（4）石墨烯材料

制备技术上进一步发展高质量石墨烯（氧化石墨烯）粉体和石墨烯薄膜的可控、绿色与低成本制备技术。针对石墨烯粉体，重点突破绿色剥离技术、层数控制技术及分散技术；针对石墨烯薄膜，重点突破低成本卷对卷生长与转移技术，以及石墨烯单晶薄膜的可控制备技术。通过上述共性关键技术的突破升级，打造系列化、标准化和低成本化的石墨烯量产技术。

在电动汽车锂电池用石墨烯基电极材料方面，较现有材料充电时间缩短1倍以上，续航里程提高1倍以上。在海洋工程等用石墨烯基防腐蚀涂料方面，较传统防腐蚀涂料寿命提高1倍以上。在柔性电子用石墨烯薄膜方面，性价比超过ITO，且具有优异柔性，可广泛应用于柔性电子领域。在光/电领域用石墨烯基高性能热界面材料方面，石墨烯基散热材料较现有产品性能提高2倍以上。整体突破石墨烯的规模制备技术、石墨烯粉体的分散技术、石墨烯基电极材料的复合技术。

3.4 发展建议

（1）统筹规划、协同发展

充分发挥国家新材料产业发展领导小组、专家咨询委员会的作用，进一步理顺部门协同推进新材料科技和产业创新发展的工作机制，加强相关规划和新材料规划之间的有效衔接，做好规划间统筹，形成同向合力；加快新材料相关标准体系建设，建立产业统计管理体系；加强对地方新材料相关专业领域科技和产业发展的宏观指导和政策引导，国家和地方财政资金共同发力，打造区域特色科技创新生态系统和优势特色新材料产业集聚区；合理统筹布局，从国家层面整合优势资源，与地方发展诉求有机结合，共建战略必争新材料专业领域的技术创新中心、制造业创新中心等新型创新基地，围绕产业发展共建“目标导向、绩效管理、分工协作、开放共享”的测试评价平台和资源共享平台，科技创新和制度创新有机结合，快速打造专业领域国际领先的新型企业型平台组织，形成“用、产、研、学”、“设计、材料、工艺、装备、平台、典型应用”高效协同、长效合作的新模式，以协同效应提升和资源开放共享保证创新效率和创新效果。

（2）聚焦急需、重点突破

针对制约材料发展的瓶颈和薄弱环节，加快转型升级和提质增效，切实提高产业的核心竞争力和可持续发展能力。聚焦战略意义大、经济社会效益大、投资规模大、技术攻关难度大、研发及应用周期长的关键高端新材料，集中创新资源进行重点突破，通过持续建设一批专业领域生产应用示范平台，打通产业链条、延伸服务链条；围绕国民经济重大领域的规模需求，加快发展材料低成本化、高可靠性及扩大应用技术，在关系国计民生和产业安全的基础性、战略性、全局性领域，着力掌握关键核心技术，完善创新创业链条，形成自主发展能力。一方面以技术驱动和装备驱动为支撑，解决工业化技术与装备不过关并互为制约的突出问题，突破新材料高效低成本产业化成套工艺与装备技术，解决关键新材料“质次价高、不好用、用不起”的问题，加快推进“两化融合”，逐步实现数字化、网络化、智能化制造，以技术的群体性突破推动产业转型升级；另一方面突出应用驱动，强化应用研究和应用技术体系建设，打通应用瓶颈，推动形成“料要成材、材要成器、器要好用”、“供需两旺、产用互赢”的良性发展格局。

（3）超前布局、接轨国际

准确把握新一轮科技革命和产业变革趋势，加强战略谋划和前瞻部署，面向重点材料技术引领创新需求，自主发展材料前沿新技术，在未来竞争中占据制高点，并重塑产业格局。启动中国版的“材料基因组计划”，实现由“经验指导实验”向“理论预测、实验验证”转变，加速前沿新材料研发进程。通过出台国家级重点新材料产品目录、重点企业目录并建立动态调整机制，持续打造一批国家品牌；加大对国产创新产品、重点企业品牌的宣传力度，提高国产新材料的国际传播力；结合“一带一路”战略，促进有重大经济效应和社会效益的重点新材料产品在沿线国家的推广，助力新材料产业大幅度进入国际市场。

（4）开放合作、人才优先

充分利用全球资源和市场，深度开展产业全球布局和国际交流合作，形成新的比较优势，提升材料领域的创新在全球范围内开放共享的发展水平；培养具有新思想、新理念，掌握新方法和新技术的创新型高层次人才队伍，为新材料产业发展奠定人才基础；以材料研发为依托，促进关键技术和平台建设，形成任务实施与人才培养同步进行、协调发展的互助模式。

进一步营造大众创业、万众创新的氛围，建设一支素质优良、结构合理的制造业创新创业人才队伍，走人才引领的发展道路。支持新材料相关学科建设，引导企业与高等院校、科研院所、重点用户等深度合作、定向培养，着力建设一批紧跟战略新兴产业发展趋势的科技创新领军人才、高级工程技术人才、复合型管理人才以及中青年科技专家；针对性地引进具有世界水平的战略科学家、学术带头人和创新创业精英，大幅度支持海外高层次人才在中国创新创业。

（5）政策引导、精准发力

加大政策支持力度、针对关键环节精准发力。强化创新激励措施、研究所得税减免或增值税返还新措施，促进新材料产业扩大技术和装备投资，加快转型升级。参照高新技术企业，对自主品牌企业给予所得税减征措施；参照化妆品等消费品行业，提高企业广告和业务宣传支出在所得税税前的扣除比重，进一步增强企业创新投入、新品开发推广的积极性，简化企业享受税收优惠的审核程序，确保激励政策有效落实，进一步减轻税收负担；研究出台有利于稳定劳动密集型企业的税收优惠政策，例如：对吸纳就业达到一定规模的企业，允许工资加计扣除应税所得额或适当给予增值税返还。加强对转型升级和淘汰过剩产能的重点财政扶植，分担企业改革成本。整合利用现有国家财政专项，建立由中央财政资金主导、市场化运作的新材料产业投资基金，对行业共性、关键技术研发、重点工程实施、技术升级改造、公共服务平台建设等给予中长期投资支持，并引导金融机构及其他社会资本支持新材料产业转型升级等。

加强政策之间协调。充分发挥国家新材料专家咨询委的智力支撑作用，持续开展产业发展状况评估和前瞻性课题研究，协助政府准确定位改革发展方向和创新布局战略；完善国家新材料产业领导小组成员单位会商机制，持续推动有针对性的改革新措施精准发力和有效实施，加强部门间日常工作的沟通、协调和衔接，避免新一轮扶植政策碎片化、多重化；建立高层次政企对话沟通机制，在研究制订相关政策措施时积极听取骨干企业意见，使政策作用更能雪中送炭、对症下药；定期发布发展新经济、培育新动能、壮大战略性新兴产业的有关重点工作安排，统筹推进各部门相关改革发展举措，为发展掌灯引路。

（6）绿色发展、质量为先

坚持把绿色与可持续发展作为产业重要着力点，提高资源利用效率，促进新材料可再生循环，改变高耗能、高排放、难循环的传统材料工业发展模式，构建绿色产业体系；坚持把结构调整和产业升级作为建设材料产业强国的关键环节，强化企业质量主体责任和意识，加强知名国际品牌建设，培育一批具有核心竞争力的产业集群和企业群体。围绕专业领域，与时俱进，不断建设、完善科学系统的技术标准体系、知识产权体系和质量监管体系，深入贯彻相互支撑的标准化战略、知识产权战略、质量强企战略，建立标准、知识产权、质量与创新政策深度融合的产业政策体系，形成材料产业转型升级的倒逼机制，推动我国新材料产业创新发展，走提质增效和生态文明的科学发展道路。重视我国具有优势的战略性资源保护，统筹战略性资源储备，支持有条件的企业开展境外资源开发与利用，优化资源全球化配置能力，为新材料产业持续发展、持续引领提供长期资源保障。合理规划资源开发规模，整顿、规范矿产资源开发秩序，提高资源回采率和利用率，用资源税等政策手段倒逼产品提高附加值、提升资源利用价值，大力发展循环经济，促进资源再生与综合利用。

作者简介：

李强　博士，高级工程师，安泰科技技术中心副主任。作为项目负责人和主要研究人员，承担国家科技部、北京市科委等科技计划项目10余项；获国防科学技术进步奖二等奖1项；获授权专利10余项；先后发表论文30余篇，其中，《20世纪90年代世界光伏技术及产业的发展回顾》、《新材料产业技术发展现状及趋势》获中国企业管理学会优秀论文。

周少雄　博士，教授级高级工程师，中国钢研科技集团有限公司副总工程师，安泰科技股份有限公司技术总监/总工。现兼任国家新材料产业发展专家咨询委员会委员等职。荣获国家科技进步一等奖1项，二等奖2项及多项省部级奖励；获专利90多项，发表论文150篇。1998年被评为国家有突出贡献中青年专家，2008年获“中央企业优秀归国留学人员”称号，2010年获“全国优秀科技工作者”称号，2014年获中国首届“杰出工程师”奖，2015年入选北京科技盛典科技人物，2017年入选亚太材料科学院院士。

曾宏　博士，高级工程师，安泰科技纳米能源材料北京市重点实验室副主任，中国钢铁研究集团有限公司硕士导师。作为项目负责人和主要研究人员，承担国家科技部“863”、国家自然科学基金、国家重大仪器专项、北京市自然科学基金等10余项课题；申请国家发明专利22项，授权专利12项；在《Advanced Energy Materials》等刊物上发表学术论文40余篇，在《Open Physics Journal》期刊任职副主编，主要从事于纳米、能源材料的研究，如稀土纳米材料、动力（储能）电池及其纳米电极材料等方面研究。获北京金属学会第11届冶金青年论文优秀论文奖。

第二篇 专题

第4章 先进无机非金属新材料

郅 晓

4.1 发展先进无机非金属新材料的产业背景与战略意义

工信部发布的《建材工业发展规划（2016～2020年）》指出：壮大建材新兴产业，重点是加快开发先进无机非金属材料，发展玻璃基材料、工业陶瓷、人工晶体、矿物功能材料、高性能无机纤维及复合材料，鼓励发展石墨烯等前沿材料。这些政策的制定，明确了先进无机非金属新材料的技术、产业发展方向。

4.2 先进非金属新材料的发展现状

4.2.1 特种水泥

我国仍处于国民经济平稳较快发展时期，工业化和城市化进程的不断加快，全国房屋建设、市政公用基础设施，特别是高铁、水电、核电、铁路、交通等国家重大基础设施建设已成为拉动我国经济的重要支撑点。随着基础建设的深入和扩大，工程使用寿命要求的不断提高，我国土木工程和基础设施正向超大规模和在极端环境下应用的方向发展，如超大体积、超大跨度、超高、超深的工程建筑和水下、海洋、盐碱地以及其他严酷环境条件，对水泥混凝土的性能提出了更高的要求，也为水工大坝用水泥、固井水泥、油井水泥、道路水泥等特种水泥的科技创新和技术进步提供了重要机遇。高强低热硅酸盐水泥、核电水泥、海工水泥、油井水泥、道路水泥等是特种水泥的主要品种。

（1）高强低热硅酸盐水泥

高强低热硅酸盐水泥具有较低的水化热、较高的抗裂性，对提高大体积混凝土工程的抗裂性和耐久性具有显著的作用。20世纪30年代，美国建设胡佛大坝时便大量使用低热水泥；20世纪90年代，日本建造北海道明石大桥时也使用了低热水泥。国内中国建材研究总院多年来从事特种水泥的研究，与中国长江三峡集团公司、中国水利水电科学研究院等单位通过科研攻关，制备出具有早期强度高、水化热低、放热速率慢、热强比低、后期强度增进率高等特点的高强低热硅酸盐水泥，为解决大体积混凝土由于温度应力而导致的开裂问题提供了更好的技术途径，先后在国内的溪洛渡、向家坝、深溪沟等十余个大型水电站的导流洞、泄洪洞、消力池等工程部位使用，2017年开始在乌东德和白鹤滩两个300m级特高拱坝实现全坝应用。美国、日本及中国对低热水泥抗压强度及水化热性能指标要求见表4-1。

表4-1 美国、日本及中国对低热水泥抗压强度及水化热性能指标要求

相关标准	水化热/（kJ/kg）			抗压强度/MPa		
	3d	7d	28d	7d	28d	91d
ASTM C150	—	≤250	≤290	≥7.0	≥17.0	—
JIS R5210	—	≤250	≤290	≥7.5	≥22.5	≥42.5
GB 200	≤230	≤260	—	≥13.0	≥42.5	—

（2）核电水泥

核电水泥适用于常规岛及核岛工程等对碱含量、强度、水化热要求较高的关键工程部位。该品种水泥性能要求高，生产难度大。中国建材研究总院主导制定了国内外首个核电工程建设用水泥标准——GB/T 31545—2015《核电工程用硅酸盐水泥》，该标准的发布对规范我国核电水泥生产和质量控制、提升核电工程用水泥和混凝土质量、保障核电站长期安全运营起到重要作用。目前，核电水泥已在岭澳核电站、大亚湾核电站、红沿河核电站等多个工程中进行应用，有效降低了混凝土绝热温升，应用效果良好。中国、美国及欧洲对核电水泥的物理性能要求见表4-2。

表4-2 中国、美国及欧洲对核电水泥的物理性能要求

相关规范	水化热/(kJ/kg)			抗压强度/MPa				干缩率/%
	41h	3d	7d	2d	3d	7d	28d	28d
中国	—	≤251	≤293	—	≥17.0	—	≥42.5	≤0.10
欧洲	≤270	—	—	≥10.0	—	—	≥42.5	—
美国	—	≤255	≤290	—	≥10.0	≥17.0	≥28.0	—

注：欧洲标准中41h水化热采用半隔热法。

（3）海工水泥

海工水泥是海洋工程建设的专用水泥，和通用硅酸盐水泥相比较，海工水泥配制的混凝土具有优异的抗氯离子渗透能力以及现场施工操作方便等优点，主要用于港口、码头、海底隧道等海洋工程的建设。我国于2014年颁布了《海工硅酸盐水泥标准》（GB/T 31289—2014），与欧洲国家标准相比，对水泥组分、成分及矿物含量等提出了不同的限定。GB/T 31289对海工硅酸盐水泥明确提出了氯离子扩散系数和抗硫酸盐侵蚀系数两项技术指标，见表4-3。目前，该品种水泥已在舟山港宝钢矿石码头二期工程、宁波港北仑山多用途水工工程进行工程应用，是海洋工程建设的理想胶凝材料。

表4-3 海工硅酸盐水泥主要技术指标

项目		主要技术指标
烧失量/%		≤3.50
SO_3^{2-}/%		≤4.50
Cl^-/%		≤0.060
R_2O（按Na_2O+0.658K_2O计算）/%		≤0.60
凝结时间/min	初凝	≥45
	终凝	≤600
安定性		合格
细度（45μm筛余）/%		6～20
强度/MPa	3d	≥8.0
	28d	≥32.5
28d氯离子扩散系数/(m^2/s)		≤1.5×10^{-12}
28d抗硫酸盐侵蚀系数		≥0.99

（4）油井水泥

油井水泥是专用于油井、气井的固井工程的一种特殊用途水泥。我国于

1958年制定的油井水泥暂行技术条件、1962年制定的第一个油井水泥国家标准（GB 202—626）和1978年重新修订的油井水泥国家标准（GB 202—78），均是参考前苏联水泥堵塞水泥标准及其试验法并结合当时我国的国情而制定的。为了改变我国油井水泥产品质量差和油井水泥质检水平落后的局面，同时为了满足石油工业，特别是中外合资企业在我国海上勘探和开采油气资源的需要，我国于1982～1984年研制成功了符合API标准10A（1986年版）要求的各个级别的油井水泥，并在全国油井试用。1987年则结合我国油井水泥的生产和实际应用情况，并参照API规范10A要求制定了我国油井水泥国家标准（GB 10238—88）；后于1998年、2005年和2015年进行了3次修订。目前，G级油井水泥和H级油井水泥是基本油井水泥，可与外加剂或外掺料混合后用于各种条件下的注水泥浆设计，是国内外应用最广和应用最多的油井水泥，占总用量的80%以上；A级油井水泥在表层固井中被广泛应用；B级油井水泥和C级油井水泥在油气井固井工程中很少使用；D级油井水泥也称中深井水泥，在中原、吐哈等油田有过应用；H级油井水泥只在新疆等少数油田应用过。随着石油和天然气开采地质环境的复杂化和深度化，地下岩层结构和温度压力的不断增加，复杂地质环境下油气资源的开采被认为是石油工业的一个重要前沿领域，是世界各国竞相争夺的战略制高点。但高温高压、高酸性气体侵蚀和热力破坏等侵蚀介质对固井工程质量造成了严重的影响。因此，近年来世界各国研发了高温油井水泥、柔性油井水泥和超细油井水泥等特种油井水泥，以满足复杂固井环境的施工需求。

从产业角度来说，通过“十一五”以来的技术攻关，我国特种水泥的生产工艺已较完善。代表企业有嘉华特种水泥股份有限公司、华新水泥股份有限公司、淮海中联水泥有限公司等，年需求量约2000万吨。随着我国水电、高铁等重大工程的不断发展，特种水泥的需求量也将不断增大，在提升技术发展的同时，也促进了水泥工业的转型升级。

4.2.2 先进玻璃基材料

玻璃是无定形、非结晶体的均质同性材料，用途涉及建筑工程、日常生活、航空航天、武器装备等不同领域。一般地，玻璃可以根据材料成分、性能、用途、制备方法等分类依据进行分类；按照材料成分分类时，包括钠钙硅玻璃、铝硅酸盐玻璃、硼硅酸盐玻璃、磷酸盐玻璃、卤化物玻璃、硫系化合物玻璃、石英玻璃等。随着科技的进步与社会的发展，玻璃已不仅是传统意义上的普通建筑材料，而是成为广泛应用于信息显示、新能源、生物医疗和航空航天等多个领域的关键材料，同时这些领域的应用对现代玻璃材料的性能、功能、组分和制造技术提出了越来越高的要求，新技术和新产品的研发难度越来越大，因此现代玻璃材料的研制和应用已是多学科、多技术的高度复合集成。目前，世界各国越来越关注高性能特种玻璃材料的开发和应用，特种玻璃的研发和生产水平已成为一个国家材料发展水平的重要标志之一。我国玻璃材料虽然总体上与发达国家仍有一定差距，但经过近10年的自主创新，在主流产品领域已经突破国外技术封锁，核心装备已实现国产化，产品和技术均达到国际先进水平。

（1）钠钙硅体系浮法平板玻璃

钠钙硅体系浮法平板玻璃是最早也是应用最为广泛的基础材料。近年来，以绿色、环保、节能为发展理念，以薄型化、超白化、大尺寸化、功能化为发展方向，以全面提升我国浮法平板玻璃原片质量为目标，扩大普通平板玻璃应用领域，实现传统新材料的跨界发展。从报道资料获悉，近期以“二代浮法技术”为核心的原片质量获国内外认可，在相继突破熔窑、锡槽等关键技术装备和光学变形、点状缺陷等控制技术的基础上，“二代浮法玻璃”已基本实现。我国浮法玻璃原片质量已达到国际先进水平，如机车风挡用超白高质量原片玻璃、超薄普通钠钙系列ITO用电子玻璃等一系列产品获得稳定量产和应用。此外，随着新一代浮法平板玻璃产品和技术升级，近两年我国平板玻璃行业发生了很大的变化：在新技术和新市场形势激励下，平板玻璃行业优化存量，大量现有的中低档浮法玻璃生产线开展技能晋级改造、节能减排改造、深加工改造，不断调整优化产业布局，在原有单一传统建筑玻璃基础上开拓出更多高端产品，中低档浮法玻璃份额大幅下降，高级浮法、玻璃深加工、特种玻璃产物份额明显提升，如平板显现基板玻璃、太阳能玻璃、节能玻璃、光学玻璃、航空航天玻璃等与浮法玻璃原片结合更加紧密、直接。此外，近年来浮法玻璃开展的节能改造、余热发电、废弃处理等在线改造，使玻璃行业加快甩掉“高污染、高能耗”的帽子，有效地推动了我国玻璃工业向绿色化、高端化、世界化方向开展。

（2）铝硅酸系玻璃

铝硅酸系玻璃是以电子玻璃为主，电子玻璃一般是指0.1～2mm厚的超薄玻璃，主要用于制作集成电路以及具有光电、热电、声光、磁光等功能元器件的玻璃材料，如液晶、太阳能电池、存储器、光掩膜集成电路用基板玻璃和显示用盖板玻璃等。随着电子显示产业的快速发展，基板玻璃和盖板玻璃成为国家重点发展的战略性新兴产业、重点基础材料，近两年在极大的投资力度和市场拉动情况下，我国以铝硅酸盐系统为基础的基板玻璃和盖板玻璃取得了较大的发展。

基板玻璃作为薄膜显示产业的基石，不仅广泛应用在TN/STN、TFT等液晶面板结构中，也是OLED必不可少的基底材料。基板玻璃分为含碱和无碱两种，无碱高铝硼硅酸盐基板玻璃生产技术难度高、产品质量要求苛刻。目前，单纯从高世代无碱高铝硼硅酸盐原片玻璃及制备技术来看，仍有很多技术挑战和壁垒。

① 工艺壁垒：TFT-LCD用基板玻璃对玻璃表面平整度和杂质含量要求都是电子级的，使用一般的浮法工艺无法满足这么高的平整度要求，且研磨、抛光等介质接触可能会引入新的表面杂质，目前只有日本旭硝子公司成功使用浮法制造基板玻璃，基板玻璃主流工艺还是溢流熔融法，而溢流熔融法工艺壁垒高于浮法，需要准确调整温度、流速等多个参数，掌握难度大。

② 配方壁垒：美国康宁公司多年来垄断基板行业及严格控制关键技术外流，溢流熔融成型以及玻璃的光学、化学性能都需要正确的玻璃液配方，此外除主成分外的澄清剂、助溶剂等关键技术也直接关系到基板玻璃成品的合格率。

③ 装备壁垒：由于熔炉、引流槽、溢流砖等关键部件的生产要求高，现有生产设备基本为大玻璃厂商自主研发生产，故此对于新进入者很难采购或借鉴。目前阶段，高端高世代TFT-LCD基板玻璃市场仍为康宁、旭硝子、电气硝子、等国外公司控制，占全球TFT-LCD基板玻璃市场份额的90%以上。国内蚌埠玻璃研究设计院浮法8.5代TDT-LCD基板玻璃生产线已于2017年开工建设。超薄高铝玻璃因具有高硬度、耐磨、抗划伤、抗摔、高光学清晰度和对触摸反应灵敏准确等优良性能而广泛应用于消费电子产品的外观防护玻璃和视窗防护玻璃。国际上，以美国康宁公司的“大猩猩”玻璃、日本旭硝子公司的“龙迹”为主要代表，日本电气硝子、板硝子和德国肖特等公司也有相应的产品。高铝玻璃的市场主要为触控屏防护面板、智能手机防护面板和防护背板，在触控屏防护面板市场高铝玻璃和普通超薄钠钙硅玻璃有所重叠。据预测，未来至2021年，随着智能手机量的持续增长，加上未来双玻方案、5G时代、曲面玻璃等趋势引领，高铝硅酸盐盖板玻璃市场巨大。国内高铝玻璃原片生产厂家主要为中建材洛玻、南玻、旭虹光电、科立视、彩虹集团，产能目前正在逐步释放。在现有应用领域的基础上，要开拓高铝硅酸盐玻璃在汽车玻璃、高档建筑夹层玻璃以及航空、舰船、机车等高端市场的应用空间。

（3）硼硅酸盐系玻璃

硼硅酸盐系玻璃是含三氧化二硼的玻璃，常见的有3.3硼硅玻璃、5.0中性玻璃和低硼硅玻璃。其中，高硼硅玻璃（又名硬质玻璃）因其线胀系数为$(3.3\pm0.1)\times10^{-6}K^{-1}$，是一种低膨胀率、耐高温、高强度、高硬度、高透光率和高化学稳定性的特殊玻璃材料，被广泛应用于太阳能、化工、医药包装、电光源、工艺饰品等行业。目前，我国生产的中性药用玻璃（7.0低硼玻璃）与国际标准的中性药用玻璃（5.0硼硅玻璃）在质量上存在较大差距，而采用国际标准的中性药用玻璃是发展的大势所趋，7.0低硼药用玻璃将逐步被国际标准的5.0硼硅药用玻璃所替代。目前世界上生产高质量中性药用玻璃的公司主要有德国肖特集团（SCHOTT）、格雷斯海姆集团、日本电气玻璃集团（NEG）、爱姆科集团和纽博集团。国内在2017年建成了第一条5.0国际标准中性硼硅药用玻璃生产线，开启了国内中性玻璃新起点，但该项目部分生产线装备和加工设备仍由国外成套引进，尚未彻底打破国外在该领域的技术垄断。

（4）特种玻璃

特种玻璃的基础理论和特殊制品的研究在美国、日本、德国、法国等发达国家受到了足够的重视。美国国家科学基金会在过去的8年里，持续支持了25所美国大学进行玻璃科学研究，康宁公司通过不同途径对大学和玻璃研究团体提供定向资金支持，推动特种玻璃领域的前沿科学研究，也为先进玻璃材料产业发展储备了前瞻性技术。目前，我国特种玻璃研究和产业化也已取得较大进展，技术发明和新型品种不断涌现。但与欧美发达国家相比，我国特种玻璃在基础理论研究、产业化和应用开发等方面仍存在一定差距。

① 红外玻璃：作为视窗、透镜、整流罩等在红外探测技术和红外成像技术中得到广泛应用。红外材料是红外技术产业的基础，20世纪90年代以来，俄罗斯、美国和英国等西方发达国家都投入巨资对红外玻璃展开了研究，并将红外玻璃材料装配于重点型号战机的光电探测系统，极大提升了作战能力。例如，美国海军实验室研制的大口径700mm钡镓锗酸盐红外玻璃吊舱、俄罗斯莫斯科技术玻璃研究院研制的口径250mm铝酸钙玻璃整流罩均已批量装备机载光电雷达系统。近几年，中国建材研究总院也相继开发出铝酸盐、锗酸盐、镓酸盐等红外玻璃，并在红外玻璃制备技术上取得重大突破，攻克了红外玻璃的羟基驱除、析晶控制和大尺寸异形成型等技术难题，产品性能指标达到国际水平，开发的大尺寸铝酸盐玻璃实现了异形红外玻璃制品的典型应用。在红外热成像仪领域，以硫（S）、硒（Se）或碲（Te）元素为形成体的非氧化物光学硫系玻璃材料，具有优良的透红外特性和较小的折射率温度系数，也被视为新一代红外透镜材料。另外，系列大口径高质量锗锑硒等新型硫系玻璃及其100余款红外镜头实现了规模化生产，打破了国外对大口径硫系玻璃制备技术的封锁，提高了我国红外镜头产业的创新能力和国际竞争力。

② 耐辐照玻璃：一种经高能射线辐照或粒子轰击后，可见光透过率衰减很小的特种玻璃，主要用于航天、核工业和医学等领域的窗口材料。目前，美国康宁公司和英国皮尔金顿公司在耐辐照玻璃的研究和生产领域处于世界领先水平，它们均采用配合料熔融后直接拉制成型的工艺方法，生产的玻璃板面宽度可达400mm，最小厚度为0.05mm，由于成型表面为自由表面，玻璃的抗弯强度达到130～150MPa。经过多年研究，我国基本解决了耐辐照玻璃的透过性能和抗衰减性能兼容的问题，攻克了离子价态可控玻璃的气氛保护熔制技术和超薄玻璃钢化技术，产品指标可满足制备航天器太阳能电池阵系统高强度耐辐照玻

璃盖片的需求。

③ 锂离子导电微晶玻璃：通过对基础玻璃进行高温晶化处理而得到的，由导电主晶相、杂质相和残余玻璃相组成的一种新型能源材料，被视为无机固体电解质的有力候选材料之一。近年来，日本Ohara 公司、美国Dayton 大学和新加坡国立大学等单位研究了锂离子导电微晶玻璃的组分和晶化工艺对晶相组成、微观结构及电导率等的影响。国内，上海光机所、中国建材研究总院也开展了锂离子导电微晶玻璃的相关研究，研究都处于实验室阶段，制备的微晶玻璃均为200g左右的样品，尺寸和综合性能目前还无法满足工程化应用要求。

④ 石英玻璃：传统而特殊的一种工业技术玻璃，由于其具有其他材料不能代替的特殊性能，在国民经济和国防建设中起着非常重要的作用，特别是对新型电光源、半导体集成电路、激光技术和航空航天等高科技领域的发展至关重要。目前，我国石英玻璃行业的营销额已经接近30亿元，年产量接近30万吨。石英玻璃制造技术在许多方面也取得了突破性成绩，但在特种应用领域和高端技术方面，距离世界先进水平仍有较大的差距。近年来，国内多家单位在石英玻璃研制、开发、生产、测试和人才培养方面取得了诸多成绩，产品涵盖军工及民用大尺寸高性能光学石英玻璃、超纯石英玻璃、光纤及半导体用高纯石英玻璃材料与制品等系列化产品。但鉴于激光、新能源等产业的快速发展及石英材料独特的理化特性，在特种石英玻璃领域仍有需要攻关的方向，如大型、高品质和低羟基的坨材合成制造，大尺寸、超高纯、超光学均匀性、高抗紫外激光辐照等指标上的突破，同时在器件制造所需的精密加工技术和大件热加工技术方面仍需要投入相当大的人力和物力。

4.2.3 先进陶瓷材料

先进陶瓷材料是以精制的高纯、超细、人工合成的无机化合物为原料，采用精密控制的制备工艺烧成，具有特定性能的陶瓷材料。按照其特性和用途，可以分为结构陶瓷、功能陶瓷两大类。随着现代高新技术的发展，先进陶瓷已成为新材料体系的重要组成部分，成为诸多高技术领域发展的关键材料，备受各工业发达国家的重视和关注。由于先进陶瓷特定的精细结构和其高强、高硬、耐磨、耐腐蚀、耐高温、绝缘、磁性、透光等一系列优良性能，被广泛应用于国防、化工、电子、航空、航天、生物医学等国民经济的各个领域。先进陶瓷材料的发展是国民经济新的增长点，是体现一个国家国民经济综合实力的重要标志之一。目前，全球范围内先进陶瓷技术快速进步、应用领域拓宽及市场稳定增长的发展趋势明显。近10年来，我国已经陆续将先进陶瓷应用于传统产业和新兴产业中的诸多领域，在某些尖端先进陶瓷的理论研究和实验水平已经达到国际先进水平，研究领域广泛，几乎涉猎了所有先进陶瓷材料的研究、开发和生产，许多先进陶瓷产品在我国已能大批量生产，产品质量较稳定，并能占领一定的国际市场。

（1）结构陶瓷

结构陶瓷是一类具有优良的力学性能、热稳定性及化学稳定性，适合于制作在不同温度下使用的结构部件的先进陶瓷。大致分为氧化物系、非氧化物系和结构用陶瓷基复合材料。在结构陶瓷的应用领域中，耐磨部件占据了43%的市场份额。例如，衬垫、导杆、滑轮、模具、喷嘴等。虽然结构陶瓷的成本一直困扰着它的大范围使用，但是随着结构陶瓷的技术创新和产业化推广，其前景是非常乐观的。在美国，2015 ～ 2017年之间结构陶瓷年平均增长率达到8.3%，是各种先进陶瓷中增长最快的。

近年来，国内外对军用发动机用结构陶瓷进行了大量的研究工作。在兵器工业领域，结构陶瓷广泛应用于主战坦克发动机增压器涡轮、活塞顶、排气口镶嵌块等，是新型武器装备的关键材料。目前，20 ～ 30mm口径机关枪的射频要求达到1200发/min以上，利用陶瓷的高熔点和高温化学稳定性能可有效抑制严重的炮管烧蚀。世界范围内的军用新材料正向功能化、超高能化、复合轻量和智能化的方向发展。国内先进陶瓷制备技术快速提升，包括高纯陶瓷粉末的合成、先进的成型工艺、烧结技术及陶瓷部件的精密加工技术。在精密小尺寸产品、大尺寸陶瓷器件的成型、烧结技术、低成本规模化制备技术等领域不断打破国外垄断和技术封锁。例如，凝胶注模工艺生产的大尺寸熔融石英陶瓷方坩埚打破了美国赛瑞丹、日本东芝和法国维苏威3大公司的技术垄断，通过近几年的不断发展，已经形成了110 ～ 1100mm系列产品，产能居于全球第1位。

目前，我国结构陶瓷产业的区域特色逐渐形成，其中，广东、江苏、山东三省的结构陶瓷集中度较高，在产品和技术方面最具竞争力。广东省企业在结构陶瓷零部件制造上具有一定优势，如陶瓷手机背板、陶瓷柱塞、陶瓷球阀、陶瓷刀具等占据了很大的市场。同时，江苏宜兴、苏州、常州、常熟等地区在精密陶瓷零部件、精密陶瓷轴承球、化工用结构陶瓷部件、尾气净化用蜂窝陶瓷、防弹陶瓷、环保陶瓷等领域具有优势。

（2）功能陶瓷

功能陶瓷是一类利用其电、磁、声、光、热、弹等直接效应及其耦合效应所提供的一种或多种性质来实现某种使用功能的先进陶瓷。功能陶瓷在先进陶瓷中约占70%的市场份额。国家《战略性新型产业重点产品和服务指导目录》中对新型功能陶瓷材料进行了界定，常见的材料类型有导电陶瓷、半导体陶瓷、高温超导陶瓷、介电陶瓷、压电陶瓷、磁性陶瓷、纳米陶瓷等。

电子陶瓷是功能陶瓷的一个重要分支，一般是指在电子设备中作为安装、固定、支撑、保护、绝缘、隔离及连接各种无线电元件及器件的陶瓷材料。随着电子产品的发展，电子陶瓷也向着高效能、高可靠性、低损耗、超高功能以及智能化的方向发展。近年来，电子陶瓷元器件的市场规模日益增长。2011年全球电子陶瓷的市场规模在1300亿美元左右，截至2016年底，增长到了2410亿美元，年复合增长率达到14%。我国电子陶瓷产品市场规模从2011年的536亿元增长至2016年的1060亿元，年均增长率超过14%。全球电子陶瓷市场主要参与者包括村田、京瓷、德山化工、住友化学等。从市场格局来看，电子陶瓷一些核心技术掌握在欧美、日韩厂商中，其中，日本在电子陶瓷材料领域中一直以门类最多、产量最大、应用领域最广、综合性能最优著称，占据了世界电子陶瓷市场 50%的份额。村田制造是全球最大的电子陶瓷生产商，日本京瓷排名第二。美国在电子陶瓷的技术研发方面走在世界前列，但是产业化应用落后于日本，大部分技术停留在实验室阶段。目前，国内多家企业纷纷看好陶瓷材料在手机4.5G/5G时代应用的巨大潜力，进行了相关技术的储备及产业的布局。与国外先进电子陶瓷相比，国内生产的大部分产品附加值相对较低，很多电子整机中技术含量高的陶瓷元件仍需要大量进口。近年来，在国家相关部门的支持和推动下，我国电子陶瓷材料的研发和产业化取得了较快发展，在陶瓷电容/电阻/电感、陶瓷封装基座、陶瓷插芯等领域产业化有序推进，个别品类性能和工艺性超过了国外品种。全球电子陶瓷市场份额如图4-1所示。

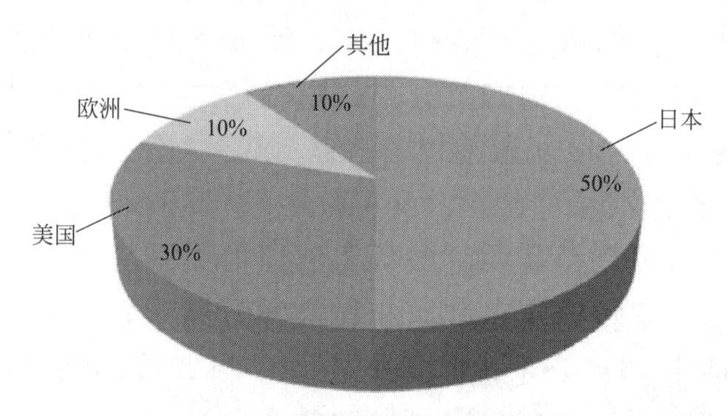

图4-1 全球电子陶瓷市场份额

生物陶瓷是指用作特定的生物或生理功能的一类陶瓷材料。近10年来，生物陶瓷材料的研究与临床治疗应用取得了重大突破。在生物陶瓷研究领域处于领先地位的美国、日本及其他国家的科学家们，正在利用陶瓷材料所具有的特性，开发具有新功能的生物材料，国内清华大学、上海硅酸盐研究所等高校和院所对生物陶瓷进行了较多的技术及应用研究。

4.2.4 人工晶体

人工晶体的研究与发展处于新材料产业的前沿。是战略性新兴产业的重要组成部分，作为光、电、热、磁、力等多种能量形式转换的媒介，是激光与光电子、微电子、导弹、卫星、通信、航空航天、舰船、核能等高科技领域的核心基础材料，具有不可替代性。在激光技术、核能、半导体、计算机发明与应用中，人工晶体起到了核心作用。人工晶体的发展与高技术、军事科技的需求、应用密不可分，是重要的光电信息功能材料和军用关键材料，是科技创新和当前国际高技术新材料研究、开发与竞争的热点，人工晶体取得的突破性成果，是当代高技术和光电子产业取得迅速变革的重要因素之一，能带动新产业的形成和发展。

（1）宽禁带半导体晶体（即第三代半导体晶体，禁带宽度＞2.2eV）

宽禁带半导体晶体主要是指SiC、GaN、ZnO、AlN、立方BN、金刚石、InN及其固熔体等，是高频、大功率、耐高温、抗辐射的半导体微电子器件、微波器件的理想材料，在电力电子、信息技术、新能源技术等国民经济领域以及航空航天、军用抗电子干扰、大功率雷达等军事国防等方面有着广泛的应用前景。

从目前研究来看，较为成熟的是SiC和GaN半导体材料，其中SiC技术最为成熟，而ZnO、金刚石的研究尚属起步阶段，特别是ZnO的p型掺杂实验依然不具备很好的可重复性，金刚石尚处于探索发展阶段。随着对宽禁带半导体材料研究工作的深入展开，Ga_2O_3、AlN晶体独特的优越特性也受到越来越多的关注。

国内外都极其重视宽禁带半导体材料的研究与开发，尤其是在美国国防先进研究计划局（DARPA）的WBGSTI、能源部的下一代电力电子制造创新学院（NGPEMII）、欧洲ESCAPEE和日本NEDO等多项研究计划的支持和推动下，SiC、GaN等宽禁带半导体材料和器件的研制发展迅速，有望创新开拓时代需求。目前，全球宽禁带半导体晶体产业规模约70亿元，预计到2020年将达到120亿元，在节能减排、信息技术、国防等领域具有潜在的巨大市场空间。

国内外的主要企业一直在努力改善SiC晶体质量和放大晶体尺寸。首先是，美国Cree公司的SiC晶体产/销量处于国际领先地位，占有60%～70%的市场份额，年销售规模超过7亿美元，6in SiC已经规模化生产销售；其次是德国SiCrystal公司和日本Nippon Steel公司。国内产业规模约4亿元，预计到2020年将达到15亿元，主要生产厂商有中科院上海硅酸盐研究所、中国电科2所等。目前，国内已成功研制6in SiC晶体，但SiC晶体位错密度与国外水平差距甚大，质量不稳定，这也是阻碍国内SiC晶体产业化应用的根本原因。波兰Ammno公司水热法生产GaN质量在世界领先；日本住友电工（SEI）和日立电线（HitachiCable）已批量生产GaN衬底，国内的领先企业已能供应HVPE法生长4in GaN晶体衬底。美国Crystal Is公司、HexaTech公司、德国Crystal-N公司已经实现2in AlN晶体产业化，国内中科院物理所、中国电科46所、北京中材人工晶体研究院有限公司等单位仍处于研发阶段。Ga_2O_3、金刚石国内外都处于研究阶段，β-Ga_2O_3是近年来新兴的一种宽禁带半导体晶体，2011年在功率器件、日盲紫外探测器等诸多领域展现出极佳的器件性能，引起了美、日、德等各国的广泛重视。

（2）光学晶体

光学晶体主要是指透光范围从真空紫外到远红外波段的光学材料。光学晶体可广泛用于制作光学元器件、半导体LED照明衬底，配套在各类光学仪器、光学系统中，包括紫外光学系统、红外光学系统、激光光学系统、双光合一或三光合一光学系统及LED照明等。

红外光学窗口晶体是现代军事工业的重要基础性材料，对国防工业的发展，特别是导弹、航空航天技术的发展起着不可取代的关键支撑作用，并且这些材料不可引进，必须自主发展。在红外光学窗口晶体除蓝宝石晶体外，如热压MgF_2、热压ZnS研发方面，美国掌握了关键的制备技术，国内人工晶体研究院处于领先水平。在CVD ZnS、CVD ZnSe等长波红外光学窗口晶体方面，美国贰陆公司、Rohm & Haas公司以及Phoenix Infrared公司几乎垄断了全球的技术与市场，国内仅有极少数企业从事研发与小规模试制工作。

蓝宝石晶体是半导体LED照明最重要的产业化衬底，也是蓝宝石最大的应用市场，目前国际上衬底片主要来自日本、美国和俄罗斯、中国，国外主要企业有美国的Rubicon公司，法国的Saint-Gobain公司，日本的Kyocera公司、Namiki公司，俄罗斯的Monocrystal公司。我国已经是蓝宝石晶体最大产能国家，晶体生长炉数量超过千台，采用的生长方法主要以泡生法为主，晶体最大质量超过300kg，利用导模法可生长出600mm×400mm×20mm的超大蓝宝石晶片。但目前国内蓝宝石晶体过度投资、盲目引进及盲目投资现象严重，产业配套能力需要加强，技术创新能力不足，大尺寸蓝宝石衬底（≥4in）质量、成本仍与美国和俄罗斯的先进水平有较大的差距，因此需加强技术创新，大力发展第三代6～8in衬底片及其外延产业化技术，发展和储备第四代8～10in衬底片及其外延技术，实现半导体照明技术的跨越式发展。

此外，在氟化物晶体的生产方面，国际上有德国Schott、美国Bicron和Corning、日本Canon等。俄罗斯生产红外级氟化钙规模较大。国内目前有人工晶体研究院、长春光机所、北京玻璃研究院等少数单位能研制和生产氟化物晶体材料。

（3）闪烁晶体

闪烁晶体是当今人工晶体材料领域中有重大经济效益的主流晶体之一，作为探测器的核心已经广泛应用于高能物理、核物理、放射医学、工业无损探伤、地质勘探、安全检查、防爆检测等领域。闪烁晶体的重要性其实远不止于其产值，关键点在于其是无损检测、核医学成像和安全检查等射线技术设备中的核心部件和核心技术之一，而这类设备所蕴藏的产业规模是极其巨大的。

目前，全球闪烁晶体、晶体封装件、晶体阵列和晶体阵列封装件产值达到25亿～30亿元，预计2020年全球产业规模将达到40亿～50亿元。国外主要闪烁晶体生产厂家有法国SGC、乌克兰Amcrys、美国CPI、捷克Crytur等。其中法国SGC是目前国际上最大规模的闪烁晶体生产厂家，第三代闪烁晶体代表产品的溴化镧晶体被其完全垄断。近年来，法国SGC先后开发了$LaCl_3$:Ce、$LaBr_3$:Ce、CLLB等新型闪烁晶体，其尺寸和性能都居于国际领先地位，并已实现批量化生产，产能可达1.5t/年以上；乌克兰Amcrys公司碘化物晶体的尺寸和质量居于国际领先水平，产能达5t/年以上；美国CPI公司是全球最大的LYSO晶体生产厂家，采用中频感应晶体提拉法生长技术，自动化程度很高，居于国际领先水平，产能在6t/年以上；美国的RMD公司闪烁晶体产品主要有SrI_2:Eu和CLYC:Ce两种较新的晶体，其产品尺寸和性能都居于国际领先水平，市场占有率在90%以上，产能在1t/年以上；德国Hellma GmbH闪烁晶体产品主要有BaF_2、CaF_2:Eu和$CeBr_3$等闪烁晶体，其中，氟化物目闪烁晶体生长的技术居于国际领先水平，最大直径可达350mm，产能也有望成为最大，$CeBr_3$新型闪烁晶体的尺寸和质量都居于领先地位，市场份额占据90%以上。

闪烁晶体是我国的优势研究领域，20年多来积极参与了国际竞争，为我国赢得了良好的国际声誉，并获得了巨大的经济效益。国内产业规模约9亿元，预计到2020年将达到18亿元，主要生产厂商有中科院上海硅酸盐研究所、中国电科26所、上海新漫晶体材料科技有限公司、人工晶体研究院、北京玻璃研究院等。人工晶体研究院、北京玻璃研究院是$LaBr_3$:Ce、SrI_2:Eu、GGAG:Ce等新型闪烁晶体的研制生产厂家，拥有近40台晶体生长炉；中科院上海硅酸盐研究所在BGO、$PbWO_4$等闪烁晶体方面，开发了多坩埚大尺寸BGO晶体生长技术，已获得最大长度达到600mm的超长晶体，并为“悟空”号暗物质探测卫星提供了640根600mmBGO晶体作为“超级视网膜”。但近年来，我国在新型稀土卤化物、氧化物闪烁晶体方面都缺乏自主知识产权，以LYSO:Ce等为代表的闪烁晶体为例，在国内的发展产业化艰难，也无法支撑医疗成像设备的发展。

（4）激光、非线性光学晶体

目前广泛应用的有Nd:YAG、Nd:YVO_4和Ti:Al_2O_3三大基础激光晶体。Nd：YAG主要用于高、中等功率激光器，Nd:YVO_4晶体主要用于低功率、小型、全固态激光器，而Ti:Al_2O_3主要用于可调谐及超快激光器。

激光晶体是一种军民共用、需求量大的一类晶体，目前全球产业规模约为20亿元，预计2020年将达到50亿元。中国和美国是全球激光晶体的主要生产国。首先，美国的贰陆公司、诺斯洛普·格鲁门公司等是大型激光晶体企业，生长的激光晶体直径已达到150mm、长250～300mm，其光学均匀性达到0.1λ/in

以内，浓度均匀性控制在±10%以内，生长的激光晶体尺寸以及加工的激光晶体元器件的品质均处于世界领先水平。其次，美国的科学材料公司、激光材料公司和德国的FEE公司也是世界专门从事激光晶体材料研发和生产的企业。我国在激光晶体技术、产业化发展方面，与美国、德国处于同一水平，研制的掺钕钇铝石榴子石（Nd:YAG）、掺钕钒酸钇（Nd:YVO_4）等激光晶体主要技术指标达到国际先进水平，Nd:YVO_4激光晶体出口数量已占国际市场的1/3，成为生产出口大国，但受限于国内下游产业链发展，特别是大尺寸、高功率激光晶体产业应用有差距。目前，国内激光晶体产业规模约为8亿元，预计2020年产业规模将达到15亿元。

从非线性光学晶体、器件及应用整个领域的科技水平来看，发达国家如美国、英国等居于世界前列，对最初的原理提出、新材料的探索、器件的开发，都做出了重要的贡献。在非线性晶体材料的生产上，日本、中国和前苏联的一些地区如俄罗斯、乌克兰、立陶宛等，占有重要的地位，而美国和欧洲一些国家则主要侧重于非线性晶体器件及设备的制造。我国无论是在非线性光学晶体的学术研究还是在产业化方面，都在国际上有着重要的影响，特别是在可见光、紫外波段非线性晶体的研究方面一直处于领先水平，受到世界瞩目，一些重要晶体满足了国内重大工程需求。目前，全球非线性晶体材料产业规模为18亿元，预计2020年全球产业规模将达到25亿元，国内非线性光学晶体产业规模约为9亿元，预计2020年产业规模将达到15亿元。

（5）压电晶体

压电晶体是实现机械能与电能相互转变的工作物质，是一类具有广阔应用前景的人工晶体。人造石英晶体是目前应用最广泛的压电晶体材料，已形成了仅次于半导体晶体和蓝宝石晶体的又一主要人工晶体产业。除了传统的人造石英晶体外，目前应用比较广的压电晶体还有LN晶体、LT晶体，另外，ZnO晶体、LGS晶体、PMN-PT晶体等均是性能很好的压电晶体。目前国内人造石英晶体的生产型企业约20家。我国具备年产2000t以上石英晶体的生产能力（全球为6000t左右）和50亿只以上的石英晶体元器件（包括表晶）的生产能力（全球为100亿只左右），但产值、产品档次（尤其是高端产品）、器件化水平、企业规模、配套能力、科研水平等方面与发达国家相比仍有较大的差距，国内市场容量占世界总量的20%左右，但产值仅占世界总量的10%左右。

国际上销售LN晶体及晶片的公司主要有美国晶体技术和日本山寿公司。其中，美国晶体技术公司是老牌的LN晶体供应商，其LN晶体的产能为60t/年。国内中电华莹的产能为12t/年，质量上已经接近国外的同类产品，在国际市场上有一定的竞争能力。

硅酸镓镧晶体是一种性能优异的新型压电晶体材料，其综合性能优于钽酸锂晶体和石英晶体。在国内，科研院所对该晶体的生长进行了深入的研究，目前已经能长出直径达2.5in的光学级LGS晶体。目前，还没有应用于民用领域的LGS晶体器件出售，利用该晶体制作的器件仅限于军工领域。而在国外，Pericom Semiconductor公司已有LGS晶体声表器件出售。

铌镁酸铅晶体是新近出现的弛豫铁电基高效机电转换材料，可广泛应用于医用超声成像、地震监测、自适应光学系统、空间激光通信、激光加工等领域。用弛豫铁电单晶制备的纯净波探头已获得规模化商业应用，占据最高端探头位置。目前，国际上能够提供PMN-PT弛豫铁电单晶的公司主要有美国的APC International公司、H.C.Materials公司，日本的JFE.Material公司，其中H.C.Materials公司已经达到量产。

4.2.5 高性能纤维及其复合材料

高性能纤维及其复合材料主要指高性能玻璃纤维、碳纤维、玄武岩纤维等纤维及其复合材料，具有高强、轻质、耐腐蚀、非磁性、耐疲劳等优点，在风电、体育、国防等领域应用广泛。

（1）高性能玻璃纤维

高性能玻璃纤维（简称玻纤）是一种综合性能优异的无机非金属材料，主要有高强度玻璃纤维、高模量玻璃纤维、低介电玻璃纤维、耐酸碱等腐蚀玻璃纤维等。高性能玻璃纤维自诞生以来，国内外均主要为国防军工及航空航天领域服务，但由于产业规模小、制造成本高、产品价格高，影响了应用领域的扩展。进入21世纪以来，在产品研发和技术提升的双重作用下，高性能玻璃纤维在新能源、环保、节能、交通等新兴产业的应用规模迅速提升。尤其是采用了先进的规模化生产技术，一些高性能玻璃纤维的生产成本大幅度降低，已接近于普通玻璃纤维。

从2000年之前开始，国外玻纤企业进行了大规模产业转型，主要致力于用新技术对已有生产线进行技术改造和产品升级，生产高性能玻璃纤维。高性能玻璃纤维产能的不断提高，不仅满足了新兴市场的需求，而且也赢得了市场先机。例如，美国OC公司已全面推广无硼无氟、高耐酸性的Advantex用于顶替E玻纤，率先占据了玻璃纤维的高端市场。OC、PPG、JM、巨石、重庆国际、泰山等六大企业占据着全球约75%的玻纤产能。在今后几年内，国外大部分生产线均将继续进行技术改造和产品升级，生产高性能玻璃纤维。

随着《中国制造2025》国家战略的实施，在新能源开发、汽车轻量化、油气远距离输送等重大技术和工程领域，都需要更高性能的增强纤维作为基础材料予以支撑。然而，在玻璃纤维产业领域尚存在一些技术难题和问题，阻碍了玻璃纤维应用领域的进一步扩展和大范围应用。近年来开发的耐碱玻璃纤维主要应用于增强水泥制品，同时也是石棉制品的理想替代材料，有些应用在欧洲已形成一定规模，但国内应用较少，泰山玻纤与美国OC合作AR耐碱玻纤项目，生产的耐碱纤维填补了国内空白，替代进口产品，已在海防工程、高铁、隧道等工程完成测试。S-1HM玻璃纤维具有优异的抗拉强度和拉伸模量，在满足增强材料市场经济性需求的同时提供最高强度的力学性能，可用于大型风电叶片、复合材料电缆芯材、高压气瓶等高强高模复合材料产品。耐腐蚀高强高模HMG玻纤纱具有高模高强、耐高温、抗冲击、耐腐蚀等优异的综合性能，可满足电缆芯材、风能等领域的技术需求。池窑拉丝生产技术的研发成功也大大降低了玻璃纤维的生产成本。

2016年，玻璃纤维增强复合材料行业发展遭遇较大挑战，尤其是在纤维增强热固性复合材料方面，随着全社会对于环保问题的日益关注，企业在生产和经营过程中均遇到前所未有的压力。一方面是生产环节的环保排放，由于前期环保意识不足，环保投入缺失，导致很多企业无法正常生产；另一方面是产品回收问题逐步受到下游市场关注，在尚未有成熟回收处理措施的情况下，部分细分市场需求有逐步萎缩之势。

（2）碳纤维

碳纤维是一种含碳量在95%以上的高强度、高模量的新型纤维材料。

碳纤维在国外的发展较为迅速，其中以日本东丽、德国SGL、三菱丽阳以及日本帝人为主，这些集团掌握了碳纤维研发生产的关键技术，实现了碳纤维制造的规模化生产，成为碳纤维制造生产和对外输出的主要供应商。当前，世界市场碳纤维需求占比较大的是航空航天领域，约占30%，体育休闲应用、风电应用和汽车应用共占比约40%，需求高速增长的状态仍在持续。

在国家政策的大力支持下，我国碳纤维产业取得较大进展。目前我国从事碳纤维复合材料制品研制、生产以及设备制造的厂家约有百余家。但这些企业中大多是生产体育休闲用品，从事航空航天等高端碳纤维复合材料研制和生产的单位有10余家，从事纤维缠绕和拉挤成型工艺生产碳纤维复合材料的企业有40余家。2017年，中国建材千吨级SYT55（T800）碳纤维新线项目正式投产。

4.2.6 矿物功能材料

矿物功能材料是以非金属矿物为原料，在充分发挥非金属矿本身特性的基础上，经过深加工或精加工制备的功能性材料，广泛应用在建材、冶金、铸造、石油、化工、涂料、化肥、饲料、环保、助滤剂等行业。矿物功能材料是将资源优势转变为技术优势、产业优势和经济优势的关键过程，是新技术革命中不可缺少的材料，对我国传统产业改造升级、新技术产业形成以及国民经济可持续发展都起着举足轻重的作用，是21世纪我国着力开发的新型无机非金属功能材料。

（1）工业填料

以非金属矿为主要原料，经过加工后形成具有一定化学成分、几何形状和表面特性的粉体材料，广泛应用于橡胶、塑料、造纸、涂料等领域。

国外对工业填料的研究和应用非常活跃。以碳酸钙粉体为例，日本的碳酸钙生产企业和机构致力于研制高品碳酸钙的生产工艺，如今已经取得了众多突破。日本碳酸钙的制造企业，多数都有自己的企业特种产品，例如，日本东洋电化工工业公司经技术改进成功制备了平均粒径为18nm的碳酸钙，并掌握了相关表面处理技术，得到了分散性很好的产品。目前，日本掌握了定形及无定形碳酸钙的关键技术，其开发研制的表面改性剂多达50余种。德国、法国、英国、美国等国也十分重视碳酸钙新产品的开发，但根据各国的产业发展特点，其研究侧重点各有不同。例如，美国侧重于研发涂料和造纸行业应用的填涂碳酸钙，并且在相关偶联剂开发方面处于国际领先地位，美国MTI公司是国际知名的碳酸钙生产厂商；英国的碳酸钙研发方向主要针对高档涂料专用的高品碳酸钙，欧洲汽车底漆专用碳酸钙市场一直由英国著名的ICI公司垄断。

国内目前已建立完备的工业填料生产应用体系。关于工业填料用矿物功能材料的研究主要集中在：①提升材料自身特性，包括提高填料的白度和细度。采用重选、磁选和化学漂白等联合工艺提高高岭土填料的白度，开发超细碳酸钙、活性碳酸钙等碳酸钙产品。②降低材料生产成本。采用硫酸铵作煅烧增白剂，降低高岭土煅烧温度，采用二氧化硫脲代替保险粉作高岭土漂白药剂等。③开发具有新功能的产品。如以云母粉复配重晶石和钛白粉等制备反射型隔热水性环保涂料，采用机械化学法制备滑石/TiO_2复合粉体颜料等。④提高资源综合利用水平。

（2）热功能材料

热功能材料包括导热性能良好的导热材料和导热性能较差的保温隔热材料。石墨片层沿径向导热性能优异，可以用作导热材料；石墨片层垂直径向导热性能较差，可以用作保温隔热材料；珍珠岩、蛭石等膨胀后可形成多孔结构，可用于保温、隔声材料。以石墨、珍珠岩、蛭石等非金属矿为原料制备的导热片、防火隔热板、吸声消声板、镁碳砖、微孔硅钙板、玻璃微珠等热功能材料，可应用于建材、建筑、冶金、化工、交通、航空航天等领域。

国外已开展了大量的热功能材料的研究。以石墨导热材料为例，常用的石墨导热材料主要有天然鳞片石墨、高定向热解石墨等。天然鳞片石墨主要用于研究掺杂导热石墨和高热导率柔性石墨膜材料，聚酰亚胺薄膜高分子热解石墨主要用于研究高定向导热石墨等。国外部分实验数据表明：掺杂石墨热导率已经可以达到700W/（m·K）以上，尤其是用天然石墨制成的石墨膜散热材料，据专利报道其热导率可以达到1500W/（m·K）以上。日本对聚酰亚胺薄膜材料的研究表明。由聚酰亚胺制成的高导热石墨膜散热材料其热导率可达到1800W/（m·K）以上，具有非常好的研究前景。

国内的研究水平基本与国外相当。关于热功能材料用的矿物功能材料研究主要集中在以下几个方面。

① 采用膨胀石墨压延法制备高导热柔性石墨膜或柔性石墨片。

② 以可膨胀石墨、膨胀珍珠岩、膨胀蛭石等作为阻燃剂，加入聚氨酯、酚醛树脂等有机材料制备复合保温材料，提高有机保温材料的阻燃性能。

③ 利用膨胀珍珠岩加入SiO_2气凝胶、闭孔珍珠岩加入铝矾土耐火骨料、蛭石加入覆盖剂等方法提高无机保温材料的保温性能。

④ 通过改善结合炭的炭结构、优化镁碳砖的基质结构以及采用高效抗氧化剂等方法提高镁碳砖的热震稳定性及抗渣渗透性等。

（3）电功能材料

电功能材料包括导电性良好的导电材料和绝缘性良好的绝缘材料。石墨层间具有可自由活动的电子，因此具有良好的导电性能；石英、云母等非金属矿具有较高的绝缘电阻；以石墨、云母、石英等非金属矿为原料制备石墨电极、非线性电阻、云母电容、电子封装等电功能材料，可应用于电力、微电子、通信、计算机、航空航天、航海等领域。

国外在利用石墨、云母等作为原料生产电功能材料方面已有较大的进展。以云母纸为例，法国首先研制出云母纸的制造技术。目前，国外主要是集中开展相关材料与有机材料的复合技术、强度提高技术等；美国杜邦公司也进行了相关产品的开发，利用添加芳纶纤维与云母鳞片复合制备出了芳纶云母纸基材料，达到了很高的强度。

国内关于电功能材料用矿物功能材料的研究主要集中在以下几个方面。

① 制备石墨烯导电材料。

② 制备高性能锂离子电池负极材料。

③ 制备环氧导静电涂料。

④ 制备石英半导体材料。

⑤ 制备芳纶云母纸。

⑥ 制备高导热少胶云母带等。

（4）催化剂载体

催化剂载体是负载型催化剂的组成之一，主要用于支持催化活性组分，使催化剂具有特定的物理性状。硅藻土、蛭石、高岭土、膨润土、凹凸棒土和海泡石等非金属矿具有一定的吸附性和催化活性，且耐高温、耐酸碱，是良好的催化剂载体材料。以非金属矿为原料制备的分子筛、催化剂载体等材料，广泛应用于石油、化工、农药、医药等领域。

国外利用某些特殊矿物作为催化剂载体是催化行业的主流做法之一。以凹凸棒土为例，国际上主要的凹凸棒石黏土生产大国有美国、法国、澳大利亚、西班牙、希腊等国，其中美国是世界上最大的凹凸棒石黏土矿产资源国和生产国。美国凹凸棒石黏土的主要应用领域是作吸附剂使用，占整个应用领域的74%。

国内关于催化剂载体材料用矿物功能材料的研究主要集中在以下几个方面。

① 制备水污染治理用催化材料。以非金属矿为载体，负载TiO_2、ZnO、CuO、Fe_3O_4、Ag_3PO_4、Ag_2CrO_4等催化活性物质制备催化剂，对印染废水、有机污染物、重金属污染物具有较好的催化降解等功能。

② 制备空气净化用催化材料。如采用沉积-沉淀法制备Pd-Cu/凹凸棒土（PC/APT）催化剂，研究其CO催化氧化性能。

③ 制备化工原料合成用催化材料。如硅藻土负载磷钨酸催化剂用于环己醇合成己二酸、$AlCl_3$/凹凸棒土用于汽油脱二烯烃、Ni-P非晶态合金/酸化膨润土催化剂用于硝基苯加氢制苯胺、Ag/AgCl/铁-海泡石催化剂用于双酚A降解等。

（5）吸附材料

吸附材料是由沸石、高岭土、硅藻土、海泡石、凹凸棒土、膨润土等具有较大比表面积、吸附能力较强的非金属矿制备。以非金属矿为原料制备助滤剂、脱色剂、干燥剂、除臭剂、抗菌剂、水净化剂、空气净化剂、油污染处理剂、核废料处理剂、固沙剂等吸附材料，广泛应用于食用油、工业油脂、制药、环保、化妆品、食品等领域。

国外对矿物功能材料用于吸附材料的研究较多。例如，2016年Beheshti和Irani研究了硅藻土纳米颗粒对Pb^{2+}的吸附，结果表明：在溶液温度为45℃、吸附时间为90min的条件下，硅藻土纳米颗粒对Pb^{2+}的最大吸附量可达103.1mg/g，同时研究发现，硅藻土纳米颗粒对Pb^{2+}的吸附符合一级动力学模型和Langmuir等温吸附模型，吸附过程是吸热的、自发的。Safa等研究表明：阿尔及利亚天然硅藻土对Cu^{2+}、Zn^{2+}、Cd^{2+}和Pb^{2+}的最大吸附量分别为0.319mmol/g、0.311mmol/g、0.180mmol/g和0.096mmol/g。

在国内，“十三五”国家重点研发计划在矿物功能材料关于吸附材料应用方面进行了支持，主要的研究和成果有以下几个方面。

① 制备污染水体治理材料。

② 制备饮用水净化材料。

③ 制备空气净化材料，主要用于处理气体和细颗粒物两方面。

④ 制备土壤改良材料等。

（6）悬浮流变材料

悬浮流变材料主要是利用非金属矿的胶体性能，可以在较低固含量下形成高透明度、高黏度的胶体；以凹凸棒土、膨润土等非金属矿为原料，制备触变剂、防沉剂、增稠剂、流平剂等悬浮流变材料，广泛应用于涂料、造纸、农药、医药、采油、钻探等领域。

国外对悬浮材料的研究较为全面和广泛。目前相关技术主要涉及建材、石油等行业。以用于石油钻探过程使用的关键材料为例，国外一些公司根据抗高温水基钻井液需要，已研制出以COP-1、COP-2、MIL-TEMP、PYRO-TROL、KEM-SEAL等为代表的独具特色的抗高温处理剂产品，成功地应用于实践，取得了较好的效果，最高使用井底温度272℃。

国内关于悬浮流变材料用矿物功能材料的研究主要集中在以下几个方面。

① 制备新型钻井泥浆。为解决钻井过程中出现井壁失稳、钻井液抗温能力不足等情况，采用改性膨润土与凹凸棒土复配、开发新型抑制剂、改善配方等方式对钻井泥浆进行了改进。

② 开发高性能油漆涂料助剂。研究膨润土、凹凸棒土等矿物功能助剂对涂料、油漆的悬浮性、触变性、抗流挂性能的影响。

③ 制备面膜用高保水性细菌纤维素。采用膨润土无机凝胶作为外源底物，通过原位发酵技术对细菌纤维素进行改性，实现细菌纤维素的高保水性能，更好地应用于保水面膜等日用行业上。

4.2.7 墙体材料

墙体材料按尺寸可分为砖、砌块、板材，按工艺可分为烧结墙体材料和非烧结墙体材料。墙体材料的主要发展热点是节能、利废和建筑工业化。

（1）保温材料

保温材料一般是指热导率≤0.12W/（m·K）的材料，包括无机保温材料和有机保温材料等，广泛用于建筑保温领域。保温材料在国外种类繁多，传统的保温材料使用量最大、技术也最成熟，例如，欧美等发达国家建筑墙体使用的保温材料中聚氨酯、聚苯乙烯、岩棉玻璃棉比例分别为75%、5%、20%。目前，全球保温材料正朝着高效、节能、薄层、隔热、防水功能一体化方向发展，从研究领域来说，目前国外保温材料的研究热点主要集中于气凝胶、相变材料等新型保温材料。

在国内，使用较多的材料与国外一致，现有建筑中的聚氨酯、聚苯乙烯、岩棉玻璃棉比例分别为10%、80%、10%。由于我国岩棉等无机保温材料的力学性能和耐久性还不能满足外墙保温的要求，有机保温材料的阻燃改性等仍是本行业亟待解决的问题。国内对新型保温材料如气凝胶、相变材料等方面的研究水平已经接近于国外先进水平，但仍存在技术原创性差、应用领域狭窄等问题。

（2）高利废墙体材料

高利废墙体材料是利用工业固废、建筑垃圾等废弃物制备墙体材料，是本行业的研究热点和发展方向。国外对利用废弃物制备墙体材料已开展了大量的、长期的研究，并用于生产实践。如日本每年排放脱硫石膏近200万吨，几乎全部用于生产石膏板，近年来还采用粉煤灰和FGD并添加少量石灰制成具有火山灰反应强度的“波造特”湿润性粉状材料，作为砂土替代料。德国脱硫石膏利用技术处于国际先进水平，用量大且能实现100%利用，主要是通过在产地建厂生产石膏板，另外用作替代高龄土和方解石作为生产纸的填料和涂胶料。美国脱硫石膏主要和天然石膏掺和用于制备纸面石膏板。在建筑垃圾、城市污泥等城市和工业固体废弃物处理及再生利用方面，发达国家总体上是施行源头削减策略，就是在废弃物形成之前，通过科学管理和有效控制措施将其减量化。目前，各国对于已经产生的城市和工业固体废弃物进行再生利用制作建材产品已经形成共识。

国内也开展了大量的利用固体废弃物制备墙体材料的研究和应用，但仍存在一些问题。在城市和工业废弃物再生建材方面，需对其安全性引起重视，并配套相关的检测技术和评价标准，避免固体废弃物再生建材在生产、使用、回收等各个环节中可能存在的放射性物质、重金属离子以及异味、渗出物等对环境、人体健康造成危害。2016年，全国墙体材料行业利用煤矸石、粉煤灰、矿渣、煤渣等各类工业固体废弃物制备墙体材料，年利用量约3亿吨。

4.2.8 其他先进无机非金属新材料

石墨烯、气凝胶、锂电池隔膜是先进无机非金属新材料的重要组成部分，《中国制造2025》《新材料产业发展指南》《建材工业发展规划（2016～2020年）》等文件均明确提出要大力发展相关新材料。

（1）石墨烯

石墨烯是由碳原子紧密堆积而成的二维晶体。石墨烯具有超薄、超轻、超高强度、超强导电性、优异的室温导热性和透光性（几乎完全透明）、结构稳定等特点，是推动战略高技术发展的关键材料。国外关于石墨烯相关的研究和产业化在近年来持续升温。欧洲、美国、日本、韩国等许多国家和地区都进行了一系列相关研究，支持了许多项目，对推动产业发展做出了战略部署。

英国政府联合多所大学和研究机构在曼彻斯特大学建造国家级科研机构——英国国家石墨烯研究院，由获得诺贝尔物理学奖的英国曼彻斯特大学教授安德烈·海姆和康斯坦丁·诺沃肖洛夫负责领导，加速石墨烯材料的商业化进程，该研究院已成为世界上最领先的石墨烯研究和商业化中心。英国在2012年底宣布追加投资2150万英镑资助石墨烯研究项目，推进石墨烯的商业化进程。启动的PolyGraph项目将大幅降低石墨烯增强热固性聚合物材料的成本，使其能广泛应用于复合材料、涂料、胶黏剂等行业。韩国政府投入研发费用14亿美元，把石墨烯材料及产品定为未来革新产业之一。2012～2018年，韩国原知识经济部预计将向石墨烯材料提供2.5亿美元的资助，1.24亿美元用于技术研发，其余用作商业化研究。日本学术振兴机构从2007年起开始对石墨烯硅材料、器件的技术进行资助。在研究方面，各国分别取得了一些突破性的成果。加州大学伯克利分校研制出石墨调制器，可实现超快数据通信。美国卡博特公司、韩国浦项公司在石墨烯电容器、电池方面取得重要进展。韩国三星宣称将石墨烯成功应用于触摸平板显示器，制造出多层石墨烯等材料组成的透明可弯曲显示屏，可广泛应用于移动设备。日本索尼公司成功合成大面积的长120m、宽230m的石墨烯薄膜。化工医药巨头德国拜耳、飞机发动机巨头英国罗罗公司也加强了对石墨烯的研发，力图迅速占领石墨烯产业的制高点。日本名古屋大学的研究小组开发出像马鞍一般弯曲的碳纳米分子，并将这种碳纳米分子命名为“弯曲纳米石墨烯”，有望在电子元件和医疗等领域得到应用。

我国石墨烯的发展得到了国家和各级地方政府的大力支持，制备技术和应用技术均取得了长足发展。国家自然科学基金委员会已经陆续拨款超过3亿元用来资助石墨烯相关项目；国家引导石墨烯产业成立了中国石墨烯产业技术创新战略联盟。国家金融信息中心指数研究院发布的全球首个石墨烯指数评价结果显示，我国全球石墨烯产业综合发展实力位列全球第3位（前2位分别为美国和日本）。数据显示，截至2017年2月，全国拥有与石墨烯相关企业数量达到2059家，其中发展石墨烯业务的企业数量为533家。2015年，石墨烯产业规模是6亿元，在2016年已经达到了40亿元，预计到2018年产业主体规模将突破100亿元。

（2）气凝胶

气凝胶是一种具有纳米多孔结构的新型材料，1931年由美国S.Kistler发明，在热学、光学、电学、力学、声学等领域显示出奇特的性能。从当前技术层面来看，气凝胶性能主要由其纳米孔洞结构决定，气凝胶制备技术核心在于避免干燥过程中由于毛细管力导致纳米孔洞结构塌陷。根据干燥工艺的不同，目前生产气凝胶主要分为超临界干燥工艺和常压干燥工艺两种。超临界干燥技术是最早的批量制备气凝胶技术，已经较为成熟，是目前国内外企业生产气凝胶的主要技术。

近10年来，全球气凝胶产品主要是作为隔热材料投入市场。随着气凝胶制造成本的显著降低和产能迅速扩张，预计到2020年，气凝胶企业将迅速增多，气凝胶行业整体上进入爆发式的增长阶段，预计年复合增长率高达55%以上。在应用上，未来10年将迅速替代传统绝热材料，特别是在工业和设备领域，替换速度很快。

相比国外市场，国内市场起步较晚。近年来，国内节能减排政策推行和经济体量的迅速扩大，气凝胶行业驶入了快速发展时期。当前气凝胶的产品形态主要有保温气凝胶毡、板、布、纸、颗粒、粉末和异形件等。气凝胶毡、板、布、纸和异形件，是气凝胶与相应产品形态的纤维复合所得产品。气凝胶毡是当前产量最大、应用最广的气凝胶产品，可应用于航天军工、石油化工、冶金建材、冰箱冷库等领域。如在2016年11月3日，我国新一代大运力运载火箭"长征五号"在海南文昌卫星发射中心成功发射，其中为火箭燃气管路系统提供隔热保温性能的就是国内自主研制的高性能纳米气凝胶隔热毡。而气凝胶布、纸和异形件主要用于一些特殊领域。如气凝胶纸（薄毡）主要是热电池领域，气凝胶异形件主要用于军工领域，也可用于制作可拆卸保温套。气凝胶板的主要应用是大型设备保温以及节能建筑内外墙的保温。

我国目前已有较多的企业从事气凝胶的生产和应用，图4-2为近年来气凝胶总体产量情况。由图可见，2016年我国气凝胶产量约1.83万吨，近年来年均增速在25%左右。目前国内军品领域需求主要集中在航天、兵器及舰艇等领域；民用领域的建筑节能、石油化工、轨道交通、电力工业、矿用井下救生舱和城镇热力管网已经形成一定的市场规模并继续快速增长。此外气凝胶在吸附催化、吸声隔声、绝缘、储能、海水淡化、药物缓释、体育器材等领域的应用还具有广阔空间，值得挖掘。到2020年，我国建筑将开始全面替换传统工业保温材料，气凝胶材料在建筑领域将开始大规模的应用，中国气凝胶市场应用预测见图4-3。

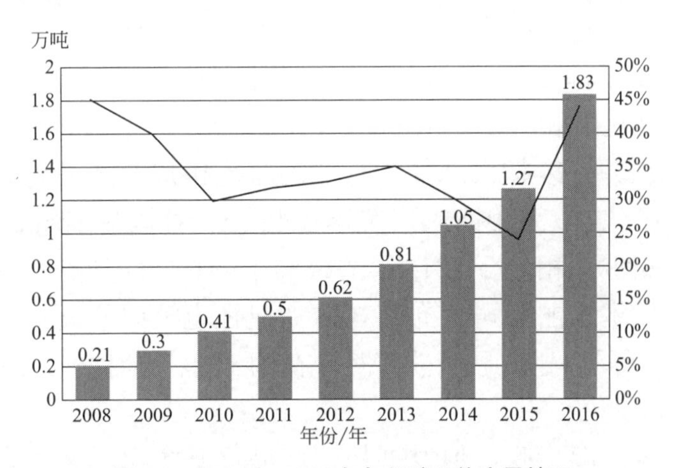

图4-2 2008～2016年气凝胶总体产量情况

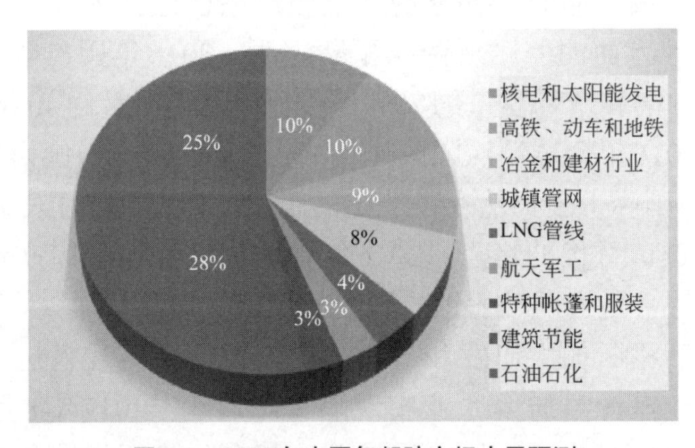

图4-3 2020年中国气凝胶市场应用预测

（3）锂电池隔膜

锂电池隔膜是用于电池正极和负极之间的多孔、具有电绝缘性的隔膜材料，占锂电池成本的7%～8%。隔膜的性能决定了电池的界面结构、内阻等，直接影响电池的容量、循环以及安全等性能。目前，锂离子电池隔膜的生产工艺主要有干法单向拉伸、干法双向拉伸和湿法工艺，产品主要是单层聚乙烯（PE）隔膜、单层聚丙烯（PP）隔膜、双层PP/PE隔膜、双层PP/PP隔膜、三层PP/PE/PP复合隔膜。汽车动力锂电池使用的隔膜材料以三层PP/PE/PP复合隔膜、双层PP/PE隔膜为主。

在新能源车等市场需求的推动下，全球锂电池隔膜市场快速增长，新技术不断出现。例如，Celgard公司以分子量较高的聚丙烯为原料，采用干法制备聚丙烯锂离子电池隔膜，空隙率在37%左右，Gurley值在13～15s之间，微孔膜的厚度≤25μm，在保持低收缩率的同时提高了隔膜的抗穿刺能力。Prasanna等利用熔融拉伸法制备聚乙烯锂离子电池隔膜，并对比了单向拉伸比为180%和300%的薄膜性能发现——拉伸比为300%的薄膜电阻要小于拉伸比为180%的隔膜电阻，使电池具有更大的放电容量。德国Degussa公司开发的PET类隔膜是以PET隔膜为基底、陶瓷颗粒涂覆的复合膜，表现出优异的耐热性能，闭孔温度高达220℃。锂电池隔膜的生产具有较高的行业壁垒。早期的锂电池隔膜行业由日本旭化成、东燃化学和美国Celgard主导。近年来，中国和韩国企业逐步掌握干法隔膜制备工艺并持续扩大产能，行业的市场格局有所变化。2016年，日本旭化成、日本东燃化学、韩国SKI、美国Celgard、韩国W-scope等5家隔膜企业的市场占有率为62%，相较于2015年的68%下降6个百分点，行业集中度有所下降。2017年，日本东丽公司宣布将在欧洲建锂电池隔膜新厂，设备总投资为1200亿～1300亿日元，建成后产能将是现在的3倍，预计将在2019～2020年建成投产。

我国锂离子电池起步晚，但发展快，产品已基本可满足数码、电器、电动自行车等产品的需要。同时，部分国产隔膜产品已经打入高端市场领域，在高端动力和储能电池方面的差距近两年不断缩小。2016年国产隔膜的产量为6.28亿平方米，占国内隔膜市场容量约70%，占全球隔膜产量约40.6%。从湿法隔膜的出货量来看，2016年全球湿法隔膜产量的占比约58.5%，国内湿法隔膜产量占比约37.9%，虽与国际水平仍然存在一定的距离，但相较于上一年不到30%的占比已呈现出加速进口替代的特点。2016年国内湿法涂覆隔膜产量占湿法隔膜的65%，“湿法+涂覆”是当前动力锂电隔膜的主流发展趋势。

随着国内厂商不断加大研发和投资力度，新增产能投入运行，出货量迅速增加，中材锂膜、星源材质等企业实现隔膜产业化。2017年8月30日，中国建材集团所属的中材锂膜2.4亿平方米/年湿法锂电隔膜项目首条生产线在山东滕州建成投产，包括4条单线产能6000万平方米/年锂电隔膜生产线和4条陶瓷涂覆生产线。目前，国内中低端市场应用领域已经基本认可了国产隔膜产品。

4.3 我国发展先进无机非金属新材料面临的主要任务

（1）特种水泥

① 开发节能的水泥新品种。系统研发以节能为特征的新型熟料矿物体系并实现工业化生产和规模应用，引领世界低碳水泥发展。

② 节约资源，综合利用，治理污染。研究开发工业废渣生产特种水泥技术，以达到节料、节能和环保的目的；进一步加大特种水泥生产企业的环保投入，强化污染治理，推行清洁生产，实现水泥粉尘和烟尘的达标排放。

③ 淘汰落后产能，优化行业技术结构。大力发展特种水泥新型干法生产技术，淘汰落后产能，不断利用先进生产工艺取代落后生产工艺，加快技术进步，促进产业升级。

（2）先进玻璃基材料

① 加强基础研究，提高自主研发能力。深入揭示特种玻璃的“组分—制备—性能”关系规律并形成材料体系的原始数据积累，为产业化提供理论依据和实验指导，通过产学研相结合的形式，增强先进玻璃基材料的自主研发能力。

② 升级传统产品，加快开发新型先进特种玻璃。通过组分优化、制备技术和装备提升，改善传统玻璃性能，降低制备成本，实现品种系列化；根据应用需求，开发具有重大市场前景的新型玻璃，如硫系玻璃、低温封接玻璃、无碱玻璃基板和零膨胀微晶玻璃、电致变色玻璃等。

③ 提高产品附加值，实现功能集成化。高附加值已成为当代先进玻璃行业发展的重要特征之一。我国应加大先进玻璃材料和相关器件的应用研究，提升产品附加值，如硫系玻璃光纤产业化、红外玻璃镀膜和非线性玻璃的表面改性等，实现产品功能集成化。

④ 加强科技创新，走绿色制造之路。通过科技创新，优化玻璃组分，实现玻璃中无铅、无砷；通过提升制备技术和装备水平，实现玻璃制备过程绿色、环保。

（3）先进陶瓷材料

① 高性能陶瓷粉体制备技术的研究与产业化。开展与化工企业的合作，快速突破氮化硅、氧化铝、氧化锆、氮化铝、碳化硅等高性能陶瓷粉体的制备技术，提升陶瓷粉体的性能和稳定性；开展科研院所与生产企业的合作，突破低成本高性能粉体、风力发电机陶瓷绝缘轴承和片式压电陶瓷滤波器的制备工艺，组建中试开发基地，进行一定批量及系列级配的生产。

② 工艺设备的提升和国产化。加强国内设备生产商的制造水平，实现原料粉体的分散设备、烧结炉设备以及加工设备等关键设备的国产化。

③ 提升技术创新及工程化能力。引进高水平的专业技术人员，加强对国际领先技术研发力度，培育优势领军企业，提升先进成果的产业化能力。

（4）人工晶体

① 做好顶层设计，加强宏观引导和规划，重视基础创新。提升有重大应用和市场规模的晶体技术研发；提升晶体质量和稳定性；提升单晶硅、大尺寸蓝宝石晶体衬底、SiC、GaN等晶体的大规模供货能力；除晶体生长工艺的研究外，在生长方法创新、配套设备研制、原辅料处理、后续产品加工等方面要加强研究。

② 加强技术创新、产业创新和协同创新。要加强从晶体、器件的实验室研究到应用、产业化的完整链条开发，通过工程化研究开发从而实现产业化，进而促进地域性和产业性的经济优势，形成在国际上具有竞争能力的企业。

③ 加大投入，重视标准化工作，加强知识产权保护。人工晶体是技术、资金密集型行业，特别是有重大应用背景的关键晶体，必须持续不断加大、加强研发投入，同时完善、制定质量标准，促进标准化工作和产品质量认证工作，建立完整的标准化体系和行业管理体系，构筑完整的自主知识产权体系。

④ 集聚和壮大产业群。在产品结构创新、突破关键技术的基础上，以企业为主体，建设研发和产业基地，形成和壮大产业群。

（5）高性能纤维及其复合材料

① 开发新品种高性能纤维，逐步扩大高性能、高附加值产品生产规模比重，进一步提升产业核心竞争力。研究制品结构形态、改性处理剂、黏结剂和涂覆工艺及装备技术；高强度、高模量玻璃纤维在高性能复合材料中的应用研究及测试评价技术；碳纤维复合材料生产工艺与装备等。

② 持续调整优化产品结构，淘汰落后产能，加快设备升级与技术改造，通过规模化生产和应用，扩大高性能纤维及其复合材料产能，降低生产成本，使高性能纤维及复合材料成为行业主流产品。

③ 规模化、节能化发展，延伸产业链，扩大在战略性新兴产业中的应用。

（6）矿物功能材料

① 提高资源综合利用水平，推进绿色清洁生产。提高资源开采率、选矿回收率和综合利用率，对尾矿、废弃物等进行综合利用；走循环经济发展模式，缓解发展与环境之间的矛盾。

② 提高装备水平，实现生产自动化与智能化。开展已有装备的评价，淘汰落后生产装备，针对关键装备进行攻关，加快开发生产水平先进、自动化程度高的非金属矿专用设备和成套装备；加快建立矿物功能材料产业大数据，提高

产业信息化水平，实现智能化生产。

③ 推进产品系列化、功能化，促进产业结构调整。提高准入门槛，淘汰落后产能，引导企业提升加工水平，重点发展优势矿种的精加工、深加工制品；充分利用非金属矿的不同优异性能，开发具有特定功能性的系列化产品，满足不同行业的需求，拓宽产品应用领域，推进产品系列化、功能化发展；推进供给侧结构性改革，促进矿物功能材料产业结构调整。

④ 推进生产大型化与规模化，实现产业集群发展。在提升装备水平的同时，推进装备的大型化，并向规模化发展；建成矿物功能材料产业示范基地，构建产业聚集区；建立技术创新平台与公共服务平台，引导产业发展；发挥群体效应，实现优势互补，形成规模经济和范围经济，提高产业竞争力与企业生存能力，实现产业集群发展。

（7）墙体材料

① 在行业转型方面，针对现有墙体材料工业生产过程中高能耗的特点，开展原料处理、干燥和焙烧等节能工艺技术改造，形成原料处理关键节能设备、节能型干燥室、节能型隧道窑，实现墙体材料工业清洁化生产。

② 在环保方面，提高墙体材料对工业废渣的利用率；全面开发绿色墙体材料窑炉排放控制新技术与新工艺，建立适合我国烧结墙体材料行业发展的大气污染物控制标准体系，实现控制技术的应用。

③ 在自动化、智能化水平方面，对自动化物料准备、压制、切码运或蒸养阶段进行优化，提高整线综合自动化水平；以墙体材料工业化4.0为目标，在墙体材料智能码坯、远程监测和远程控制、智能化工厂等方面展开研究和应用。

④ 在加快装配式建筑配套技术方面，完善装配式技术标准体系，发展适用于我国本土特色的装配式建筑用墙体部品，研发出系列化、标准化的墙体部品及其配套体系。

（8）其他先进无机非金属新材料

① 开展关键技术研究。围绕防腐涂料、复合材料、触摸屏等应用领域，重点发展利用石墨烯改性的储能器件、功能涂料、改性橡胶、热工产品以及特种功能产品，基于石墨基碳材料的传感器、触控器件、电子元器件等，构建若干石墨产业链，形成一批产业集聚区。

② 逐步提升气凝胶产品的性价比，促进其在工业和建筑绝热材料中的应用规模。加快研发气凝胶在吸附催化、吸声隔声、绝缘、储能、海水淡化、药物缓释、体育器材等消费品领域的应用技术。加快研发车用锂电池隔膜等高端产品，提高隔膜的安全性。

③ 强化新材料产业协同创新体系建设。加强新材料的基础研究、应用技术研究和产业化的统筹衔接，完善创新链条的薄弱环节，形成上、中、下游协同

创新的发展环境。依托重点企业、产业联盟和研发机构，组建新材料制造业创新中心、新材料测试评价及检测认证中心，建立新材料产业计量服务体系，形成重点新材料创新基础和开发共享的公共平台，降低研发成本，缩短研发应用周期。

4.4 推动我国先进无机非金属新材料发展的对策和建议

（1）注重顶层设计，突破重点应用领域急需的先进材料

紧紧围绕高端装备制造、节能环保、航空航天、新能源等重点领域需求，开展重点材料生产企业和龙头应用单位联合攻关，建立面向重大需求的新材料开发应用模式，鼓励上下游企业联合实施重点项目，按照产学研用协同促进方式，加快新科技成果转化。

在技术方面：激励生产企业及研究单位坚持科技创新，加大特种水泥的研发力度，满足我国重点工程建设需要，保证工程的安全性和耐久性。把握先进陶瓷技术与信息技术、纳米技术、智能技术等融合发展趋势，加强前瞻性基础研究与应用创新，集中力量开展系统攻关，形成一批标志性前沿新材料的创新成果与典型应用，抢占未来产业竞争制高点。

在产业方面：加强行业规范管理，避免重复建设和恶性竞争，引导合理投资，减少投资风险和资金浪费。在上游原材料的开发部署、加工和应用领域的市场引导等方面做好规划，优化产业政策设计，突破产业制约瓶颈，构建良好的市场发展秩序环境，实现一大批新材料应用开发和产业化的真正破局。

（2）创新研发模式，强化产业协同创新体系建设

无机非金属新材料涵盖种类广，产品涉及链条长，产业研发及应用涉及技术领域繁多，且不同技术方向和产品类型差异较大，不能采用统一的发展模式、管理模式进行规划式引导，而应根据材料及应用特点，按照类别进行针对性产业指导，形成子领域的集聚优势。

同时，我国新材料研发平台及资源已经实现了成熟化发展，在新材料领域已呈现出百花齐放、百家争鸣的局面，在我们面临的新时代，应以国家大型科研机构、国家级研发平台、大型企业技术中心为基础依托，进行针对性产业扩展，联合优势单位机构，形成国家级产业创新及产业集聚平台。提升材料发展的国家战略，以大平台、大企业为引领，提高资源利用效率，利用新技术改造提升传统产业。

（3）培育集群，做大做强

树立产业集群发展观念，以龙头企业为支撑，以项目为载体，逐步形成以大型企业为核心、大中小企业分工协作、具有特色和竞争力的新材料产业集群。

推动上下游企业、大中小企业建立以资本为纽带、产学研用紧密结合的产业联盟，集中优势资源加快研发、产业化与应用。同时，鼓励先进无机非金属新材料企业开展强强联合、上下游整合等多种形式的企业并购重组。加快产业集群发展，优化产业布局，突出产业特色，支持特色基地建设。依托产业集聚区的资源优势，分区布局，突出重点。建设一批先进无机非金属新材料的创新能力强、创业环境好的产业基地。

（4）加大国际合作研究，促进产业发展

借助“一带一路”的契机，推动国际材料产业的融合创新发展；建立在“一带一路”沿线国家的先进无机非金属新材料联合开放实验室，建立产业发展共同体，强强联合，优势互补。

作者简介：

郅晓　教授级高级工程师，博士生导师，中国材料研究学会理事。中国碳纤维及复合材料产业联盟副理事长，国家新材料专项咨询专家组成员，受国家科技部聘请，是国家中长期科技发展纲要和重点研发专项的咨询、评估专家。

第5章 印刷显示及关键材料

闫晓林

5.1 发展印刷显示及关键材料的产业背景与战略意义

5.1.1 印刷显示的概念与内涵

随着量子计算、人工智能等颠覆性技术的诞生和发展，人类社会的巨大变革正在逐步孕育。伴随信息技术的两大基础——“信息处理硬件基础（量子计算芯片）”与“信息算法基础（人工智能）”的颠覆性突破，信息技术的另一核心——“人与信息的交互”也迫切需求新一代的技术，以满足未来信息社会对于“信息显示无处不在”的需求。“显示”属于颠覆性信息技术三大核心要素之一，如图5-1所示。

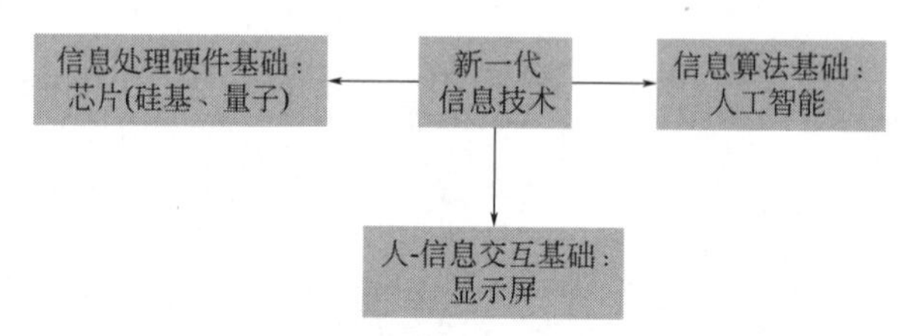

图5-1 “显示”属于颠覆性信息技术三大核心要素之一

因此，新型显示被确定为我国战略性新兴产业重点发展方向之一，引领着电子信息产业的发展。随着移动互联网技术在全球的迅速推广，消费者对显示技术提出了柔性、便携、低成本、大面积等诸多要求。这就是新型显示产业的颠覆式新趋势——印刷显示。

印刷显示是通过对可溶液化加工的有机、无机以及纳米功能性材料（包括金属、半导体、电介质、光电材料等）的研究开发，采用印刷技术或涂布技术，代替传统半导体/真空工艺制备新型显示器件。相对于半导体/真空工艺，它是一次产业技术的革命，优势明显。

① 能够大大简化工艺步骤，最终实现卷对卷生产（Roll to Roll），并提高材料利用率，缩短生产运行周期，降低设备设施投入和维护成本，实现小批量、

多品种的生产；

② 工艺适用于塑料薄膜基板，以实现大面积、轻、薄、柔性的显示应用；

③ 采用增材制造，使用低温的印刷工艺，不需要真空工艺环境，能够显著降低能耗，减少碳排放；

④ 绿色产业技术，采用具有良好降解性的有机功能材料与基板，可以解决日益严重的电子产品垃圾带来的环境污染问题。

5.1.2 发展印刷显示及关键材料的产业背景

（1）国民经济需求

当前，显示产品已广泛应用于工业、交通、通信、教育、航空航天、卫星遥感、娱乐、医疗等各个领域。有关研究表明，人们经各种感觉器官从外界获取信息中视觉占70%，即人们生活中近2/3的外部信息需要通过视觉通道获得，因此，显示产品在很大程度上影响着消费者的生活习惯，是与人们生活息息相关的电子信息产品。

新型显示产业是电子信息领域为数不多的千亿美元级产业（图5-2）。全球新型显示产业产值已突破1500亿美元以上。根据Display Search的预测，预计2020年达到1955亿美元。

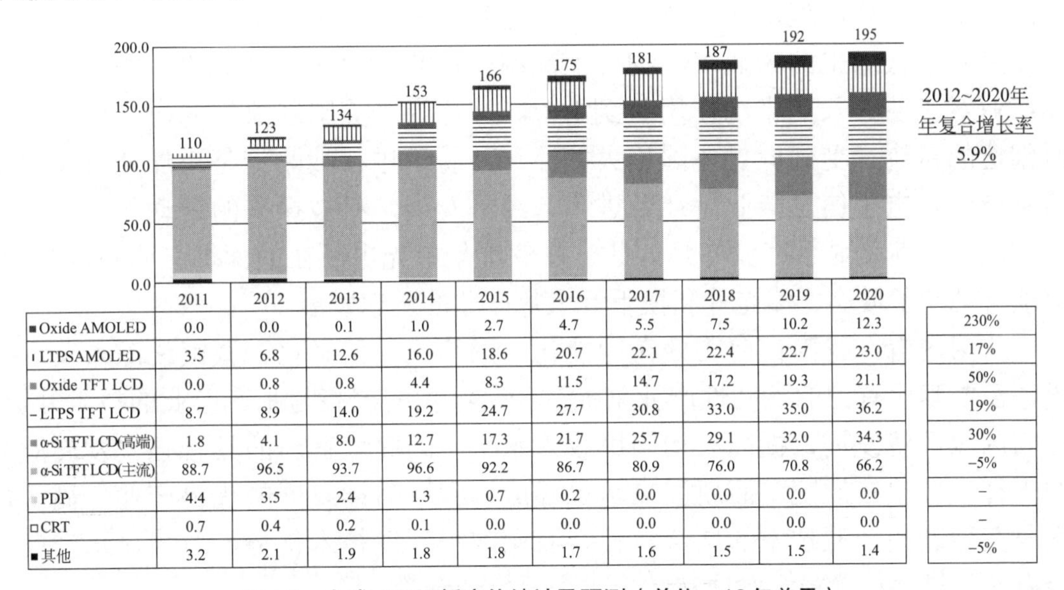

	2011	2012	2013	2014	2015	2016	2017	2018	2019	2020	
Oxide AMOLED	0.0	0.0	0.1	1.0	2.7	4.7	5.5	7.5	10.2	12.3	230%
LTPSAMOLED	3.5	6.8	12.6	16.0	18.6	20.7	22.1	22.4	22.7	23.0	17%
Oxide TFT LCD	0.0	0.8	0.8	4.4	8.3	11.5	14.7	17.2	19.3	21.1	50%
LTPS TFT LCD	8.7	8.9	14.0	19.2	24.7	27.7	30.8	33.0	35.0	36.2	19%
α-Si TFT LCD(高端)	1.8	4.1	8.0	12.7	17.3	21.7	25.7	29.1	32.0	34.3	30%
α-Si TFT LCD(主流)	88.7	96.5	93.7	96.6	92.2	86.7	80.9	76.0	70.8	66.2	−5%
PDP	4.4	3.5	2.4	1.3	0.7	0.2	0.0	0.0	0.0	0.0	−
CRT	0.7	0.4	0.2	0.1	0.0	0.0	0.0	0.0	0.0	0.0	−
其他	3.2	2.1	1.9	1.8	1.8	1.7	1.6	1.5	1.5	1.4	−5%

图5-2 全球显示面板产值统计及预测（单位：10亿美元）

全球平板显示产业经过三次转移之后，已形成日本、韩国、中国的竞争局面，并呈现加速向中国大陆转移的趋势（图5-3），新型显示已经成为我国后续发展的优势产业，产值以每年两位数增长，2016年产值达到2000亿元，拉动GDP规模超过8000亿元。新型显示对上下游产业的拉动系数可以达到4。目前，我国平板显示产业已超过日本，成为世界第二大显示产业国家。预计2019年将赶超韩国，成为世界第一大显示产业国家。国际显示产业界普遍认为，未来5年将是新型显示技术实现颠覆、产业转型升级的关键时期。

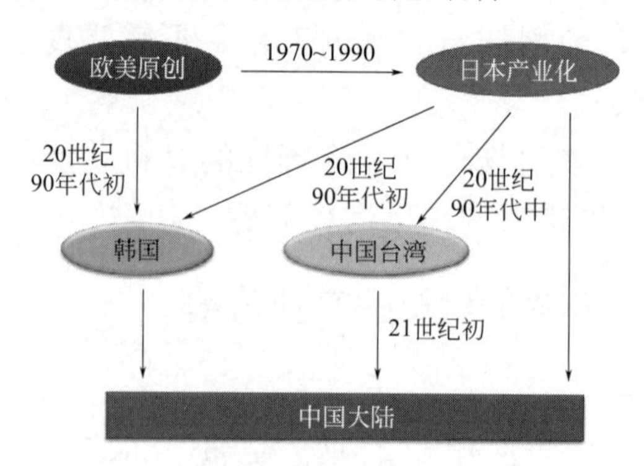

图5-3　全球显示产业正加速向我国转移

预计到2030年，新型显示材料的需求量约为3.5亿平方米/年，产值超过6000亿元；带动上下游行业产值规模超过2万亿元。

分析国际技术领先国家的经济发展历程，可看到：20世纪80年代，日本通过大力发展半导体等新兴电子信息产业实现了经济迅速发展，成为世界经济强国并大举投资美国。为重塑霸主地位，美国制定了计算机、半导体、互联网和信息高速公路计划，从而使美国进入了1854年以来持续周期最长的经济扩张期，打破了凯恩斯经济理论和市场经济传统运行周期，实现了美国历史上最高的预算盈余和最低水平的失业率、物价上涨率。1993年以来，计算机、通信和半导体产业对工业增长的带动作用达到45%。被称为“美国现象”的电子信息产业所创造的奇迹，受到世界各国极大关注，并纷纷进行战略调整，加速发展电子信息产业。电子信息产业对社会进步、经济发展、科技振兴的带动作用受到了全球关注。新型显示产业亦是如此，以深圳华星光电所在的深圳光明新区为例，该项目带动了玻璃、偏光片和模组等大片产业的迅速发展。

从国内看，我国目前正处在智能化、网络化、信息化、城镇化深入发展阶段，需要强而有力的支柱性产业来促进经济结构的调整与制造产业的技术升级，稳固国家经济发展，提高人均国民收入水平，因此培育新的具有强大发展潜力的支柱产业迫在眉睫。而新型显示已经成为我国后续发展的优势产业，显示技术与其他新兴产业技术的结合将使得我国取得后发技术优势，新型显示产业完全有条件推动经济社会发展和综合国力再上新台阶。

（2）电子信息产业需要

新型显示和集成电路并称为当代电子信息产业的两大基石。新型显示也是我国七大战略性新兴产业重点发展方向之一，随着社会的信息化进程，它将成为我国后续发展的优势产业。

随着未来数字家庭和信息化时代的到来，作为信息交互环节最重要的显示终端，拥有广阔的发展和需求增长空间。目前，中国作为全球手机、笔记本电脑、显示器、彩电产业的第一生产基地和重要消费市场，对显示产品的需求不断增加，显示产业对上下游产业的拉动系数达到4。所以加速发展中国新型显示产业已经成为大势所趋。2014年中国主要消费电子产品产量见表5-1。

表5-1　2014年中国主要消费电子产品产量

项目	2014年产量	全球出货占比
计算机	3.4亿台	95.3%
手机	14.46亿部	80%
电视机	1.46亿台	60.5%

《国家中长期科学和技术发展规划纲要（2006～2020）》将新型显示纳入信息产业及信息服务业发展规划；特别是近年来，国家对新型显示技术的发展愈加重视，已将印刷显示作为国家战略列入《十三五国家重点研发计划》《中国制造2025》《重点新材料研发及应用国家重大项目》中。

因此，未来新型显示作为信息交互的重要组成部分，亟待技术上紧跟国际发展新趋势，实现颠覆性突破，以满足我国电子信息产业的快速发展。

5.1.3　发展印刷显示及关键材料的战略意义

（1）引领电子信息产业，带动国民经济发展

目前，全球正朝着智能化、信息化、网络化的方向发展，显示技术是其中不可或缺的技术。新型显示是当代信息电子产业的重要支柱，引领着电子信息产业的发展，它涉及面广，产业规模巨大，是我国后续发展强有力的支柱性产业和优势产业，将带动国民经济的各方面，促进我国经济结构的调整与产业的技术升级。

（2）改变人们生活模式，促进信息消费水平

未来的世界“显示无处不在”，柔性、透明、大面积、低成本的新型显示技术，将广泛应用于人类的日常生活中，代替目前的报刊、纸张、公共显示等，极大地改变人们的生活模式，激发信息化消费热点，提升生活品质，促进全民信息消费水平。

（3）提升国家信息安全和国防建设水平

显示是人机信息交互的窗口，各类显示器件广泛地应用于国家安全和国防领域。从战略武器作战平台，到单兵战术信息窗口，都需要新型显示技术的支持。因此，发展具有自主知识产权的新型显示技术，可降低我国国家安全和国防领域对国外显示技术的依靠程度，提升国家信息安全和国防建设水平。

（4）支撑产业链完善与发展，增加就业

发展柔性、透明、大面积、低成本的新型显示技术，必将带动上游原材料、芯片、元器件和重要装备制造业的发展，也将推动中游模组、下游整机制造业的发展，使我国新型显示产业链不断成熟完善。从人力链角度来看，新型显示产业所占体量大，可担负吸纳从低劳动技能的产业工人到高创新素质高端人才的全人力链的任务，减轻我国就业形势的严峻程度。

5.2 印刷显示及关键材料全球发展现状及前景，先进国家的发展策略及经验

5.2.1 国外现状及发展趋势

（1）全球新型显示产业发展趋势——印刷显示

全球显示LCD产业经过40多年的发展，已开发出G10产线。但随着基板尺寸不断扩大，技术门槛越来越高，对资源的占用越来越大，越来越偏离绿色制造的理念。如果继续沿用半导体/真空工艺路线，继续扩大基板尺寸，LCD产业的发展将难以为继。因此，新型显示产业亟需制造模式的突破，用一种新的、具有高的投入产出效率的工艺路线，代替现有半导体/真空工艺。

OLED是下一代的显示技术，从原理上看，因为其器件结构简单，OLED的核心竞争力是低成本。目前OLED手机模组的成本已等于甚至低于同等规格的LCD模组。但在大尺寸OLED领域，传统的真空蒸镀工艺无法克服效率、良品率等一系列问题，难以低成本化。因此，新型显示产业同样亟须一种适用于大尺寸OLED的崭新工艺路线。

同时，新型显示产业的发展与信息产业的发展相互促进，共同成长。当前，移动互联网技术在全球迅速推广，逐步对显示技术提出了柔性、便携、低成本等诸多新的要求。由此，便诞生了新型显示产业发展的新趋势——印刷显示。

（2）印刷显示产业前景

印刷显示是继半导体/真空技术之后显示制造领域的一项变革性产业技术。印刷显示具有大面积、柔性化、透明化和明显的低成本等传统显示技术所无法替代的优势，可带动新型显示整个产业，并扩展到印刷电子/印刷光电子产业，向上辐射到装备制造行业，向下激发新的信息化消费需求，促进电子信息产业发展和全民信息消费。预计印刷显示产业产值2020年达到500亿美元，2025年达到700亿美元（图5-4）。

国际知名咨询机构IHS认为，印刷显示已从纯粹的研发开始逐渐浮出水面。印刷技术导入量产的时间，将会是未来OLED TV市场成败的分水岭。目前基于蒸镀工艺的量产OLED TV面板技术并不能使OLED TV市场大幅成长。如果印刷

显示及柔性显示技术得以实现，可明确形成与LCD面板的差异化，那么将有望呈现相对更好的成长前景（图5-5）。

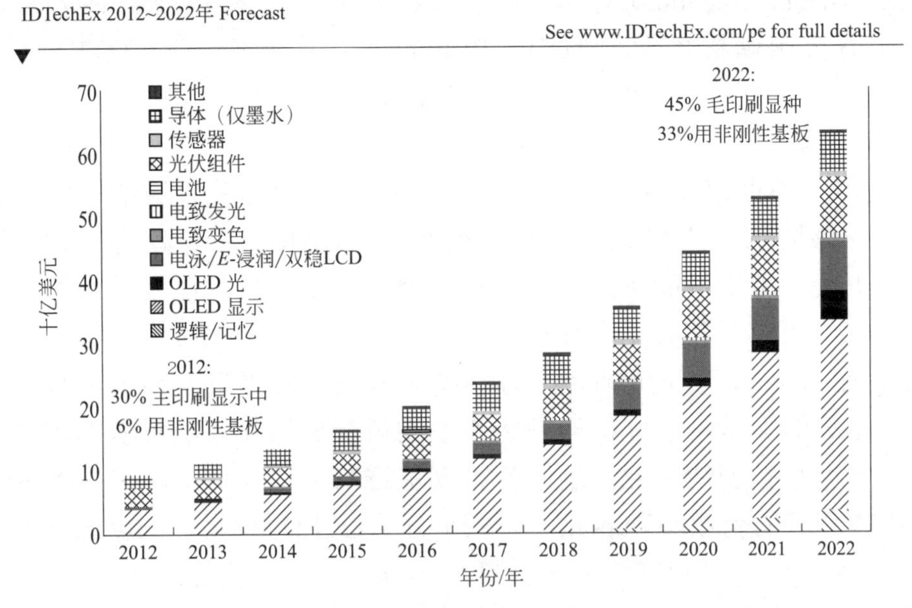

图5-4　全球印刷显示产值预测

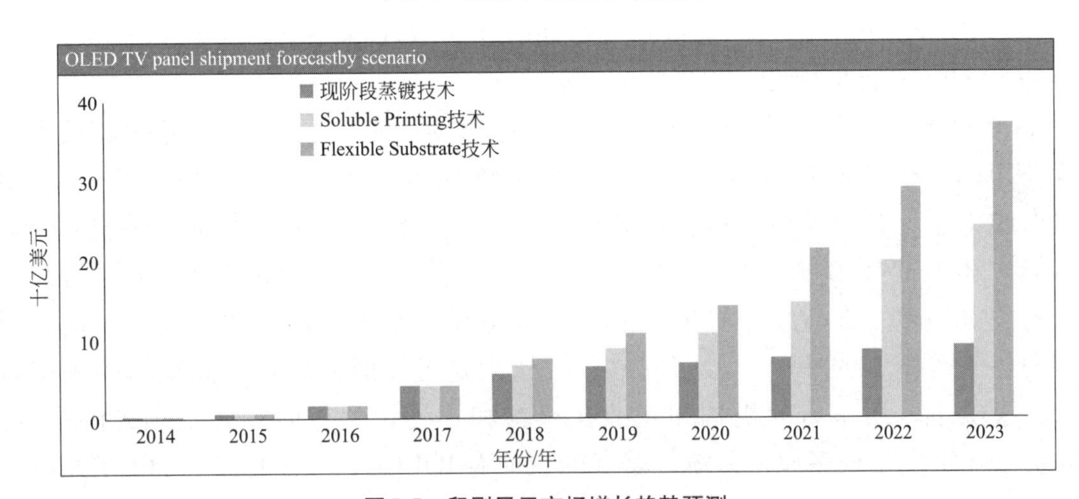

图5-5　印刷显示市场增长趋势预测

（3）国外印刷显示发展现状

① 欧洲　是从事印刷显示相关技术研究和产业化最早的地区，也是目前最活跃的区域。欧盟将包含印刷显示在内的印刷电子产业作为提高产业竞争力的重要方向，在第六、七框架先后投入了大量资金，以支持相关材料、工艺设备、元件和系统原型的研究。主要的国家如德国、芬兰、荷兰，政府都投入大量资源，资助相关的基础、应用研究及产业化，并成立了国家级的研发中心。在此背景下，除了传统大型的化学材料企业将印刷显示材料纳入重点发展方向外，由此而孵化出了很多包括工艺设备、材料、元件和应用的小型高科技

企业。比较著名的企业如Merck（有机半导体材料和发光材料）、FlexInk（有机半导体材料）、Plastic Logic（印刷有机晶体管背板集成制造、柔性显示）、Cambridge Display Technology（印刷聚合物发光显示材料与器件）等。著名研究机构有英国剑桥大学（OTFT，PLED）、帝国理工大学（OTFT，PLED）、英国印刷电子中心（CPI）、荷兰Holster Center、芬兰VTT、德国海德堡InnovationLab等。

② 美国　20世纪90年代初，美国开始印刷显示相关领域的研究计划。包括能源部、国防部先进研究项目局科研项目（DARPA）等政府机构，先后投入了数亿美元，用于资助包括关键材料、器件、工艺技术以及系统原型等方面的基础与应用研究。并成立了针对显示、柔性与印刷电子技术发展的合作联盟（FlexTech Alliance），以让产业界、学术界、投资方以及联邦政府机构建立紧密的联系。相关的大学与研究机构基于产生的研究成果在风险投资的支持下，成立了众多小型科技创新企业，进一步推动关键材料、元件、制造技术的产业化发展。比较著名的企业如Dupont（印刷小分子OLED材料）、Polyera（有机半导体材料）、Plextronics（OLED发光材料）、Nanosys（量子点材料）、Kateeva（装备公司）等。著名的研究结构有Stanford（OTFT）、Northwest Univ.（OTFT、Oxide TFT半导体和绝缘层材料）、UC Berkeley（OTFT工艺、印刷工艺和设备）、PARC（印刷OTFT/Oxide TFT工艺）等。

③ 日本　作为电子与传统印刷产业的技术领先者，日本20世纪90年代中期就在印刷电子领域有布局，主要针对低成本显示的产业应用。2011年5月，由国内的大学、公司和研究机构联合成立日本先进印刷电子技术研究联盟，获得新能源和工业技术发展组织（NEDO）五年的资助，以发展印刷电子材料与工艺的关键技术。在传统半导体产业（集成电路与平板显示）面临技术、资金投入和业务等困难的情况下，印刷电子被认为是可能成为日本厂商复活的关键技术。事实上，日本研究机构和企业在材料和工艺设备方面掌握了领先的技术，并基于此实现了很多原型系统。著名的企业有JOLED、住友化学、TEL/EPSON、Toppan Printing、Dai Nippon、Asahi Glass、Zeon、Seiko Epson、Konica Minolta、Ricoh等。

特别需要强调的，2015年1月5日，由有着强烈日本政府背景的“产业革新机构（INCJ）”联合JDI、索尼、松下成立了“JOLED”公司。JOLED将采用松下的“印刷式”工艺技术（松下曾在CES2013上展出56in印刷OLED显示）主要将生产10～20in产品。JOLED计划于2018年下半年设置OLED面板的试产线，目标为笔记本电脑、平板电脑的OLED面板。

④ 韩国　韩国政府在2000年初开始重视印刷电子领域的发展，于2006年成立了韩国印刷电子中心，推动工业界与学术界的合作研究与开发和产业化发展，

致力于把韩国建设为印刷电子的世界中心，投资740亿韩元用于前沿核心设备和基础设施的建设。2012年，韩国政府启动了发展印刷电子整体方案的大型研究计划，在2012～2018年的6年间将投入1725亿韩元（10亿元人民币）。

对于印刷显示，Samsung和LG都有大量的研发投入。LG公司率先开始了印刷显示布局，目前已经两套具备G8.5印刷显示平台，并开发55in 4K2K Mura Free显示样机，三星公司也联合美国Kateeva公司深入进行印刷显示技术在量子点显示领域的技术开发。

⑤ 其他国家和地区　其他国家和地区，如新加坡等，新加坡科技与研究规划局（AStar）在印刷电子相关的有机光电材料、柔性薄膜阻挡层材料、印刷集成工艺、器件应用与原型系统研究方面有很大的资助。

5.2.2 国内产业/技术现状、差距

（1）技术研究

近10年来，在国家重点研发计划、863、973、支撑计划及其他国家科技计划的支持下，多家高校与科研院所在印刷显示相关的可溶性有机光电材料与器件的基础研究方面开展了大量的工作，积累了很好的理论基础，尤其在印刷聚合物发光显示、高性能有机半导体材料和全印刷电极材料、电子墨水材料技术、电化学溶液成膜技术、喷墨打印技术、电湿润显示技术、印刷显示相关材料性能评价等方面取得了突出的研究成果。然而，印刷显示与材料体系的整体发展与国际水平还有一些差距，但差距不大。

其中，华南理工大学和广州新视界公司在印刷OLED材料与技术方面取得了国际领先的研究成果，在国际上首次实现了全印刷彩色OLED显示屏样机，拥有多项基本专利，获得了国家自然科学二等奖，相关研究结果已在《Nature Communications》、《Advanced Materials》等国际著名学术期刊发表；中科院长春应用化学研究所围绕彩色高分子显示屏（PLED）和有机薄膜晶体管（OTFT）开展了深入研究。采用三基色发光材料和界面修饰材料，通过突破墨水配制和喷墨打印两项集成技术，制备出3.5in彩色AM-PLED显示屏，为显示材料和打印墨水的国产化奠定了基础，相关成果获年国家自然科学奖二等奖；中山大学和广州奥翼公司在国内率先开展基于电泳电子墨水材料的印刷显示产业技术的基础研究与应用研发，取得了较好效果；另外，上海交通大学在有机/无机半导体材料、绝缘材料及其性能评价方面也展开了深入研究；华南师范大学在电湿润显示材料技术、制造工艺技术、电泳显示驱动技术等领域也独树一帜。中科院化学所和苏州纳米所也先后成立了北京市纳米材料绿色打印印刷工程技术研究中心和纳米与仿生研究所印刷电子中心，并以中科院化学所和苏州纳米所为核心联合相关企业成立了全国印刷电子产业创新联盟。

企业方面，TCL、京东方、天马、中电熊猫、维信诺等公司一直致力于印刷显示领域的产业化技术开发，在基板技术、薄膜封装、印刷背板驱动技术等方面积累了许多研究经验，着力与合作企业和高校共同推动量产型印刷OLED显示技术的开发和OLED喷墨打印平台的建设。其中，深圳华星光电技术有限公司和京东方集团都已成功点亮31in FHD印刷显示原理样机，这些都为未来印刷显示技术的产业化打下了坚实的基础。

特别是广东聚华印刷显示技术有限公司，作为“国家印刷及柔性显示创新中心”的依托单位，已建成G4.5喷墨印刷工艺平台和200×200基片的基础研发平台，开展了印刷显示关键技术的研究开发，并成功点亮5～6in印刷显示AM-OLED和AM-QLED样机以及31in FHD印刷显示AM-OLED样机。

（2）产业与人才

我国新型显示产业投入近8000亿元，已掌握了液晶显示器件的大规模生产技术，拥有大规模显示面板的生产能力，并开始进军中小尺寸AM-OLED领域。预计到2019年，G8.5以上生产线就可达到16条（含4条G11生产线）。同时新型显示产业还培养了一大批既参与科研又面向产业的中层技术骨干，另外，受惠于国家的人才吸引政策，从欧美回国的许多印刷显示技术相关领域的华人顶尖专家及团队，为我国印刷显示技术的发展储备了雄厚的人才基础。

（3）地方基础

我国的新型显示产业主要分布在珠三角、华北、长三角、台湾等区域。各地政府对新型显示的发展给予了高度重视，制定了各种资金、土地政策，重点支持发展高世代新型显示器件及关键部件/材料。为配合国家在新型显示领域的发展战略，目前广东已先行启动了印刷显示及材料的科技专项，组建了“印刷显示技术创新联盟”，获批了显示领域国内第一家制造业创新中心“国家印刷及柔性显示创新中心”。

（4）差距

我国印刷显示与材料体系的整体发展与国际水平还有一些差距，主要表现在面向产业应用的可印刷TFT关键材料、高效稳定的可印刷发光显示材料体系、量产显示面板的印刷集成/制造关键技术与材料等方面。同时，印刷显示产业是一个高度集成的产业，涉及原材料、元器件和重要装备等多方面，从国家层面来整合相关资源，也是印刷显示产业发展面临的问题。

纵观显示产业的发展历程，在前面分别以CRT和LCD为代表的两个发展周期中，我国的技术与产业都落后于国际发达国家。因此，我国新型显示产业要在以柔性印刷显示为代表的第三个发展周期中达到国际先进水平，就必须整合全国的资源，在可印刷TFT、可印刷发光显示、印刷器件工艺技术这三个瓶颈问题上获得突破。

目前，从国际投入资源、市场规模预测及技术进展来看，全球新型显示产业新趋势已明显。虽然我国在前期印刷显示与材料研发的投入和技术布局上相对滞后，但从新型显示产业特征和我国的自身优势来看，目前是对以印刷显示为趋势的新型显示与材料体系进行投入，有组织、有计划发展的最佳时期。

5.2.3 先进国家的发展策略及经验

① 新型显示技术是涉及材料、电子、光学等领域的边缘科学，具有较高的技术门槛，欲提升我国新型显示产业的核心竞争力，就离不开自主知识产权领域的原创性创新，同时也就有较高的技术与市场不确定性；另一方面，新型显示产业投入巨大，动则需要上百亿元。因此，高技术、高投入、高风险成为新型显示产业的特点，这就需要通过国家政策层面的积极引导，通过国家的重大专项政策的扶持和实施来加速社会资源的合理优化配置，极大地推动新型显示技术的自主创新和产业化，使我国新型显示产业迎来重大发展契机。

② 新型显示技术是国际科技核心竞争力及信息产业核心竞争力的体现，也是国家综合科技实力的较量，无法单纯利用市场机制来获得快速发展。通过日本、韩国等的产业发展历程（图5-2）可以看到，国家战略性投入成为该产业发展强大的关键因素。

表5-2 日本、韩国相关项目统计

	项目	支持产业	投入规模
日本	“光电子基础研究”计划 1979～1989年	液晶显示等 光电子产业	政府投入 8.2亿美元
韩国	先进材料计划（2010～2018） 下一代显示（2001～2010） 尖端技术开发（1995～2001） 等	平板显示 与材料产业	累计达到 30亿美元

因此，我国要想实现新型显示产业的跨越式发展，达到与国际水平基本同步，就更需要体现国家战略性大力投入，从而有效引导并带动国内外各种力量进行资源有效配置，推进我国新型显示产业稳健发展。

③ 我国平板显示产业已经初步掌握了高世代线的大规模生产技术，正处在加速发展的拐点上，产业投入近8000亿元。同时，全球显示产业也处在转型期。我国CRT彩管产业的发展道路为我们提供了一面历史的镜子，在产业转型时期，若跟不上新技术的发展趋势，前期巨大的投入将会化为乌有。我国的显示企业还在成长过程中，还未强大到可以独自面对新型显示产业转型时期的各种挑战。因此，为避免重蹈覆辙，我国必须在新一代显示技术领域展开布局。

④ 纵观全球显示产业的技术转移路径（CRT显示和LCD显示），都是欧美原创→日本产业化→韩国→中国的发展模式，使我国显示产业处于十分被动的局面。为超越上述发展模式，我国必须在这一轮显示产业的转型中，以印刷显示为核心实现跨越式发展，引领未来新型显示产业的发展方向。同时，器件创新往往是由材料突破所带动，显示产业的竞争力依托于材料体系的建立与成熟。因此，发展印刷显示及关键材料势在必行。

⑤ 印刷显示是印刷电子的最主要构成部分，印刷显示的发展将大大促进印刷电子产业的同步发展。印刷电子技术将成为信息电子产业的颠覆性技术，带动整个产业的飞跃，引发一次电子信息领域的产业革命。

我国新型显示产业已逐步做大，但在核心材料方面却一直依赖国外，特别在一些原创专利技术上，受制于国外，与我国巨大的市场需求极不相称。因此，围绕新型显示这一电子信息重要支柱产业，以器件性能需求为目标，来构建新型显示关键材料体系，以支撑我国新型显示产业的发展，就显得十分必要。我国要从信息产业大国变成强国，新型显示产业一定要提升至“中国创造”，这就要求国家的重大专项政策扶持，大力推动新型显示技术的自主创新和产业化。

中国经济面临战略转型，具有高科技含量、创意无限且生产低能耗的新型显示与材料产业无疑是一个不错的选择。这个产业的发展还会带动整个信息电子产业的发展，并向上辐射到装备制造行业，向下激发新的信息化消费需求与创新设计，促进电子信息产业发展和全民信息消费。而且，对于这个刚刚处于起步阶段的新产业，如果能够抓住时机，利用我们的优势，加大投入，组织好各方面的资源，将很有机会掌握关键的自主技术，发展一个我国能够真正处于科技和利润领先的显示产业。

5.3 我国发展印刷显示及关键材料的主要任务和挑战

5.3.1 定位及总体目标

（1）定位

抢占先机，争夺新一代显示技术的制高点。

（2）总体目标

围绕印刷显示及其关键材料，开展原创性突破，以企业为主体，建立印刷显示及其材料创新体系；与地方优势结合，围绕重点标杆企业，形成具有国际先进水平、可持续创新的印刷显示产业创新机制，支持新型显示战略性新兴产业的发展；建立完善的印刷显示产业链，产业协同发展，使我国显示技术与产业水平均为世界领先，在新型显示领域确立我国的优势地位。

5.3.2 发展战略设计

（1）发展战略

印刷显示是新型显示技术未来发展的方向，全球印刷显示产业与技术正处在大规模生产的准备阶段，我国印刷显示与国外同步。与此同时，全球显示产业的重心正在向中国转移，而作为新一代显示的OLED技术正面临难以大面积化、良率低的瓶颈，印刷显示正好可使上述问题迎刃而解。

因此，我国印刷显示及关键材料的产业发展战略定位是：瞄准显示产业未来发展的新趋势——印刷显示，围绕印刷显示关键材料和印刷显示器件技术进行布局，占领印刷显示技术与产业化的先机，构建我国未来印刷显示产业发展的材料/技术体系与工程化平台，培育印刷显示战略性新兴产业生长点；同时，在具备条件的技术领域内，在自主研发之外，探索国际化的技术与产业发展模式，站在巨人肩上，借助智慧与外部先进技术，来加速发展我国印刷显示技术与产业。

基于上述印刷显示产业发展战略，印刷显示技术发展战略设计是：围绕印刷显示创新链从材料到显示器件应用的全部环节，以印刷显示制造技术为核心，带动可印刷的显示材料、可印刷TFT材料、INK墨水材料的发展，攻克印刷显示关键材料与核心工艺技术，最终使我国印刷显示技术与产业达到国际领先水平（图5-6）。

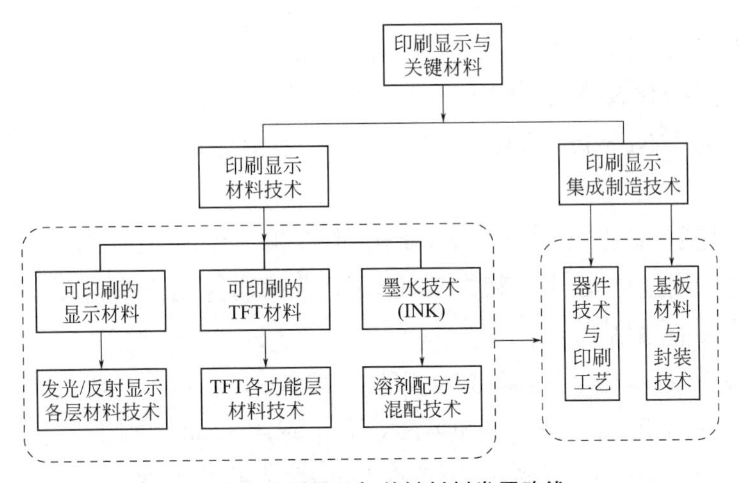

图5-6 印刷显示与关键材料发展路线

如图5-6所示，技术上，印刷显示及关键材料可细分以下四大部分。

① 作为显示部分的可印刷发光显示或反射式显示材料体系，它直接反映了印刷显示器件的光学性能。有机发光显示是公认的下一代显示技术，但当前的蒸镀工艺使得有机发光显示的产业化进程碰到了大面积良率低下的巨大障碍。可印刷有机发光材料和印刷工艺的出现，将大大改变这种局面，同时有机发光

材料也非常适合于用印刷工艺进行器件制作。因此国际上，印刷技术在大面积OLED的产业化过程中被寄予了厚望。目前红色印刷材料和绿色印刷材料的实用化相对难度较小些，蓝色印刷材料还需集中力量来攻克。本专项以有机发光显示和量子点电致发光显示为主，同时兼顾可印刷的反射式显示，符合主流发展方向，国内也有长期的积累，并具有较强的可操作性。

② 围绕可印刷TFT阵列组成结构以及性能提升的材料体系，这是驱动印刷显示器件的基础共性技术。其中，半导体材料以有机TFT（小分子/聚合物）和金属化合物TFT两大类为核心，其载流子迁移率可以达到10cm^2/（V·s）以上，这也是国际上主流厂商和研究机构开发的重点，同时开发碳纳米管等纳米半导体材料，为下一代可印刷TFT做准备。另外，还发展与上述半导体材料匹配的TFT其他功能层印刷材料如绝缘材料、电极材料等，形成完整的可印刷TFT材料体系。

③ INK技术是上述材料应用于印刷工艺所必经之路。INK的配方一方面要考虑到对材料本身的影响，另一方面还要兼顾印刷工艺和印刷设备的可操作性。这方面国内的经验积累还不太多，需要加大力度来攻克。同时，INK技术与设备的关联性较强，专项中包含多种印刷设备在内的工艺平台的建立，将有利于INK与设备的匹配，大大促进INK技术的发展。

④ 大面积低成本器件集成制造工艺技术与材料，是面向产业的工程化技术，印刷显示相关材料的优越性能最终也是通过器件的形式来体现，材料的优越性能与工艺的先进性相辅相成。当前印刷工艺种类繁杂，专项拟以技术相对成熟的Ink-Jet作为精细化图案的通用印刷方式，也将根据印刷显示器件个功能层材料的特殊性，选用Nozzle、Slit、转印等多种其他印刷方式，最终构建适合印刷显示器件的工艺体系。

上述工艺途径中各材料开发部分相对独立，技术上具有较好的可操作性，同时又对器件工艺提供支持，共同实现印刷显示器件的性能参数。

（2）发展水平预估

① 有机发光显示由于其诸多的优点，被业内看作下一代的显示技术，并在中小尺寸显示领域获得了成功。但在大尺寸应用方面，则面临巨大挑战。因此印刷显示被寄予厚望，用来解决OLED大面积显示的难题，韩国三星与LG和部分日本/欧美企业是这一领域的积极参与者。预计国外10年后，可印刷有机发光材料和工艺将广泛应用于OLED发光器件制作流程中，实现大面积、均匀、长寿命的OLED显示器件；同时，可印刷TFT材料与工艺也可获得突破，国外部分领先企业已在使用印刷工艺制作TFT阵列背板和OLED发光器件，从而获得较大的OLED产品成本优势。

② 印刷显示技术不仅能应用于新型的OLED显示领域，对传统的TFT-LCD

领域一样具有强大的带动作用。预计国外10年后，可印刷TFT材料与工艺将进入LCD的TFT背板制造工艺流程中，使得LCD产品具有更高的性价比，来抗衡OLED产品的挑战，与之共同平分未来的新型显示市场。另外，LCD产业发展到G11生产线后，用传统真空工艺再要继续扩大基板尺寸将难以为继，而在未来人类的生活中“显示无处不在”，我们所接触的整个墙面、桌面、窗面都可以是显示器，信息显示应用的大面积化趋势越来越明显。因此，超大面积的显示需求还将随着信息社会的发展越来越庞大，预计国外10年后，印刷显示技术可突破基板尺寸的限制，成为超大面积显示领域的主流技术。

③ 印刷显示技术与柔性基板的结合，将大大促进柔性显示技术的发展，凸显柔性显示的应用优势，使柔性显示技术在未来的发展中如虎添翼。预计国外10年后，印刷显示技术将应用于柔性显示产品中，制作出可弯曲并可以塑造成曲面的显示器，以适应“显示无处不在”的复杂多变的显示应用场景；或者制作出可卷式显示器，用户可以随意卷曲，打造节省空间的新一代产品，并且会模糊各类产品之间的传统界限，如智能手机与平板等。这将大大地改变人类的生活模式，激发信息化消费热点，提升生活品质。

④ 本项目围绕印刷显示及关键材料，开展原创性突破，形成战略布局和可持续的印刷显示创新机制，建立完善的印刷显示产业链，产业协同发展。预计10年后，我国在可印刷半导体材料/纳米功能材料/电光材料、印刷显示基板材料、INK技术、印刷器件工艺技术等领域，与国际发展水平同步，跳出CRT/LCD时代全球显示产业技术转移模式，并依托于我国庞大的应用市场，在未来新型显示技术发展的新趋势中，使我国显示技术与产业水平处于世界领先水平，在新型显示领域确立我国的优势地位。

5.3.3 主要任务

（1）可印刷发光/反射显示材料体系

以制程工艺技术为导向，结合国内关键材料方面的研究优势，研究与开发高效率、稳定性好的可印刷发光/反射显示材料体系，形成专利布局。并与印刷工艺相匹配，提升可印刷显示关键材料体系的性能，重点开展批量中试工艺的开发，提高材料批量的稳定性与重复性，以实现国产化与市场应用。

可印刷发光/反射显示材料体系具体包含以下几方面内容。

① 可印刷有机小分子、聚合物发光材料；

② 高性能的电致发光量子点材料（低镉体系或无镉体系）；

③ 可印刷的电子/空穴传输和阻挡层材料（有机材料、无机材料、聚合物材料）；

④ 透明电极/导电膜材料（导电高分子/纳米金属线/石墨烯等）；

⑤ 彩色电子纸显示材料（电泳、电湿润、电致变色等）。

相关材料主要性能指标见表5-3。

表5-3　相关材料主要性能指标

发光显示材料	红色		绿色		蓝色	
	效率/（Cd/A）	寿命（T_{50}）	效率/（Cd/A）	寿命（T_{50}）	效率/（Cd/A）	寿命（T_{50}）
	20	20万小时	80	30万小时	10	8万小时
反射显示材料	单色反射率：＞60%；彩色反射率：＞55%；响应时间：＜5ms					
透明导电材料	透过率：＞88%；方块电阻：＜5Ω					

（2）可印刷TFT关键材料体系

结合国内TFT关键材料方面的研究优势，着重开发加工性好、性能稳定，满足印刷显示应用要求的TFT关键材料，形成专利布局。并与印刷工艺相匹配，提升可印刷TFT关键材料体系，包括半导体材料、绝缘材料、电极材料等的性能，重点开展批量中试工艺的开发，提高材料批量的稳定性与重复性，以实现国产化与市场应用。

可印刷TFT关键材料体系具体内容包含以下几个方面。

① 半导体材料

a. 有机小分子、聚合物半导体材料；

b. 可印刷的金属化合物半导体前驱体材料/无机半导体纳米材料。

② 绝缘层材料

a. 可光交联的低介电常数聚合物绝缘层材料；

b. 可光交联的高介电常数聚合物绝缘层材料；

c. 高介电常数氧化物绝缘层材料。

③ 电极与互联材料

a. 可低温退火的银、铜及高电导率合金墨水材料；

b. 稳定性好的高电导率高分子材料；

c. 电极表面的修饰材料。

相关材料主要性能指标见表5-4。

表5-4　相关材料主要性能指标

材料		目标（2025年）
半导体材料	有机小分子	迁移率＞15cm^2/（V·s）；电流开关比＞10^6
	聚合物	迁移率＞12cm^2/（V·s）；电流开关比＞10^6
	无机半导体	迁移率＞20cm^2/（V·s）；电流开关比＞10^6；退火温度＜300℃

续表

材料		目标（2025年）
绝缘层材料	低介电常数聚合物	介电常数＜3.0； 漏电流低于$10^{-8}A/cm^2$（@300nm厚度，50V偏压）
	高介电常数聚合物/氧化物	介电常数＞20； 漏电流低于$10^{-8}A/cm^2$（@600nm厚度，50V偏压）
电极与互联材料	金属	电阻率＜3μΩ·cm；退火温度＜120℃
	导电高分子	电阻率＜8μΩ·cm；退火温度＜120℃

（3）INK技术

结合TFT材料、有机发光材料、纳米材料及其他相关材料，开发可适用于不同器件的印刷技术的INK，环境友好，性能稳定，满足印刷显示工艺的要求，形成专利布局。并与印刷技术相匹配，提升相应INK的性能，重点开展批量中试工艺的开发，提高INK印刷过程的稳定性、可重复性、安全性。掌握印刷显示电子墨水的关键制备技术、存储技术与印刷成膜技术等，为印刷显示产业化提供关键材料与技术支撑。

INK技术具体内容包含以下几个方面。

① 研究印刷显示材料（OLED/QLED/纳米材料）的溶解性和正交性，筛选出潜在的墨水溶剂；

② 适用于有机小分子、聚合物材料的溶剂或混合溶剂；

③ 适用于量子点材料和纳米金属氧化物的溶剂或混合溶剂；

④ 适用于各类印刷工艺技术的INK配方与混配技术；

⑤ 新型添加剂（调节黏度、表面张力、沸点、稳定性等）。

相关材料主要性能指标：建立一套自主的墨水体系理论与调配原理；满足墨水黏度3～10cP（1cP=1mPa·s）；表面张力30～40dyn/cm；沸点≥200℃；环境友好；大气环境下稳定；成膜均匀性≥80%；平均粗糙度＜0.5nm；印刷TFT性能（开关比、迁移率），印刷OLED性能（寿命、效率及驱动电压）至少达到蒸镀型的85%；应用于印刷显示量产工艺。

（4）印刷显示工艺关键技术与材料

印刷显示工艺关键技术与材料依托核心企业和高校的前期积累，以印刷显示工艺技术为发展目标，进行材料、器件结构与工艺的匹配，研究大尺寸印刷工艺与柔性显示的关键技术。

印刷显示工艺关键技术与材料具体包含以下几个方面。

① 大尺寸、高精度的薄膜印刷涂布工艺；

② 高精度显示材料及电极的图形化工艺；

③ 柔性基板材料与加工工艺；

④ 彩色OLED器件的印刷工艺；
⑤ TFT器件的印刷工艺；
⑥ 低温、快速干燥/退火工艺；
⑦ 器件封装工艺。

相关器件主要性能指标：

① 掌握大面积印刷AMOLED显示的关键技术，实现65in、8K4K超高分辨率AMOLED显示；

② 掌握柔性印刷AMOLED显示的关键技术，实现400ppi分辨率的柔性AMOLED显示，可弯曲直径＜1cm；

③ 印刷工艺集成TFT器件的迁移率＞$10cm^2/(V \cdot s)$，电流开关比＞10^7，驱动电流密度（电流/沟道宽度）＞0.5μA/μm；开关电压范围＜20V；阈值电压＜5V。

（5）面向量产的印刷显示集成/制造关键技术

面向量产的印刷显示集成/制造关键技术是以印刷柔性显示为发展目标，进行材料、工艺与设备的整合，研究面向量产的印刷柔性TFT背板和柔性高分辨率彩色显示的工艺集成/制造的关键技术。具体包含：

① 柔性TFT背板的工艺集成；
② 彩色OLED的印刷工艺集成；
③ 卷对卷的制造技术开发。

掌握大面积柔性印刷AMOLED显示的量产工艺，实现可卷绕超高分辨率全印刷AMOLED显示，相关器件主要性能指标的参数如下。

显示形态	可卷绕式显示
制作工艺	全印刷工艺
显示尺寸	100in
显示分辨率	7680×4320RGB（8K 4K）
显示亮度	＞$400Cd/m^2$
可卷绕半径	＜3cm

5.4 推动我国印刷显示及关键材料发展的对策和建议

5.4.1 发展印刷显示及关键材料是国家战略

面对液晶面板产能过剩、产业同质化竞争的现状，日本、韩国等显示产业大国已经开始了新一轮的显示技术升级与产业转型，已将印刷及柔性显示作为国家产业战略给予政策倾斜：日本成立了政府主导的JOLED公司，组织国家队开展印刷OLED技术研究；韩国主导产业政策的产业通商资源部（MOTIE）将编列OLED面板发展专案预算，政府给予补贴，倾全国之力与中国显示厂家竞争。这意味着以印刷OLED/QLED为代表的新型显示产业竞争，已提升到国家级的“战争”。

国家政府已充分认识到印刷及柔性显示技术的重要性，并已在国家层面开展布局：国家新材料与应用重大工程、新材料领域“十三五”国家重点研发计划、国家制造强国建设战略咨询委员会发布的《中国制造2025》重点领域技术路线图，均将印刷及柔性显示列入其重要发展方向。我国唯一的“国家印刷及柔性显示创新中心”已经于2017年成立，依托广东聚华的“国家印刷及柔性显示创新中心”是目前国内新型印刷显示领域综合实力最强、技术最为领先、技术集成度与开放程度最高的研发平台，代表我国印刷显示技术研发与工程化的水平。

5.4.2 总体思路

发展印刷显示及关键材料需瞄准印刷显示产业，攻克共性关键技术，推广重大科技成果，构建从基础、材料、器件到应用及成果转化完整的印刷显示技术创新体系；同时打通印刷显示全产业链，形成印刷显示产业生态聚集圈，布局带动我国印刷显示产业链生态的形成。

“国家印刷及柔性显示创新中心”须以创新的机制，聚合国内优势企业/高校，成为印刷显示产业共性关键技术的输出源泉及区域产业集聚发展的创新高地，为行业提供开放式的工艺开发平台和测试平台，突破印刷显示产业的瓶颈，带动全行业的进步。

总之，我国打造印刷显示产业链，就是以重点区域为核心，辐射全国，吸引全球领先产业在周边设立研发中心、产业基地等，使之成为显示产业聚焦区、科技创新引领区，形成以技术创新为重点的大联合、大协同、大网络的产业生态聚集圈，引领国际新一代显示产业的发展，为我国完成G6 ～ G11新型显示多条量产线建设提供技术服务，行业实现产值上千亿元。

5.4.3 组织模式

为了真正实现颠覆性印刷显示技术与产品的突破，需要在组织模式与管理模式方面进行相应创新，打破以往各自分钱、单点研究、成果分散、难以集成形成工程化应用的弊端，转而实行以企业需求为牵引，打通及整合基础研发、技术攻关、平台建设、应用示范和人才团队等各个环节，集中行业及高校优势力量，围绕“国家印刷及柔性显示创新中心”进行组织统筹，以协同攻关模式突破行业共性关键技术，补齐与国外优势企业的差距，完成新兴技术从跟随到引领的超越。

建议以国内基础好的重点区域为核心，向上承接国家发展战略和重点项目，向下引领地市专项资金与政策支持。应统筹与应用好国家、省市地方支持与企业自身资源，明确主攻方向，围绕实现颠覆性的印刷显示技术突破与印刷显示产品这一核心目标，实行资金的合理统筹与使用。

5.4.4 对策建议

发展印刷显示及关键材料产业，须尽快落实国家新材料重大项目，从全产业链生态的角度来建立一个高效的印刷显示及其材料与装备的创新体系；以创新中心等研发公共平台为纽带，来牵头产业基金与材料装备企业的对接，打通印刷显示产业链，形成印刷显示产业生态聚集圈。

印刷显示产业是技术密集型产业，这就需要国家的人才政策扶持，大力支持吸引海外顶尖专业人才，加强与欧美等印刷显示强国的国际交流与合作，在自主创新的同时，充分吸收利用外部的先进技术。建议国家制定对应的人才吸引政策，招纳全球英才，实现我国新型显示产业的引领发展目标。

印刷显示产业同时也是资金密集型产业，在工程化方面需要国家政策的重点扶持，特别是在融资环境、进出口及税收等方面。

建议国家（或地方政府）以政策性引导基金方式吸收社会资本筹集以知识产权、成果为标准的产业投资基金，在全球领域投资参股印刷显示产业相关的中小和初创公司，聚合一切力量，加速我国新型显示产业的发展。

产业化初期，建议国家以税收、经济鼓励、财政补贴等方式，为鼓励股权、债券、资本市场等多元化、多渠道的投融资机制的建立提供政策基础。

关键技术攻关和工程化阶段相关投资建议以政府（中央政府和地方政府）为主。在产业化示范阶段，根据“利益共享、风险共担”的原则，以国家、产业资本、风险投资等相结合的股权融资为主，采取政产研相结合、共同投入的方式化解风险。

另外，还需政府加强关键技术攻关与集成创新，鼓励产业链整合；加强知识产权整体规划，打造专利池，建立行业规范与产品标准，保护我国印刷显示自主知识产权；通过政府采购引导与市场化营销相结合，加强市场推广认可等方式，来优化新型显示产业环境，促进我国新型显示产业的迅猛腾飞。

作者简介：

闫晓林　博士，教授级高级工程师，北京大学兼职教授，国际IEC/TC110主席，SID副主席及亚洲区总裁。现任TCL集团股份有限公司公司首席技术官、高级副总裁及TCL集团工业研究院院长、TCL多媒体执行董事、华星光电董事、广东聚华印刷显示技术公司董事长、广东华睿光电材料有限公司董事长、晶晨半导体（上海）有限公司副董事长、美国“印刷显示设备”Kateeva公司董事。

国家“新材料产业发展专家咨询委员会”专家，国家“重点新材料研发与应用”重大项目专家及新型显示组组长，“十三五”国家重点研发计划“战略性先进电子材料重点专项”专家，国家科技部“十二五”新型显示重点专项总体专家组组长，中组部高层次人才特殊支持计划科技创新领军人才，国家“百千万人才工程”国家级有突出贡献中青年专家。

第6章 高性能树脂基复合材料

李凤梅　丁　谋

高性能树脂基复合材料是由有机高分子基体材料与高性能纤维增强材料经过特殊成型工艺复合而成的具有两相或两相以上结构的材料，具有性能可设计、复合效应、多功能兼容、材料与构件同步制造等特点，以及高比强度和比刚度、可设计性强、疲劳性能好、耐腐蚀、可整体成型等优点，在航空航天领域的应用日益广泛，迅速发展成为最重要的航空结构材料。高性能树脂基复合材料的主要应用领域是航空。先进军民用大型飞机，如B787、A350和A400M飞机，复合材料的用量达到40%～50%；第四代战斗机，如F-22、F-35及EF-2000等，复合材料用量达到20%～40%；直升机的复合材料用量更是高达90%，如NH-90。

6.1　发展高性能树脂基复合材料的产业背景与战略意义

6.1.1　战略性新兴产业发展

战略性新兴产业是以重大技术突破和重大发展需求为基础，对经济社会全局和长远发展具有重大引领带动作用，知识技术密集、物质资源消耗少、成长潜力大、综合效益好的产业。2010年9月，国务院常务会议审议并原则通过了《国务院关于加快培育和发展战略性新兴产业的决定》，将节能环保、新一代信息技术、生物、高端装备制造、新能源、新材料、新能源汽车作为我国重点发展的七大产业。2012年7月，国务院以国发〔2012〕28号印发了《“十二五”国家战略性新兴产业发展规划》。规划明确指出，要大力发展现代航空装备、卫星及应用产业，提升先进轨道交通装备发展水平，做大做强智能制造装备，把高端装备制造业培育成国民经济支柱产业；要大力发展新型功能材料、先进结构材料和复合材料，开展纳米、超导、智能等共性基础材料研究和产业化，提高工艺装备保障能力；以纯电动为新能源汽车发展和汽车工业转型的主要战略取向，推进新能源汽车及零部件研究实验基地建设，提高车身结构和材料轻量化水平；促进新能源汽车产业快速发展。国家发展和改革委员会发布的《战略性新兴产业重点产品和服务指导目录》也将高性能复合材料产业明确列入指导目录。

6.1.2 民用航空工业发展

近年来，党中央、国务院高度重视民机产业，从顶层设计、整体规划、统筹组织等方面做出了一系列重大战略决策部署。2006年2月，国务院发布了《国家中长期科学和技术发展规划纲要（2006～2020年）》，大型飞机重大专项被确定为16项重大科技专项之一。2013年，印发了《民用航空工业中长期发展规划（2013～2020年）》等重要文件，进一步明确了未来民机产业的发展目标和重点任务。2015年5月8日，国务院印发了《中国制造2025》，明确“加快大型飞机研制，适时启动宽体客机研制，鼓励国际合作研制重型直升机，推进干支线飞机、直升机、无人机和通用飞机产业化”，力争在2025年达到国际领先地位或国际先进水平。为民机产业的持续发展描绘了蓝图、指明了发展方向。2015年10月30日，工信部正式公布了《中国制造2025重点领域技术路线图》，明确了“高性能纤维及其复合材料”作为关键战略材料，2020年的目标为“国产碳纤维复合材料满足大飞机等重要装备的技术要求……”，2025年的目标为“在民机领域实现示范应用，并取得适航认证”。这样为民机用国产碳纤维复合材料提供了强大的政策支持，用于民机领域的资金支持力度将进一步加大。

6.1.3 新能源汽车产业发展

中国在面临现阶段经济发展与能源结构、城市交通、大气污染三大矛盾时，新能源汽车是实现我国汽车保有量向发达国家看齐的唯一出路。节能、环保将是中国汽车产业未来的核心主题。我国电动汽车行业仍会保持较快增长速度。我国已批准20个电动公交试点城市，按照国务院《节能与新能源汽车产业发展规划（2012～2020年）》，国家将投资1000多亿元，用于新能源汽车开发、制造和示范。其中，500亿元用于节能与新能源汽车产业发展专项基金，重点支持关键技术研发和产业化；300亿元支持新能源汽车示范推广，用于补贴20多个示范推广新能源汽车的城市；200亿元用于推广混合动力汽车为重点的节能汽车；100亿元用于扶植核心汽车零部件业发展；50亿元用于试点城市基础设施项目建设。

到2020年，纯电动汽车和插电式混合动力汽车生产能力达到200万辆，累计产销量超过500万辆。“突破产业化过程中的车身材料及结构轻量化等共性技术和工艺技术”是实现新能源汽车产业发展的两大重大行动之一。国家科技部专门印发《新能源汽车“试点专项”》，支持新能源汽车产业的发展。目前，比亚迪、北汽、长安等车企正在全力推进节能与新能源汽车的研发工作，比亚迪等新能源车型已经推向市场销售。各大整车制造商均有多款新能源车处于设计与试制阶段。由于不用发动机，纯电动汽车是中国汽车业唯一可能做“世界老大”的项目，国家极为重视，其中，我国城市交通堵塞和环境日趋恶劣的现状决定了发展纯电动公共交通工具是重中之重，核心技术达世界领先水平的中国电动客车值得期待。

从政策环境看，国家在“十三五”期间将通过大力推进民机、新能源汽车产品等战略性新兴产业提升中国制造能力、实现《中国制造2025》目标。近年来，我国经济的高速增长为国家主导各类投资提供了雄厚的经济基础。中国全社会科技投入总量的稳定增加为我国国防科技工业的发展提供了良好的外部条件。展望新的五年规划期，中国经济仍将保持较好的基本面和稳定的发展趋势。

6.2 国外高性能树脂基复合材料发展现状、发展历程和经验及发展趋势

6.2.1 国外高性能树脂基复合材料的发展现状

6.2.1.1 高性能树脂基复合材料的产业现状

目前树脂基复合材料市场估计为80亿美元，75%为碳纤维复合材料，其中，运输机占45%，军用飞机占21%，公务机及民用直升机占9%，复合材料维修行业约为18亿美元。航空复合材料产量约为5千万磅，其中运输机占79%，军用飞机占9%，直升机占6%，商业和通用航空飞机占6%。民用运输机的巨大产量和高复合材料的使用比例，使其需求量占绝大多数的市场份额；军用固定翼飞机的较大质量和一定的复合材料使用比例，使军用固定翼飞机复合材料次级市场居于航空复合材料市场的第二位；直升机和通用航空飞机在航空复合材料市场上占据的份额较小。5千万磅的航空复合材料产量，碳纤维增强复合材料占37%，玻璃纤维增强复合材料占35%，其他复合材料占28%。

树脂基复合材料产业的最大市场在北美，约占58%，其次是欧洲，占38%，亚太地区仅占4%～5%。波音（Boeing）和欧洲宇航（EADS）约占整个市场的20%。

目前，航空碳纤维市场价值约4亿美元。Toray 在航空碳纤维复合材料市场占有领导地位，是航空级碳纤维主要供应商，其后是Hexcel、Cytec 和Toho（东邦公司）等公司。其中，Toray 占42%，Hexcel 占25%，Cytec 占15%，Toho 占13%，其他占5%。Toray、Cytec、Hexcel 和Toho 总共占95% 的航空碳纤维市场份额。

2006 ～ 2026年各类飞机复合材料用量如图6-1所示。

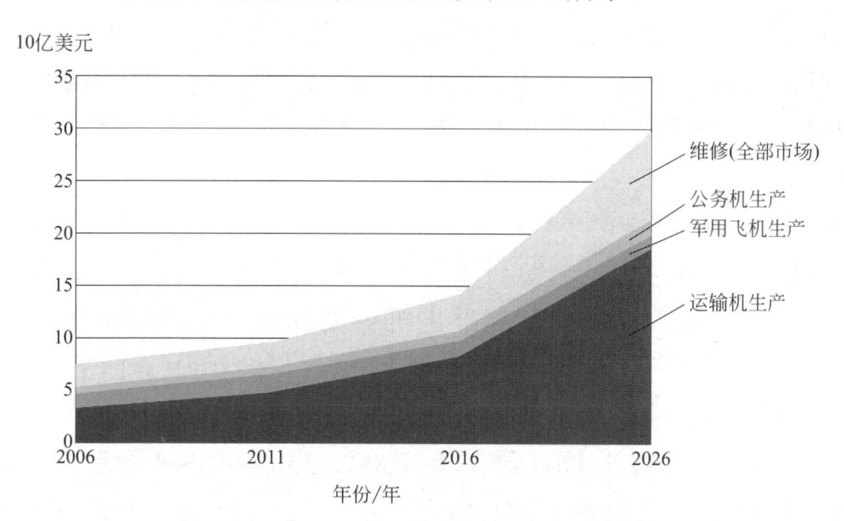

图6-1　2006 ～ 2026年各类飞机复合材料用量

碳纤维预浸料市场价值约为10亿美元。Cytec 和Hexcel 是最大的碳纤维复合材料预浸料供应商，Cytec（氰特公司）和Hexcel（赫氏公司）在复合材料预浸料市场占有领导地位。其中，Cytec占40%，Hexcel占40%，Toray（东丽公司）占5%，其他公司占15%。波音787 采用碳纤维复合材料预浸料作为主要结构材料，其批量生产后将增加Toray的市场份额。玻璃纤维预浸料市场价值为2亿美元，总重约为16.1百万磅。其中，Cytec占21%，Hexcel占28%，C&D占10%，其他占41%。Cytec和Hexcel是航空玻璃纤维复合材料预浸料市场的最大供应商，C&D公司是最大的内饰件材料供应商。

近年来，世界航空工业一直保持稳定的发展。2018 年航空复合材料市场将从2011 年的约4700 万磅发展到7100万磅以上。

6.2.1.2　高性能树脂基复合材料技术现状

高性能树脂基复合材料的增强材料主要为碳纤维，也包括少量的玻璃纤维、石英纤维和以芳纶纤维为代表的高性能有机纤维。

目前，三类碳纤维中，黏胶基碳纤维基本停产，有可能完全退出碳纤维市场；沥青基碳纤维保持约1000t年产量，日、美企业平分秋色；聚丙烯腈基碳纤维一枝独秀，已形成30000t年产量，其技术被日、美控制，产业被日本控制（约占70%），市场被日、美、欧盟控制（达80%）。美国军用碳纤维从技术到产能完全依靠自主保障，而民用碳纤维则依靠全球市场。俄罗斯碳纤维工业主要面向国防，其军用碳纤维也完全依靠自主保障。

在碳纤维的发展过程中，各国已经开发出若干类用于结构材料的聚丙烯腈（PAN）碳纤维，以东丽碳纤维为例，其产品主要分为三个系列：T系列（T300、T400、T700、T800、T1000）碳纤维、M系列（M30、M35、M40、M46、M50、

M55、M60）碳纤维和MJ系列（M35J、M40J、M46J、M50J、M55J、M60J、M70J）碳纤维。美国Hexcel公司20世纪70年代开发了AS系列PAN基标准模量碳纤维（包括AS4、AS4C、AS4D及AS6等碳纤维），随着技术的发展又开发了IM系列PAN基碳纤维，形成了IM6、IM7、IM8、IM9等系列产品，可用作结构型复合材料增强体。这些碳纤维已实现规模化稳定生产。未来碳纤维将朝更高模量、更高强度的碳纤维，多功能及低成本（大丝束）技术方向发展。

环氧树脂、双马树脂是航空树脂基复合材料最常用的树脂基体，广泛应用于大型飞机、直升机、通用航空和歼击机等飞行器。氰酸酯树脂在结构功能一体化复合材料方面也有应用。树脂基结构复合材料经历了标准韧性、中等韧性、高韧性和超高韧性树脂基体的发展过程。基本型树脂基复合材料（标准韧性）的CAI在100～190 MPa（如5208/T300、3501-6/AS-4等复合材料）；第一代韧性复合材料（中等韧性）的CAI在170～250MPa（如R6376/T300、977-3/IM7等复合材料）；第二代韧性复合材料（高韧性）的CAI在245～315 MPa（如8552/IM7、977-2/IM7等复合材料）；而第三代韧性树脂基复合材料（超高韧性）的CAI已经达到315MPa以上（如3900-2/T800、977-1/IM7、5276-1/IM7和8551-7/IM7、5260/IM7复合材料等）。树脂基复合材料抗冲击性能如图6-2所示。

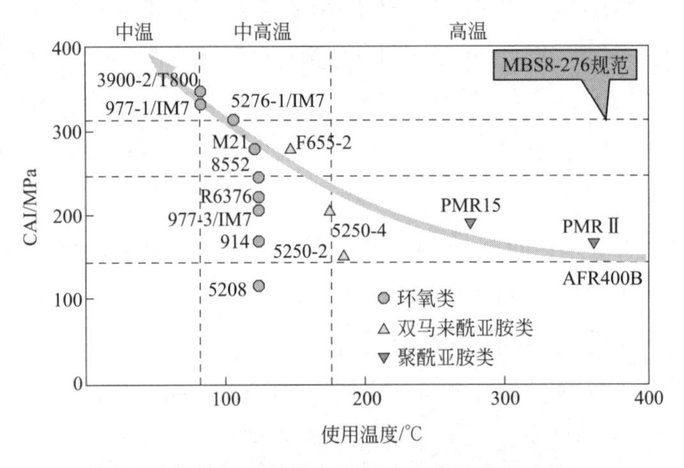

图6-2 国外树脂基复合材料冲击后压缩强度概况

国外在研究具有良好工艺性和高韧性双马复合材料的同时，也非常注重保持或提高其耐热特性，如5250-4/IM7的长期使用温度为177℃，5270-1双马树脂体系的耐热性接近PMR-15聚酰亚胺。经过多年的发展，国外已经形成了商品化的、成系列的双马树脂体系，如5245C、5250-2、5250-3、5250-4、5260、5270-1、F650、F652、F655、M65、XU292、V391等。同时，为满足低成本RTM工艺的要求，发展了RTM双马树脂，包括Cytec公司的CYCOM 5250-4RTM和CYCOM 5270-1 RTM（长期使用温度232℃），以及Hexcel公司的RTM650、RTM651双马RTM树脂体系。

随着先进复合材料的广泛应用，航空工业对复合材料的综合成本提出了更高的要求。因此，除了预浸料/热压罐工艺制造复合材料外，自20世纪90年代以来，低成本液体成型复合材料在飞机中也得到了深入研究和广泛应用。国外开发比较早的RTM树脂是3M公司的PR500树脂和Hexcel公司的RTM6树脂体系。PR500树脂已经应用于F22和F35四代战斗机，RTM6树脂已经应用于B787和A380等大型飞机。事实上，Cytec公司及Hexcel公司已经推出了系列环氧RTM树体系：适用于不同使用温度的环氧树脂CYCOM PR 520RTM（104℃长期湿热使用）、CYCOM 823RTM（90℃使用）、CYCOM 875RTM（110℃使用）、CYCOM 890RTM（150℃使用）以及主要用于航天结构的环氧RTM树脂CYCOM 5555RTM（140℃长期使用）。

聚酰亚胺树脂及其复合材料在高温下具有优异的综合性能，可以在280～450℃的温度范围内长期使用，在航空发动机和高温飞机结构中广泛应用。PMR-15是美国宇航局（NASA）开发的第一个应用于航空发动机的高温树脂，也是目前应用最广泛的聚酰亚胺树脂，其使用温度为288～316℃。为了进一步提高PMR型聚酰亚胺复合材料的耐热性，美国的研究人员开发了耐温等级更高（315～370℃）的第二代PMR型聚酰亚胺树脂（如PMR-Ⅱ，V-CAP和AFR-700等）、耐温370～426℃的第三代聚酰亚胺树脂（如AFRPE-4、RP-46、DMBZ-15等）及耐温426～500℃的第四代聚酰亚胺树脂（P2SI900HT）和可RTM工艺成型的4-苯乙炔基苯酐（4-PEPA）封端聚酰亚胺树脂基体（如PETI-298、PETI-330、PETI-375）。

6.2.1.3 树脂基复合材料成型工艺现状

热压罐成型技术的优点是复合材料性能高、质量稳定并适合大型复杂外形复合材料构件的成型，缺点是设备投资大、能耗高和制造成本高。预浸料热压罐成型工艺技术的发展趋势是和数字化、自动化技术相结合，采用预浸料自动裁切和激光定位辅助铺层技术，基本实现了制造过程自动化、数字化生产。

复合材料液体成型工艺是继热压罐成型工艺之后开发最成功的复合材料成型工艺，也是最成功的非热压罐低成本复合材料成型工艺。复合材料液体成型工艺包括树脂传递模塑成型（RTM）、真空辅助传递模塑成型（VARTM或VARI）、热膨胀树脂传递模塑成型（TERTM）、树脂膜浸透成型（RFI）、连续树脂传递模塑成型（CRTM）、共注射传递模塑成型（RIRTM）、Seeman复合材料树脂渗透模塑成型（SCRIMP）等。飞机中应用的液态成型工艺主要有RTM、VARI和RFI。由于大型飞机复合材料制件的尺寸较大，因此常规RTM工艺由于为闭模成型工艺，通常不适于制造尺寸较大，尤其是面积较大的复合材料制件，只适合于制造细长结构或结构复杂的构件，如框、梁结构和悬挂接头等复杂结构。而对于大面积、大尺寸的复合材料制件，则可采用VARI工艺成型。

VARI工艺仅仅需要一个单面的刚性模具，简化了模具制造工序，节省了费用，其上模为柔性的真空袋薄膜；也只需一个真空压力，不需额外的压力。对于大尺寸、大厚度的复合材料制件，VARI是一种十分有效的成型方法。复合材料VARI成型工艺中，由于将RTM工艺中X、Y向的树脂流动通过导流网改变成Z向流动，大大缩小了树脂的流程，因此,凡是适合于RTM工艺的树脂均可用于VARI成型工艺，VARI工艺对树脂黏度的要求比RTM工艺低，一些黏度较大（如1000mPa・s）的不适合于RTM工艺的树脂仍可用于VARI工艺。

RFI工艺则介于VARI工艺和热压罐工艺之间，其树脂基体为预浸料树脂，只是省去了预浸料的制备工艺，将预浸料树脂制备成树脂膜后铺在增强材料之下或增强材料层之间，然后在热压罐的热和压力下渗透浸润增强材料并固化成型。通常，RFI工艺的树脂基体为预浸料树脂（如8552、R6376、977-3等树脂）且在热压罐中固化成型，因此RFI复合材料的性能，尤其是抗冲击损伤能力优于RTM和VARI复合材料。

真空袋成型（Vacuum Bag Only，VBO）是另一种非常重要的低成本非热压罐成型工艺。真空袋成型不需要在热压罐加压固化而只需在烘箱或其他热源中加热抽真空固化成型，省去了投资热压罐的成本和热压罐的管理成本。

随着先进复合材料在航空工业中的不断推广应用，复合材料的用量越来越大，构件的尺寸也越来越大，外形越来越复杂，整体化程度越来越高，依靠手工铺贴难以实现大型复杂整体复合材料构件制造的技术要求和生产效率的经济性要求，因此自动铺带和自动铺丝工艺等自动化技术得到了发展。

预浸料拉挤技术是在传统拉挤成型工艺的基础上发展起来的一种先进复合材料自动化制造技术。日本的JAMCO公司于1995年前后发明了预浸料拉挤工艺技术（Advanced Pultrusion，ADP）。ADP工艺的基本工艺过程是：将预浸料引入一个可加热和施压的模具，然后进入一个固化炉进行固化，牵引装置将固化后的产品送入切割机，按客户要求对产品进行切割和修整，最后进入一个自动化的超声缺陷检测装置进行质量检测。

6.2.1.4 树脂基复合材料验证系统现状

国外发达国家在注重先进复合材料增强材料、基体材料研究和成型工艺的同时，也非常注重研发的新材料、新工艺技术的考核验证，制定长远的专项研究计划，将新材料研制、飞机设计与制造部门组织起来，使新材料在模拟环境甚至在真实环境中考核验证，为新材料、新工艺的应用奠定基础。美国和欧洲从20世纪70年代起，持续不断地制定和执行了一系列的专项研究计划，推动了复合材料应用的进展，为先进复合材料在B787、A350 等机种的大量应用奠定了坚实的技术基础。表6-1是美国和欧洲主要复合材料研究计划和目标。

表6-1　美国和欧洲主要复合材料研究计划和目标

计划	年代/年	主要目标
美国ACEE（Aircraft Energy Efficiency）计划	1976～1986	加速复合材料在飞机舵面、机翼和机身等结构上的应用，大幅降低飞机燃油成本
美国ACT（Advanced Composites Technology）计划	1986～1996	降低传统复合材料成本，提高损伤容限，提升在机翼和机身主结构上应用复合材料的信心
美国CAI（Composite Affordable Initiative）计划	1996～2006	实现先进复合材料设计理念和低成本制造技术质的飞跃，使复合材料用量达到飞机结构质量的60%，综合成本降低50%以上
欧洲TANGO（Technology Application to the Near-Term Business Goals and Objectives of the Aerospace Industry）计划	2001～2005	通过4个验证平台，采用复合材料和先进金属材料及制造技术进行技术验证，实现目标减重20%、降低成本20%
欧洲ALCAS（Advanced and Low Cost Airframe Structure）计划	2005～2009	选用两种飞机机身和机翼通过4个验证平台进行验证，实现复合材料在主结构上高质量、低成本应用，使复合材料用量达到飞机结构质量的20%～30%，减重20%～30%，降低成本0～20%

（1）ACEE计划（1976～1986年）

ACEE计划主要针对次承力复合材料结构设计、制造和试验验证进行研究，主要验证件为Lockheed L-1011副翼、Douglas DC-10方向舵、B727机翼扰流板；而机翼和机身主承力结构仅作为探索研究，这一阶段所用材料为T300/5208非增韧环氧复合材料。

（2）ACT计划（1986～1996年）

ACT计划主要针对主承力结构进行低成本技术研究（包括军用飞机和民用飞机），主要研究内容包括四个方面：①先进材料和制造技术，织物预成型体（黏结、编织和缝纫）、液体成型技术（RTM、RFI）、复合材料界面技术、热匹配模具技术（Therm-X Tooling）、自动铺带技术；②材料力学与结构，复合材料损伤容限敏感性、耐久性和断裂力学和层间失效力学；③机身结构设计和研发，创新设计与验证、压力舱段自动铺丝制造技术和结构试验验证；④机翼结构设计和研发，织物复合材料断裂和疲劳及失效反应、双向加筋缝合壁板结构、缝合/RFI翼盒研制、缝合/RFI半翼展和全尺寸机翼研制。

（3）CAI计划（1996～2006年）

CAI计划主要针对主承力结构开展创新设计与创新工艺方法研究，以大幅度降低复合材料的成本50%以上，促进复合材料在主承力结构上的大量应用，其核心是复合材料制造整体化、自动化和低成本化，主要研究内容包括：①大尺寸机翼整体结构设计与制造；②大尺寸机身整体结构设计与制造；③新型低成本技术的集成应用，复合材料液态成型工艺技术、缝纫和Z-pin技术、自动铺带和自动铺丝自动化制造技术；④促进技术成果转化并逐步实现技术成果工业化应用。

（4）TANGO计划（2001～2005年）

TANGO计划通过4个验证平台（中央翼、外翼和两个机身段），采用不同的技术途径设计、制造和验证，通过竞争实现复合材料制造的高质量、低成本，主要涉及复合材料中央翼的整体加筋大厚度（厚达52mm）壁板制造、制件装配和试验验证技术；复合材料外翼RTM、RFI/LRI成型、复材/金属混杂钻孔和装配技术；复合材料机身段自动化制造技术和机身段GLARE加筋整体壁板制造技术。

（5）ALCAS计划（2005～2009年）

由空客公司牵头的ALCAS计划选择了对客机和公务机两种飞机的主承力结构进行研究，目标是减重20%且不增加循环成本，其中，客机主承力结构研究内容包括：①客机复合材料机翼（包括外翼和中央翼）综合验证，自动铺带技术、隔膜成型技术、NCF织物复合材料液态成型（RFI、VARI、RTM）技术、NCF织物预浸料/非热压罐低压成形技术、共胶接技术；②客机复合材料机身综合验证，大曲率大开口双向加筋机身壁板胶接共固化整体设计制造、传递地板梁载荷的大曲率双向加筋机身壁板整体设计制造和传递起落架载荷的大曲率双向加筋机身壁板整体设计制造。

6.2.1.5 高性能树脂基复合材料应用现状

自20世纪90年代以后，先进复合材料在新研制的各类飞机中得到广泛应用，复合材料用量均达到了其结构质量的20%以上（图6-3）。

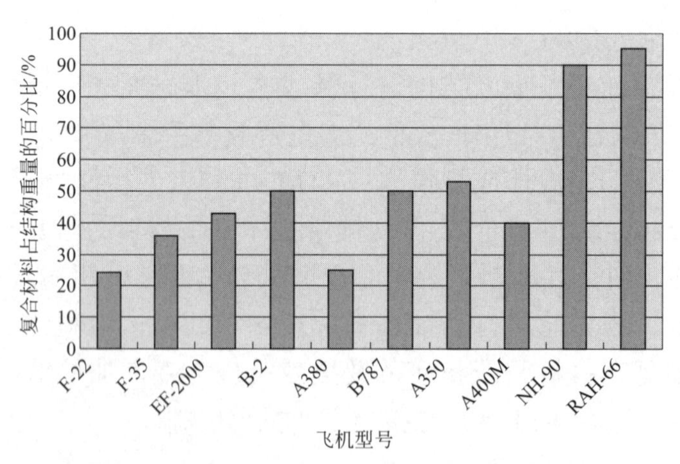

图6-3 新型飞机中复合材料用量占结构质量的百分比

A380飞机中先进复合材料用量约占其结构质量的25%，主要是碳/环氧复合材料和GLARE层板和玻纤/环氧复合材料，其中，碳纤维等纤维增强复合材料占22%（约为36t），玻璃纤维铝合金层板（GLARE层板）约占3%。表6-2为A380主要复合材料部件使用的材料和制造工艺。

表6-2 A380主要复合材料部件使用的材料和制造工艺

使用部位	使用材料	成型工艺
J字形机翼前缘	热塑性树脂、PPS	热塑性成型、电阻焊接装配
腹鳍和副翼滑轨整流罩	Cycom919、Hexply913织物预浸料蜂窝夹层材料	人工铺层热压罐固化
悬挂接头	NCF、RTM6	RTM工艺
中央翼	Cycom977-2/IM600、HexplyM21/T800单向预浸料	自动铺带
平尾、垂尾	Cycom977-2/HT、HexplyM21/IM7单向预浸料	自动铺带
加强筋、长桁	Hexply6376/HTA单向或织物预浸料	预浸料拉挤
后机身蒙皮、起落架舱门、发动机罩	Cycom997、Hexply8552/AS4预浸丝束	自动丝束铺放
后承压框	NCF、RTM6	RFI工艺
翼肋、翼梁	NCF、RTM6	VARI
机舱内壁板	Cycom799H、Hexply250酚醛树脂玻璃布预浸料	热压罐

B787飞机是继A380之后更大规模使用复合材料的大型客机，B787飞机的复合材料用量占结构质量的50%，其中，碳纤维复合材料为45%，玻璃纤维复合材料为5%。B787飞机结构复合材料的用量首次超过了其他材料的总和。从飞机表面看，除机翼、垂尾和平尾前缘为铝合金及发动机挂架为钢以外，B787飞机的绝大部分表面均为复合材料。B787应用的主要复合材料体系如表6-3所示。

表6-3 B787应用的主要复合材料体系

材料	供应商	成型方法	固化温度	应用部位
T800S/3900-2系列环氧预浸料（带）	Toray	预浸料（带）铺放/热压罐成型	177℃	主承力结构：机翼（含蒙皮、长桁、翼梁和固定后缘），垂尾，平尾，前机身、中机身和后机身桶段等
HexPly AS4/8552 系列环氧预浸料	Hexcel	预浸料铺放/热压罐成型	177℃	整流罩、舵面和短舱等蜂窝夹层结构
HexMC AS4/8552环氧各向同性预浸料	Hexcel	预浸料铺放/模压成型	177℃	窗框、密封垫、支架等小型制件
HexFlow RTM6、HexForce 12K缎纹织物	Hexcel	RTM/VARTM	177℃	副翼、襟翼及悬挂接头等
IM7/5250-4RTM双马预浸料	Cytec	预浸料铺放/热压罐（或模压）成型	210℃	机翼前缘（带电加热除冰区）

A400M 是欧洲空客集团正在研发的大型运输机，其复合材料用量约占其结

构总重的40%，是目前军用运输机复合材料材料用量最大的机型，其复合材料主要应用部件包括机翼、螺旋桨桨叶、中央翼、垂尾、平尾、部分机身、各种整流罩、起落架舱门、腹鳍等。

在空客A380、A400M以及B787大量应用复合材料的基础上，A350XWB宽体飞机大规模选用了树脂基复合材料，复合材料用量约占结构质量的53%，铝合金（铝锂合金）占19%，钛合金占14%，钢占6%，其他8%。复合材料主要用于中央翼、机翼蒙皮、翼梁桁条及翼肋、机翼固定前缘、机翼活动翼面，机身蒙皮、机身骨架、隔框、紧急逃生门、后承压球面框等，平尾、垂尾（包括升降舵、方向舵）以及各种整流罩和发动短舱等。

与第三代战斗机相比较，四代战斗机复合材料的用量明显上升，高达24.2%（F-22）～43%（EF-2000）。EF-2000除鸭翼外，机身、机翼、腹鳍、方向舵等结构均采用复合材料，机体表面的70%为复合材料。而且在复合材料中，热固性复合材料占了绝大多数，F-35的热固性复合材料竟占全机结构质量的36%，EF2000高达43%。表6-4是各种材料在四代战斗机上所占的结构质量百分比。

F-22中，环氧复合材料占结构总质量的6.6%，双马树脂基复合材料占17.2%，双马树脂基复合材料用于F-22外表面结构，环氧树脂基复合材料用于机身内部温度较低部位，而热塑性复合材料用于舱门或口盖结构。F-22的主要材料分布情况，具体的材料名称及牌号见表6-5。

表6-4　四代战斗机的结构材料质量百分比

材料	F-22	F-35	EF-2000	阵风
铝合金	15.3	—	35.8	—
钛合金	38.8	—	5.6	—
钢	6.8	10	3.5	—
热塑性复合材料	0.4	—	—	—
热固性复合材料	23.8	36	43	25
铝锂合金	0	—	5	10
其他	14.9	—	7.1	—

表6-5　F-22复合材料应用部位与牌号

部位	零件名称	材料牌号
前机身	雷达罩 蒙皮及边条 隔框及框架 油箱框架/壁板 电子设备及侧阵列舱门	S-2/XU71787氰酸酯复合材料 IM7/5250-4 IM7/PR500RTM IM7/PR500RTM IM7/APC-2

续表

部位	零件名称	材料牌号
中机身	蒙皮 隔框及支架 油箱底板 弹舱门蒙皮 弹舱门帽形加强件	IM7/5250-4 复合材料 复合材料 IM7/APC-2 IM7/PR500RTM
后机身	上蒙皮	IM7/5250-4
机翼	蒙皮 中介梁 后梁 操纵面	IM7/5250-4 IM7/5250-4RTM IM7/5250-4RTM IM7/5250-4蜂窝夹层复合材料
垂直尾翼	蒙皮及支架 梁及肋	IM7/5250-4 碳纤维环氧RTM复合材料
水平尾翼	枢轴 蒙皮 芯子	IM7/5250-4丝束铺放 IM7/5250-4 铝蜂窝
进气道	蒙皮	IM7/977-3
座舱	支架、地板、加强肋	IM7/PR500RTM

欧洲战机EF-2000在机翼蒙皮、前机身、襟副翼、升降舵、机身外蒙皮等飞机表面，70%采用先进复合材料制造，占其结构质量的43%。EF-2000的中机身蒙皮为典型的复合材料整体化结构，中机身长4.9m，宽2.2m，上蒙皮与22个J字形增强框架以及4根大梁通过共固化整体成型，中机身下部分有13个开口。

国外直升机机身结构及旋翼系统大量采用先进复合材料，20世纪80年代，复合材料在直升机上的应用已经成熟，证明了用复合材料制造直升机结构，在改善直升机性能、减轻质量、降低成本等方面收益显著。20世纪90年代以来，随着第四代直升机V-22、NH-90、EH101、Tiger和RAH-66等的研制，复合材料在直升机上的应用更加广泛，成为直升机最重要的结构材料和使用量最大的材料。复合材料在V-22倾转旋翼直升机中大量应用，包括发动机短舱、机翼、机身蒙皮、尾段、机身整流罩和舱门，约占结构质量的80%。复合材料应用于RAH-66直升机尾桨涵道、主桨、尾桨、排气门、尾梁、天线罩、垂尾和平尾。NH-90直升机的机身、旋翼、尾桨等，甚至其起落架也采用复合材料制造，复合材料用量为其结构质量的95%。机身结构和旋翼系统主要使用了8552、913和914等为代表的韧性环氧树脂复合材料，使用的增强材料包括碳纤维（日本东丽公司T300、东邦公司HTA）、高强玻璃纤维粗纱（S2和R）以及芳纶纤维，并使用了大量芳纶纸蜂窝芯材等。

自从碳纤维复合材料等先进复合材料诞生，先进复合材料在机体结构中得到应用验证后，各大发动机公司就计划将先进复合材料引入发动机的制造。在大型飞机发动机中树脂基复合材料的使用温度一般在150～200℃以下，主要选用的材料为环氧和双马树脂基复合材料，主要应用于低温低压的涡扇发动机压气机叶片、导向叶片及其框架组件、涡扇发动机的鼻锥、整流装置等，成型工艺包括热压罐成型、RTM成型、模压成型和注射成型等。为提高零件的抗损伤能力，国外也在试用热塑性树脂（如PEEK）制造导向叶片，并已通过试车。树脂基复合材料在发动机上的应用见表6-6。

表6-6　树脂基复合材料在发动机上应用

材料牌号	发动机型号	应用部位
玻璃/环氧	RB162	压气机转子叶片
玻璃/环氧	JT907	头锥
玻璃/环氧	PW2034	风扇隔环（RTM法）
玻璃/环氧	CF6-6	静子密封件（占4%）
T300/PMR-15	F404	风扇涵道
T300/PMR-15	F110	空气隔板，内涵道
碳/环氧	RB211-835C	反推力装置筒体及舱门
碳/环氧	CFM56-7	反推力装置
碳/环氧	PW4084/90/98	风扇隔环
碳/环氧	PW4056/4168/4084	风扇出口导流叶片
IM7/8551	GE90	风扇工作叶片
碳/5250-4	PW4168	内核心整流罩
碳/5250-2	BR710	枢轴门内壁板
碳/5270-1	波音767-400ER	风扇扩压器壳体
碳/5250-4RTM	F119	风扇进气机匣（RTM）
Kevlar/环氧	JT9D-7R4	头锥
Kevlar/环氧	PW2037	头锥（RTM）
Kevlar/环氧	PW4000	头锥

续表

材料牌号	发动机型号	应用部位
Kevlar / 环氧	PW4084	包容环
Kevlar / 环氧	PW2000	风扇出口机匣
Kevlar / 环氧	PW4000	风扇出口机匣
Nextel/ 环氧	PW4056	风扇出口机匣内衬
双马 + 碳 / 环氧	PW4168	风扇出口机匣、风扇出口机匣内衬、短舱蜂窝夹层结构（400个零件）

GE公司采用Hexcel公司的高韧性8551-7/IM7环氧树脂基复合材料制造了GE90风扇叶片。随后在GEnx发动机上应用树脂基复合材料研制风扇叶片、风扇机匣、导向叶片、鼻锥和消音板等。PMR-15碳纤维复合材料已经应用于F404、F414、F110-GE-132、GE90-115B、GenX、F136、JTAGG、BR710和M88-2发动机的外涵机匣，以及CF6发动机芯帽、F119导流叶片、M88喷口调节片、PW4000高压压气机可动叶片、GE90发动机高压冷却管、F100发动机尾喷管外调节片、RB211-524涡轮机匣等结构。PW公司正在研究采用AFR700B聚酰亚胺复合材料制造发动机多用途喷管、F119发动机推力矢量喷管和IHPTET计划JTDE验证发动机的球形收敛调节片等。PMR-Ⅱ-50复合材料也已应用于发动机导向叶片衬套。

（1）树脂基体应用现状

综合分析各类新型飞机复合材料的应用现状，其树脂基体主要表现为以下特点：对于重型歼击机，主承力结构采用双马聚酰亚胺复合材料，在次承力及内部结构采用高温环氧树脂基复合材料；而轻型歼击机（2M以下）中，则主要采用高性能高温环氧树脂基复合材料；大型飞机的树脂基体以高韧性耐高温环氧树脂（如M21EA、3900-2）为主，复合材料的CAI＞315MPa；在直升机结构中，主要采用中温固化环氧树脂基复合材料，少数部位使用高温固化环氧树脂基复合材料；发动机的风扇前部件及短舱等主要使用高韧性环氧树脂基复合材料，风扇后部件则使用聚酰亚胺复合材料。

（2）增强材料的应用现状

在增强材料方面，主承力结构的增强纤维以高强中模碳纤维为主（IM系列碳纤维、T800系列碳纤维），次承力结构采用高强型碳纤维（如T300、AS4等），部分功能结构采用玻璃纤维、芳纶纤维或石英纤维等。

（3）自动化成型工艺应用现状

自动铺带工艺和自动丝束铺放工艺在大型复合材料构件制造中占主导地位，

尤其是在大型飞机复合材料构件中占据绝对主导地位。

在A380飞机结构中，中央翼和垂平尾壁板采用高韧性的IM7/M21复合材料自动铺带/热压罐固化工艺制造。机身尾段、起落架舱门和发动机整流罩，形状较复杂且尺寸大，这类结构则采用自动丝束铺放工艺制造，材料仍为M21/IM7复合材料。

B787飞机是首次在全机身使用复合材料机身结构的大型飞机，采用自动丝束铺放一体化制造技术制造复合材料机身段，使机身段从传统工艺的上百个零件和数千个紧固件转变成一个部件的整体化结构，大大提高了复合材料机身的减重效率和综合性能。对于尺寸大但结构相对单一的机翼、中央翼和尾翼壁板结构，则全部采用自动铺带技术制造。在机身和机翼主承力结构上全部采用满足波音公司材料规范BMS8-276的T800S/3900-2高韧性环氧复合材料［CAI值达到了368MPa（42J/cm）］。另外，B787大型飞机发动机短舱均采用HexPly8552/AS4环氧树脂预浸料、自动丝束铺放工艺制备。

A400M是空客首次在机翼、尾翼、操纵面上大量应用碳纤维复合材料的军用运输机，其主翼尺寸23m×4m，重达3000kg。除机翼前缘和后缘的支撑结构以及铰链为铝合金外，其余的活动面全为复合材料。中央翼盒以及中央翼盒与外翼盒的接头也采用了碳纤维复合材料。

与B787相比较，A350飞机的机头没有采用复合材料制造，前、中、后机身段与中央翼盒及主翼均采用全复合材料制造，采用自动铺带工艺制造，材料为M21E/IMA高韧性复合材料。

自动铺放技术在战斗机和直升机中也得到了应用，F-22飞机的平尾枢轴（IM7/5250-4）、F-35飞机的S形进气道以及V-22飞机的机身结构采用自动铺丝工艺制造，F-35飞机的翼身融合体采用自动铺带工艺制造。

在发动机技术领域，ATK公司的Trent XWB发动机的复合材料后风扇机匣以及GEnx-2B67发动机的复合材料风扇包容机匣采用自动铺放工艺成型（表6-7）。

表6-7　复合材料自动化制造工艺在飞机中的应用

工艺	机型	使用部位	使用材料	其他
自动铺带	A380	中央翼盒（7m×7m×2.35m）、垂平尾壁板	IM7/M21	
	B787	机翼、中央翼和尾翼壁板	T800S/3900-2	
	A400M	中央翼、机翼		
	A350	前、中、后机身段与中央翼盒及主翼	M21E/IMA	
	F-35	翼身融合体	977-2/IM7	

续表

工艺	机型	使用部位	使用材料	其他
自动铺丝	A380	机身尾段、起落架舱门和发动机整流罩	IM7/M21	
	B787	全机身结构（由6段组成）	T800S/3900-2	
		发动机短舱	8552/AS4	
	F-22	平尾枢轴	5250-4/IM7	
	F-35	S形进气道	977-2/IM7	
	V-22	整体化机身		
预浸料拉挤	A380	地板梁、加强肋		
	B787	地板梁	T800S/3900-2	
隔膜成型	A400M	翼梁		
	A350	机翼后梁		
ASFM工艺	A350	筋、机翼前缘翼梁、机身框		

Hot Drape Forming、ASFM（Automated Stiffener Forming Machine）和预浸料拉挤复合材料工艺等新型低成本自动化成型工艺也得到了应用。A380和B787飞机地板梁和壁板加强肋采用预浸料拉挤工艺制造（图6-4），制造的梁是连续长度的，可加工成任意长度。A400M飞机的翼梁及A350飞机机翼后梁采用自动铺带工艺铺叠成平板，然后经过热加压隔膜工艺成型。A350采用ASFM工艺快速成型机身复合材料纵向筋、机翼固定前缘翼梁和机身框。这些工艺方法大大提高了梁、肋、框等零件的制造效率，也有效降低了制造成本。

图6-4　预浸料拉挤工艺制造的A380地板梁

（4）液态成型低成本复合材料应用现状

RTM工艺、RFI工艺、VARI工艺等低成本液态成型工艺得到了广泛应用（表6-8）。

表6-8　液态成型复合材料在飞机中的应用

工艺	机型	使用部位	使用材料	其他
RTM	A380	肋、梁、机身框、悬挂接头	CF/RTM6	
	B787	主起落架后撑杆	IM7/RTM6	
	A400M	螺旋桨桨叶		
	GEnx-1B	风扇机匣、放气阀门		
	PW4084	风扇静子叶片	PR500/CF	
	PW4000	风扇机匣		
	F-22	机身隔框、油箱框架、弹舱门帽形加强件、尾翼梁、肋、机翼中介梁、后梁	IM7/PR500RTM IM7/5250-4RTM	
	F-35	垂尾		
	NH-90	起落架摇臂	M21E/IMA	
	F-16	起落架	977-2/IM7	
VARI	A380		IM7/M21	
	B787	副翼、襟翼、扰流板、后承压球面框	RTM6/CF	
	A400M	上货舱门、起落架舱门、运动翼面	RTM6/CF	
RFI	A380	后承压框	977-2	

A380后承压框尺寸6.2m×5.5m×1.6m，采用RFI工艺（树脂膜渗透）技术制造，采用日本东邦的6K、12K碳纤维、977-2环氧树脂体系，由15根填充DEGUSSA公司PMI泡沫的加强筋加强，是迄今为止世界上最大的用RFI工艺成型的整体制件。

A380的肋、梁、机身框和悬挂接头等细长结构、形状复杂的部件采用了低成本RTM工艺制造，采用的织物主要是碳纤维机织物或多向无皱褶纤维织物（NCF），树脂体系为RTM6环氧树脂。

在B787中，其主起落架后撑杆采用RTM工艺制造（图6-5），增强体采用三维编织工艺制备的IM7碳纤维三维立体织物，树脂基体为Hexcel公司的环氧树脂。而NH-90直升机的起落架摇臂则采用预浸料卷管工艺与三轴编制工艺结合制备预成型体，然后采用RTM工艺一体化制造成型。F-16战斗机的起落架后撑杆也是采用RTM工艺制造。

四代战斗机（如美国的F-22和F-35等）上已大量应用了RTM复合材料，例如F-22飞机共有400多个复合材料件用RTM技术制造，如机身隔框、油箱框架、弹舱门帽形加强件、尾翼梁和肋（IM7/PR500RTM）以及机翼中介梁、后梁（IM7/5250-4RTM）等结构中大量使用了液态成型复合材料，约占复合材料用量的1/4，最典型的构件是机翼内的各种正弦波形梁；F-35飞机中也大量应用了RTM技术，并发展了RTM整体成型技术，如RTM整体成型复合材料垂尾（图6-6），大大减少了垂尾的零件数，总成本降低60%以上。

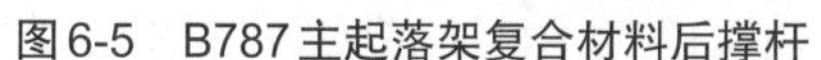

图6-5　B787主起落架复合材料后撑杆

图6-6　RTM整体成型F-35飞机复合材料垂尾

A400M发动机（TP400-D6）螺旋桨桨叶采用编织/RTM工艺成型。同时，其螺旋桨桨毂盖也采用碳纤维复合材料制造。GEnx-1B的风扇机匣采用二维三向编织物复合材料RTM工艺成型，在编织结构中部的纤维层作为风扇叶片的包容层，从而省去了铝合金机匣上用的Kevlar复合材料包容环。GEnx发动机在增压级出口处的可调放气阀门管道也采用了RTM成型编织复合材料件。

惠普公司的PW4084和PW4168发动机风扇静子叶片采用3M公司的PR500 RTM环氧树脂基复合材料制造，其中，PW4084发动机直径为3.04m的静子质量减小39%、成本减少38%。PW公司在树脂基复合材料风扇机匣技术已经比较成熟，PW4000发动机采用了RTM工艺加工的风扇机匣，PW2000发动机和PW4000发动机采用了复合材料制造的风扇出口机匣内衬，都起到了减小质量和降低成本的明显效果。

B787飞机副翼、襟翼、扰流板等次承力构件采用真空辅助树脂浸渗工艺（VARI或称VARTM）制造。其树脂基体为HexFlow RTM6树脂，增强织物为Hexforce机织12K碳纤维缎纹织物。B787飞机的后承压球面框也采用VARI工艺成型（图6-7），VARI树脂采用Cytec公司具有自主知识产权的满足民用飞机阻燃性能要求的树脂体系，从而可以取消机舱内的防火墙，达到减重的目的。

A400M飞机的上货舱门是目前使用VARI工艺成型的最大的复合材料制件（长7m，宽4m），上货舱门由舱门加筋外壁板、高约203mm的侧壁板、9个横向梁和加筋内壁板组成（图6-8），缩短了生产周期、减少了数以千计的紧固件，降低了其制造成本。此外，A400M飞机的起落架舱门结构壁板、运动翼面等结构也采用VARI工艺成型。

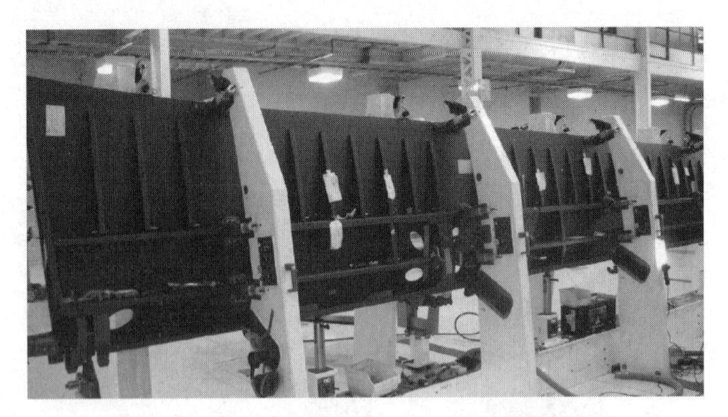

图6-7　VARI工艺制备的B787外副翼加筋壁板

（5）低成本真空袋固化成型工艺（VBO）技术现状

A350机翼固定尾缘壁板采用真空固化成型工艺（VBO）制造，材料为ACG公司的MTM44-1预浸料，有效降低了制件的制造成本。美国空军研究实验室和洛马公司采用先进低温固化非热压罐真空袋（OOA-VBO）成型MTM45-1复合材料制造道尼尔328J飞机驾驶舱之后的机身和垂尾，使飞机机身只用了300个金属零件和不到4000个紧固件，零件数量减少了约90%（图6-9）。

图6-8　VARI成型A400M复合材料上货舱门

图6-9　洛克希德 · 马丁公司研制的先进复合材料货运飞机机身段（ACCA或X-55）

（6）其他复合材料的应用

A380飞机机翼前缘和垂直尾翼前缘，采用了玻璃纤维织物增强PPS热塑性复合材料，并采用电阻焊接技术将热塑性复合材料加强部件和蒙皮焊接在一起，进一步提高了复合材料构件的减重效率。A400M在起落架口盖等部位使用了碳纤维增强热塑性树脂基复合材料。F-22飞机的各类舱门中使用碳纤维增强PEEK复合材料（如弹舱门、电子设备舱门等）（IM7/APC-2），有效提高了各类舱门频繁开启需要的抗冲击性能。

芳纶纤维铝合金层板、玻璃纤维铝合金层板和碳纤维钛合金层板等超混杂复合材料技术得到应用。在A380飞机中，机身上部大量采用了GLARE复合材料（玻璃纤维-铝合金层板），每架飞机用量超过470m^2，减重大约1t以上，成为

A380轻质、长寿命、高损伤容限和耐久性机体结构关键技术之一。在B787的局部位置也使用了碳纤维-钛合金层板。

B787采用HexMC碳纤维短切预浸料（AS4/8552高温固化环氧树脂预浸料）模压成型制造其舷窗框。相比于铝合金窗框，其减重50%，抗冲击损伤能力大大提高。该舷窗框高度约0.47m，宽约0.27m，窗口面积比空客A330/ A340增大78%。同时，由于复合材料结构有比铝合金结构更好的耐腐蚀特性，还有利于提高客舱的压力和湿度，为旅客提供更加舒适的乘坐环境。

6.2.2 国外高性能树脂基复合材料的发展历程及经验

先进航空基复合材料的应用发展大致经历了三个阶段，即在次承力结构中的应用、从次承力结构向主承力结构发展和复合材料在飞机结构中大规模应用。

（1）复合材料在次承力结构中的应用

20世纪70年代初期，随着碳纤维、芳纶纤维技术的日趋成熟，先进复合材料在诸如前缘、整流罩、检查口盖等承载很小的构件上开始试用。例如，洛克希德飞机公司运输机C-141的机翼前缘、后机身货舱门；波音公司B707的前缘，B737的翼上扰流板等。20世纪70年代中期以后，洛克希德飞机公司在L-1011飞机上于操纵面后缘和各种整流罩上共试用了1134kg的芳纶纤维增强树脂基复合材料，减重366kg，这是芳纶纤维增强树脂基复合材料首次大规模在大型客机应用。

空客公司十分积极地推进复合材料在大型飞机的应用。1972年A300开始应用复合材料垂尾前缘、后缘及复合材料整流罩等，1979年空客公司将复合材料进一步应用到A300飞机的扰流板、方向舵、减速板和起落架舱门等结构，1980年代将复合材料大量应用于A310飞机和A320飞机的次承力构件。

此阶段的特点是复合材料整流罩和活动翼面等次承力结构或非承力结构在飞机上得到应用。

（2）复合材料应用从次承力结构向主承力结构发展

在NASA的ACEE计划的推动下，美国各大飞机公司研制了承载较大的尾翼级复合材料部件，实现了先进复合材料在民用飞机尾翼级构件的应用，在L-1011、DC-10、B737等大型飞机改进设计中在尾翼成功使用了复合材料。在此基础上，B757和B767等大型客机则是从设计开始就在其尾翼应用复合材料。空客公司于1978年开始研制A310垂直安定面，于1985年底完成了全部的研制试验工作并通过了适航鉴定，并在这些技术基础上，将复合材料推广到了A320、A340等飞机，其超过了同期波音的复合材料应用水平。同时，俄罗斯的复合材料技术也在大型飞机上得到了大量应用。各国在这一时期的大型飞机复合材料用量见表6-9。此阶段的主要特征是：先进复合材料在飞机尾翼级主承力结构中得到了广泛应用，复合材料总应用量在其结构质量的15%以下（图6-10）。

表6-9　各国在扩大应用阶段的航空复合材料应用情况

机型	主要应用部位	用量/kg
B757	内外侧襟翼、副翼，扰流板，发动机短舱，前、主起落架舱门，方向舵，升降舵	1429kg
B767	内外侧副翼，扰流板，发动机短舱，前、主起落架舱门，方向舵，升降舵	1524kg
B777	垂尾、平尾、后承压框、客舱地板梁、襟翼、副翼、发动机整流罩和各种舱门等	9900kg（11%）
A310	垂尾、雷达罩等	
A320	副翼、扰流板、襟翼、滑轨整流罩、发动机短舱、雷达罩、机腹整流罩、起落架舱门、机舱地板、垂尾、平尾等	13% ～ 15%
A340	垂尾、平尾、后承压框、机翼前缘、雷达罩、襟翼、扰流板、龙骨梁、发动机消音板等	
C-17	平尾、整流罩、活动翼面、起落架舱门等	8%
T204	垂尾、平尾、部分机翼蒙皮、襟翼、扰流板和各种舱门等。	18%

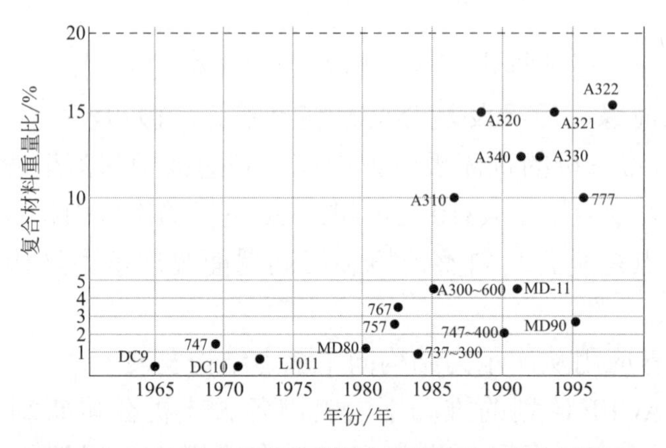

图6-10　2000年之前复合材料在大型飞机中的应用情况

从第三代战斗机（如F-14、F-15、F-16、F-18A等）开始，先进复合材料就已应用于飞机结构。复合材料的应用质量比从F-15E的不足2%，到F-18E/F的复合材料用量达到其结构质量的19%左右（图6-11）。F-18E/F的中机身、后机身、机翼、尾翼等主承力结构的蒙皮，以及扰流板、机身整流罩等次承力结构，均采用碳纤维增强环氧树脂基复合材料，如IM7/977-3增韧复合材料。AV-8B飞机也在其结构中使用了将近25%的复合材料。

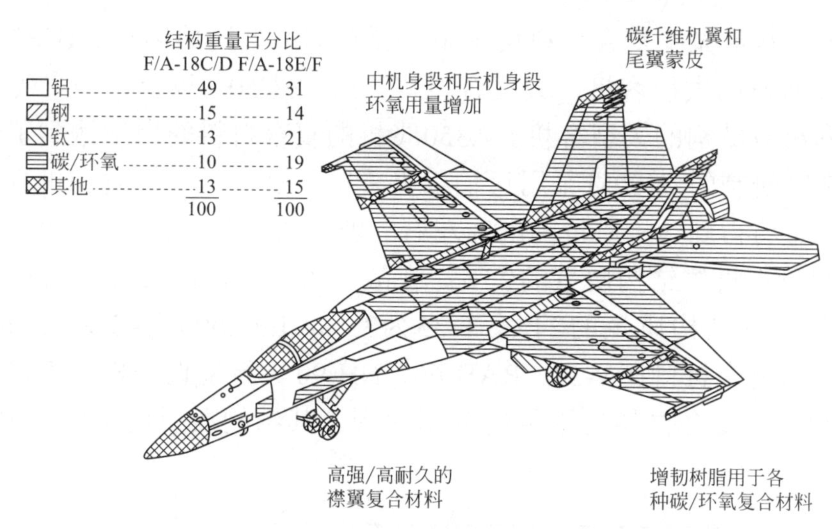

图6-11 F-18E/F飞机材料分布概况

早在20世纪50年代，玻璃纤维增强复合材料就开始应用于整流罩和检查口盖等直升机非承力构件。到70年代末，几乎所有直升机的桨叶实现了复合材料化，并逐步将复合材料应用到直升机桨毂。如“海豚”直升机的星形柔性复合材料桨毂，使桨毂的零件数减少了80%，减重45%，降低成本65%。同时，缠绕复合材料环套式桨毂、球形柔性复合材料桨毂、复合材料无轴承桨毂等新型桨毂均获得了飞跃性发展。到20世纪80年代末，科斯基S750、贝尔D292、波音B360等全复合材料机身相继研制成功，使直升机的减重、成本、安全、可靠性、维护性等方面的效益大大提高（表6-10）。

表6-10 复合材料机身与铝合金机身的效益对比 单位：%

直升机机型	零件减少	紧固件减少	减重	成本下降	可靠性维护性提高
S-75/S-76	65	75	25.2	24.5	25
D292/贝尔222	90	—	22.7	20	20
波音360/CH-46	83	93	25	—	50

（3）高性能树脂基复合材料在飞机结构中大规模应用

随着复合材料应用量的增多，应用部位由次承力构件扩大到主承力构件，复合材料结构在使用过程中得到了充分考核验证，为复合材料更广泛的应用奠定了坚实的基础。进入20世纪90年代以后，尤其是2000年以后，复合材料在大型民用飞机结构上的应用也取得了巨大的进展（图6-12），其中以波音和空客两大飞机制造商推出的新机型A380、B787、A400M、A350等大型飞机的复合材料应用最具代表性。A380是空中客车最新推出的大型宽体客机，复合材料的用量高达25%，是最先将复合材料用于中央翼盒的大型民用客机。B787飞机是波音公司正在研发的大型客机，其复合材料的用量达50%以上，是最先采用复合材料机翼和机身结构的大型客机。A350飞机的复合材料的用量达到了结构质量的53%。空客研制的A400M军用运输机也采用了复合材料机翼和机身结构，复合材料的用量将占到结构质量的40%左右。俄罗斯正在研制的安-70大型运输机复合材料用量占机体结构质量的25%。在战斗机方面，四代战斗机F-22的复合材料用量达到其结构质量的24%，F-35为35%，EF-2000为43%（图6-13）。在直升机领域，复合材料在V-22、RAH-66、NH-90等新型直升机中大量应用，在这几种机型中，复合材料的用量约分别达到了其结构质量的80%、90%和95%（图6-14）。

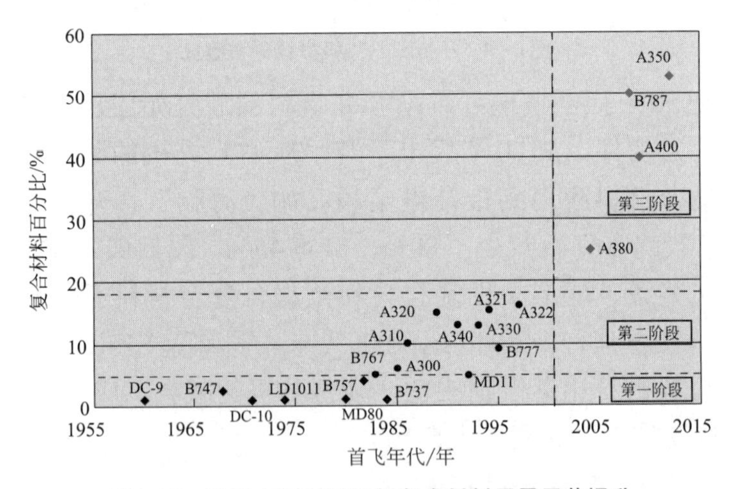

图6-12　2000年后民用飞机复合材料用量显著提升

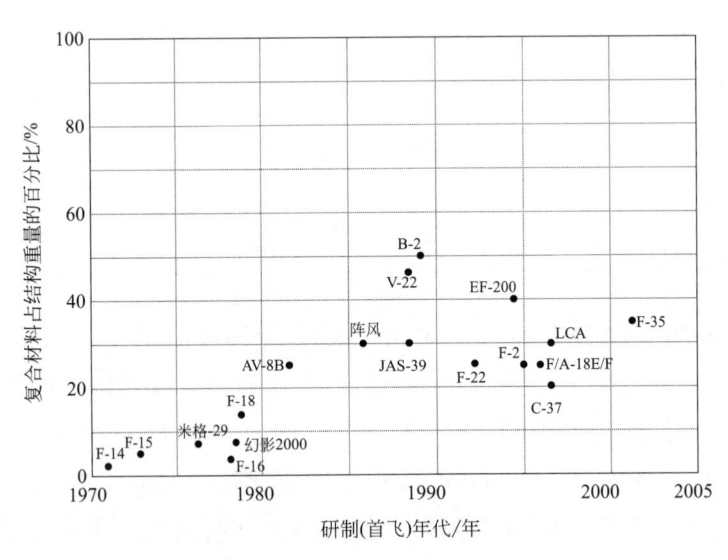

图6-13　歼击机复合材料用量概况

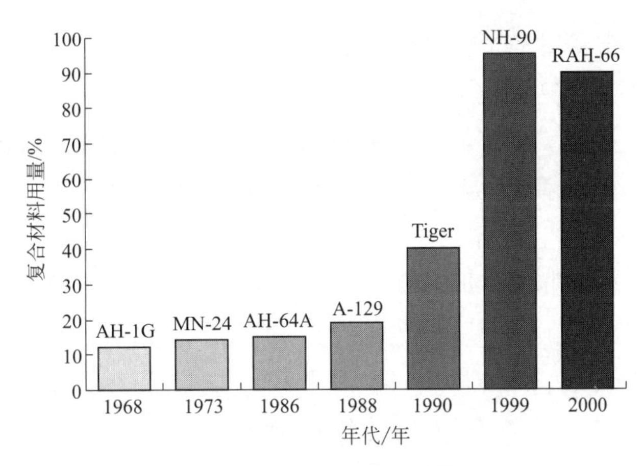

图6-14 直升机复合材料用量概况

6.2.3 国外高性能树脂基复合材料的发展趋势

6.2.3.1 高性能增强材料的发展趋势

高性能碳纤维拉伸模量（约900GPa）基本接近其理论值（1060GPa），但碳纤维最高的拉伸强度（7000MPa）仅为理论强度的10%左右。通过进一步改进和优化PAN原丝、调控碳纤维制造工艺和微观结构，仍然有可能大幅度提高碳纤维的力学性能。

高性能有机纤维具有密度低，强度高的特点。俄罗斯研发的杂环芳纶Ⅲ纤维的拉伸强度可达5000MPa以上，此外还开发出了Rusar、Artec等更高性能的杂环芳纶，并得到初步应用，但芳纶纤维的模量偏低。PBO纤维具有高强度和较高模量，但抗压缩强度低、不耐光老化、复合材料界面差。聚［2,5-二羟基-1,4-亚苯基吡啶并二咪唑］（简称PIPD，商品名为M5）纤维具有优异性能（拉伸强度达5.7GPa，但其压缩强度是PBO纤维的4.25倍），阻燃性、耐溶剂、耐磨性以及与各种树脂基体具有良好的界面等优点，但同样模量偏低。因此，发展高强度、高模量有机纤维将是高性能增强材料发展的重要方向。

自碳纳米管发现以来，由于其超常的力学性能、导电性能、导热性能等，碳纳米管受到材料、生物、物理、机械等领域最为广泛的关注，被认为是最具潜力的下一代复合材料增强材料。碳纳米管纤维是碳纳米管复合材料的另一种非常重要的增强体，其碳纳米管的取向度比取向Buckypaper更高。从CNT生长基板上的碳纳米管阵列上拉出CNT纤维并加捻，得到了模量330GPa、强度3300MPa的CNT纤维。剑桥大学从CNT化学气相反应器中直接纺织出SWNT、DWNT、MWNT的CNT纤维，并通过纺丝速度来控制CNT的取向度和力学性能等，所获得的MWNT纤维的最高拉伸强度达到约9GPa、模量约350GPa，其力学性能超过了T1000碳纤维。

6.2.3.2 新型高性能复合材料的发展趋势

（1）碳纳米管增强复合材料

除碳纳米管增强复合材料外，碳纳米管混杂多尺度复合材料也是未来复合材料的重要方向之一。在这类材料中，碳纳米管主要是作为一种纳米尺度的增强材料加入树脂基体中以提高传统纤维增强复合材料的力学性能、导热性能、导电性能等。复合材料断裂韧性和剪切强度提高的基本原理在于：碳纳米管横跨在基体裂纹中间，阻止了基体裂纹的继续扩展，如果继续扩展则需要更多的能量。在多尺度纳米复合材料中，碳纳米管主要以两种形式存在于纤维增强复合材料中，一是将CNT直接生长在纤维或其织物的表面，二是碳纳米管分散在树脂基体中增强树脂基体。通过这些技术手段，提高复合材料的层间性能和抗冲击损伤能力。

（2）高韧性耐高温复合材料

为适应超高声速飞行器发展的要求，美国NASA和Boeing公司合作，针对飞行速度为2.4*M*的300座高速客机对高韧性耐高温复合材料的需求，在HSCT（High Speed Civil Transport）计划中的支持下，开展了高韧性耐高温聚酰亚胺复合材料（PETI-5/IM7）（图6-15）的研制，目标是研制一种长期使用温度>200℃、韧性和目前使用的高韧性复合材料相当的高韧性耐高温复合材料。

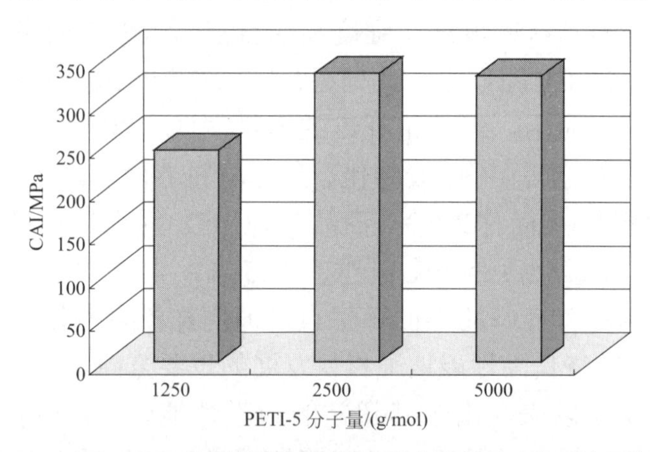

图6-15 PETI-5/IM7高韧性耐高温聚酰亚胺复合材料冲击后的压缩强度

（3）超高温有机无机杂化聚酰亚胺树脂基复合材料

在美国小企业技术转移计划（Small Business Technology Transfer，STTR）的支持下，发展了第四代耐温450℃的有机无机杂化聚酰亚胺复合材料树脂基体。通常情况下，将硅烷、硅氧烷或碳硼烷等具有无机特性的结构引入聚酰亚胺分子链，以提高聚酰亚胺树脂的热分解温度、玻璃化转变温度和电性能等。目前，第四代有机无机杂化聚酰亚胺树脂P2SI-900HT玻璃化温度高达489℃（tanδ），可在425℃以上长期使用。

（4）多功能复合材料

复合材料的多功能化是未来发展的一个重要方向，例如，利用CNT的优良导热性能、导电性能，通过将CNT加入到碳纤维复合材料中，从而获得具有导电性能、导热性能和电磁屏蔽功能的结构/功能一体化复合材料（图6-16）。碳纳米管改性碳纤维复合材料可提高结构复合材料的抗雷击、除冰防冰及防电磁干扰性能，提高飞行器的安全性，并减少结构/功能一体化复合材料结构制造的工艺复杂性，降低制造成本。

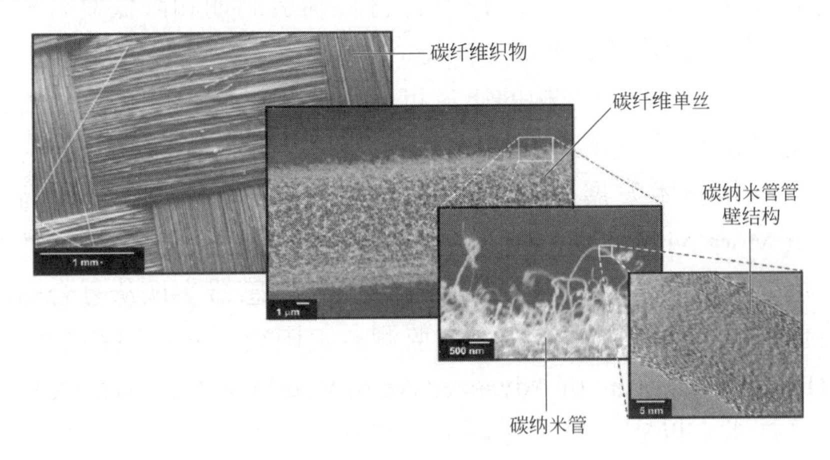

图6-16　表面生长CNT的碳纤维增强体的多尺度层次结构

（5）智能复合材料

智能复合材料是指能模仿生命系统，同时具有感知和激励双重功能的材料。智能变形飞机是一种全新概念的多用途、多形态飞行器，能够根据飞行环境、飞行剖面和飞行任务等需要进行自适应变形，使飞行航迹、飞行高度和飞行速度等机动多变、灵活自如，以发挥最佳飞行性能。可变形蜂窝结构和纤维增强形状记忆聚合物是实现机翼变形的一种可能的复合材料。有关形状记忆复合材料已有大量的研究，涉及模型建立、机理探讨、性能测试等诸多方面。

自修复复合材料是具有自诊断与自修复功能的一类智能复合材料，模仿生物体损伤愈合的原理，使复合材料对内部或者外部损伤能够进行自修复、自愈合，从而消除隐患，使复合材料在受到损伤后保持其力学性能不下降，延长使用寿命，确保飞行器飞行安全。

（6）绿色复合材料

绿色复合材料是指采用天然纤维等可降解纤维增强可降解的生物质树脂或可降解的合成树脂而制造的新型复合材料。为了减少污染、保护环境，同时为应对日益逼近的能源危机和资源约束，天然纤维及其复合材料日渐成为先进复合材料研究的重要方向。

6.2.4 国外高性能树脂基复合材料制造工艺的发展趋势

为了克服复合材料热固化成型工艺周期长、成型模具成本高、耗能等缺点，各国研究人员非常注重非热固化成型制造技术。从20世纪90年代开始，欧美投入了大量的资源研究辐射固化复合材料，包括电子束固化、紫外固化和射线固化等工艺，尤其是电子束固化复合材料得到了较大的发展。

未来发展趋势是将电子束固化和紫外固化与自动铺带技术和VARI工艺等低成本制造技术结合起来，进一步缩短复合材料制造周期和降低复合材料的制造成本，实现复合材料的快速、低成本制造。

为了提高飞机复合材料结构的质量可靠性、可生存性和可支持性，美国在复合材料结构健康监测领域开展了大量的工作，因此复合材料结构健康监测也是未来复合材料技术发展的一个重要方向。美国自1998年开始为期六年的NASA Aircraft Morphying计划，该计划利用光纤传感器对复合材料结构进行健康监测作为重要研究内容之一，利用多功能光纤传感器实现从复合材料固化工艺过程开始直到结构服役结束的全寿命监测。美国空军实验室在2000年启动了“Structural Health Monitoring of Advanced Aerospace Vehicles（SHMAAV）”项目，发展健康监测技术，以实现自动探测撞击损伤、黏结层完整性、机身与热防护结构裂纹等，并在F-18、掠食者无人机、X-33、B737C等飞机上进行了试验。

6.2.5 国外汽车行业用树脂基复合材料的发展趋势

随着各国政府对于燃油经济性和二氧化碳排放的要求，以及消费者对绿色汽车的需求，使得汽车不断向着更轻、更节能的方向发展。随着复合材料在飞机领域应用的日渐成熟，以及其质轻、可设计性强、耐冲击、耐腐蚀、耐化学药品性好等特点，已成为世界各汽车生产厂商理想的材料，作为汽车领域未来的发展方向。

① 2009年初，在日本，东丽株式会社（Toray Industries，Inc.）宣布决定在欧洲建立一个碳纤维增强塑料的研发基地，此举旨在扩大其在汽车部门的业务。东丽在将参股ACE Advanced Composite Engineering GmbH-先进的复合材料制造商（投资比例为21%），从事欧洲本地区的碳纤维增强塑料的研发和生产。旨在实现大幅度扩张其与汽车相关的碳纤维复合材料业务。

② 戴姆勒公司表示，公司将在未来三年中，重点研发一系列碳纤维复合材料零部件，该部件主要用于梅赛德斯奔驰系列车型上。

③ 兰博基尼未来车九成将锁定碳纤维复合材料。

④ 雪佛兰致力推动其碳纤维概念车市场化。

⑤ 雪铁龙公司也推出大量使用碳纤维的概念车。

据新加坡新科研汽车研究合作联盟统计，汽车质量每降低10%，可节省燃油6%。根据戴姆勒公司的数据，如果轿车减重100kg的话，那么在城市驾驶时，每100km将降低燃油消耗0.3～0.6L（取决于车型和驾驶习惯的不同），除此以外，还能够帮助二氧化碳排放量降低7.5～12.5g/km。

以国外某类型车轻量化为例（表6-11），选用碳纤维复合材料后，其减重效果高达320kg。以该车行驶10万千米计算，该车轻量化后省油将近2000L。目前，我国汽车保有量为8500万辆，如果部分车辆采用复合材料，其省油效果也是相当明显的。

表6-11　碳纤维汽车零部件轻量化实例　　单位：kg

序号	零件名称	钢	碳纤维	质量减轻
1	车身	209	94	115
2	车架	128	94	34
3	前端	44	13	31
4	发动机罩	22	8	14
5	罩盖	19	6	13
6	保险杠	56	20	36
7	车轮	42	23	19
8	车门	71	28	43
9	共计	591	286	305

从复合材料应用部位来看，随着复合材料技术的成熟和成本的降低，其应用部位已从后备厢盖、后尾门、天窗、隔声罩、通风侧板、后扰流板、保险杠支架、车灯反射罩等非承力结构件向车身、底盘、推杆、连杆、传动轴、弹簧片、框架等承力结构件发展。复合材料在汽车上的应用部位如图6-17所示，碳纤维复合材料在汽车零部件上的应用见图6-18。

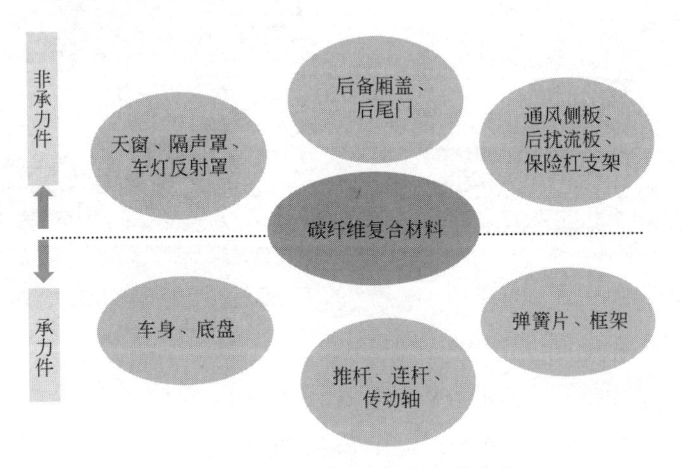

图6-17　复合材料在汽车上的应用

图6-18 碳纤维复合材料在汽车零部件上的应用

碳纤维复合材料在汽车上的大量应用已成为汽车未来发展的重要趋势，而且，碳纤维复合材料在汽车上的应用呈现出以下发展趋势。

（1）碳纤维复合材料由局部应用向接近整车应用发展

M3 Coupe碳纤维车身、兰博基尼LP570-4碳纤维车身如图6-19、图6-20所示。

图6-19 M3 Coupe碳纤维车身

图6-20 兰博基尼LP570-4碳纤维车身

（2）从研发阶段走向了量产阶段

宝马X6碳纤维顶罩、奥迪R8（这款新车采用双门设计，为了减轻车重，车门内侧的扶手都采用碳纤维材质）4.2L碳纤维车门如图6-21、图6-22所示。

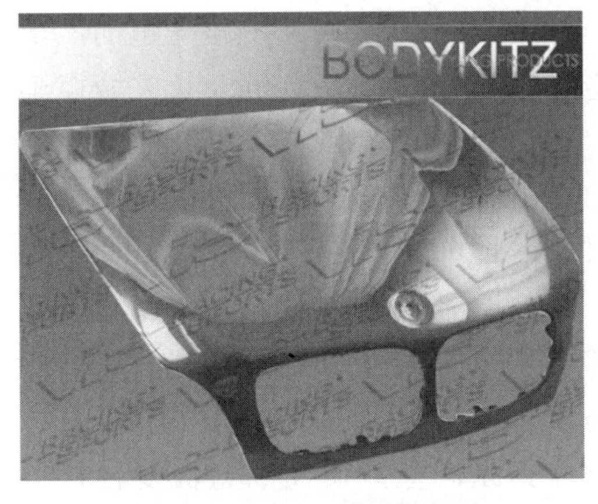

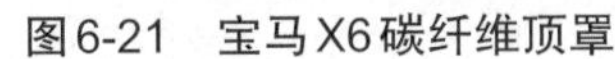
图6-21　宝马X6碳纤维顶罩

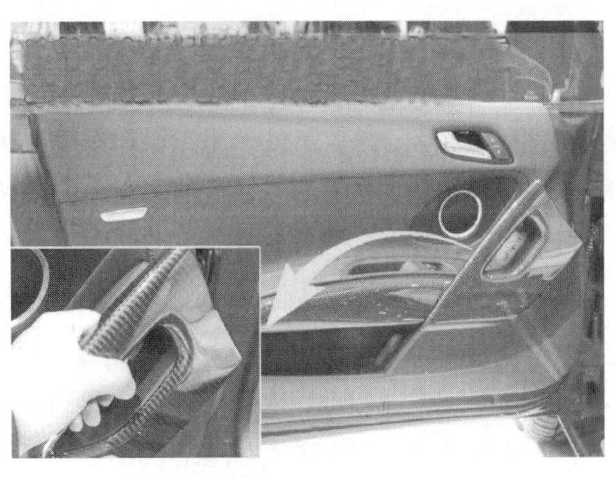

图6-22　奥迪R8 4.2L碳纤维车门

（3）从装饰件、覆盖件向结构承力和动部件延伸

Honda Civic传动轴、东丽与日产研制的CFRP地板、雪铁龙Metisse碳纤维车身、东丽日产碳纤维车门板如图6-23～图6-26所示。

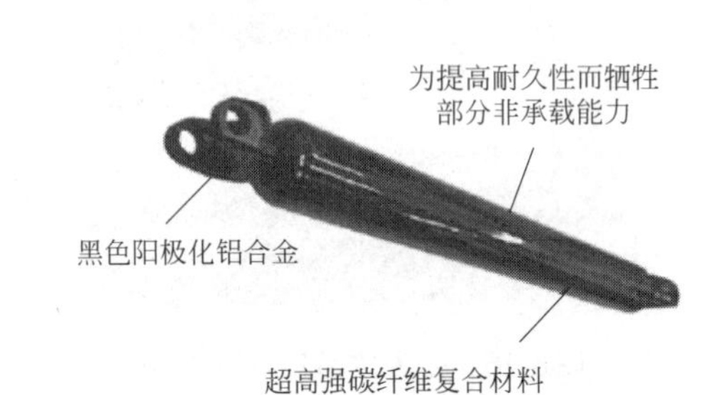

图6-23　Honda Civic传动轴

图6-24　东丽与日产研制的CFRP地板

图6-25　雪铁龙Metisse碳纤维车身

图6-26　东丽日产碳纤维车门板

（4）汽车制造商与复合材料企业合作开发轻量化新能源汽车成为趋势

目前，国外有许多知名汽车制造商纷纷与复合材料企业结成伙伴关系合作开发轻量化新能源汽车。例如，2010年4月，德国宝马（BMW）汽车集团公司

与德国西格里（SGL）集团共同宣布，将投资1亿美元合资兴建一座先进的汽车碳纤维制造工厂，将在其首次实现量产的电动汽车Megacity Vehicle（大城市车辆）使用碳纤维零部件，据悉，该车型将于2013年上市；日本经济产业省计划未来5年投资1850万美元，支持日产汽车、本田汽车、东丽公司和东京大学等科研单位联手开发汽车车体用新型碳纤维材料，目标是在2015年前后，使“碳纤维汽车”实现商品化。日本东丽（Toray）株式会社日前参股ACE（Advanced Composite Engineering GmbH）公司，决定在欧洲建立一个碳纤维增强塑料的研发基地，此举旨在扩大其在汽车部门的业务；加拿大汽车零件供应商Magna公司与加拿大国家研究委员会（NRC）结成伙伴关系，重点研发热塑性复合材料汽车零部件，旨在支持加拿大新能源车的发展。宝马将量产的碳纤维电动车与帝人集团PU_PA电动车如图6-27、图6-28所示。

图6-27 宝马将量产的碳纤维电动车

图6-28 帝人集团PU_PA电动车

6.3 我国发展高性能树脂基复合材料面临的主要任务和挑战

6.3.1 我国高性能树脂基复合材料的研究发展现状

（1）高性能树脂基复合材料研究现状

针对航空复合材料的设计、研制与应用存在的科学问题，近年来国防“973”（国家安全重大基础研究）计划对这些基础性的共性科学问题开展了系统研究。

为了缩短航空树脂基复合材料的研制周期，提高峰会材料的性能和质量，降低复合材料的制造成本，“先进树脂基复合材料制造模拟与优化技术”国防“973”项目对复合材料制造过程中的化学变化机制、流变规律、复合效果、固化变形控制等共性基础问题进行了深入、系统研究，发展了热压和液态成型复合材料制造过程的温度分布、固化度和树脂流动模拟技术，复合材料选材和制造工艺参数优化技术，复合材料制造过程固化变形模拟与控制技术，复合效果评价与成本估算技术。

对固定翼飞机复合材料结构整体化和对结构整体化起关键支撑作用的结构单元进行了系统的基础研究，揭示了结构单元结合界面的失效机理、缺陷/损伤对结构单元功能的影响机理，掌握了结构单元的承载/传载特性、结构单元集成的一般规律、结构形式和制造缺陷之间的关联规律，建立了整体化结构固化变形的预测和控制方法，并将研究成果转化为面向固定翼飞机应用的结构单元库软件平台，为固定翼飞机复合材料结构整体化技术提供不可缺少的设计/工艺理论基础和有效的支持工具。

针对国产碳纤维在先进国防装备，特别是飞行器结构急需应用的重大需求，以国产碳纤维增强环氧、双马和聚酰亚胺等树脂基结构复合材料为主要研究载体，围绕结构应用的关键基础问题，进行了深入系统的基础研究。掌握了复合材料从微观到宏观的综合匹配机制，建立了复合材料界面增效设计与复合材料力学性能控制理论与方法，实现了国产碳纤维性能的高效转化和复合材料性能演化规律的可靠预测，构建了国产碳纤维结构复合材料性能适用性科学评价平台，为国产碳纤维在飞行器结构上的高效可靠应用奠定了科学基础。

在前瞻性基础研究方向，碳纳米管（CNT）因其独特的结构和优异的性能引起了世界范围的广泛兴趣，国外对碳纳米管及其复合材料开展了极其广泛的研究。国内自20世纪90年代初开始该领域的研究，自1996年中科院物理所率先合成出CNT阵列后，CNT薄膜、CNT纤维这类的纳米增强材料相继出现，宏观尺度CNT聚集体就受到了极大关注。2002年，清华大学发现了超顺排CNT阵列，并实现了超顺排CNT阵列、薄膜和线材的可控制与规模化制备，国家纳米科学中心、中科院苏州纳米技术与纳米仿生研究所也在这一领域取得了突破性成果。由此展开了将CNT优异的物理化学性质带到各种宏观应用的研究，打开了一条从纳米世界通向宏观应用之路。

清华大学制备的CNT阵列/EP复合材料中，CNT铺层为$[0]_{4000}$，CNT含量为16.5%（质量分数），材料的弹性模量和拉伸强度分别为20.4GPa和231.5MPa，比树脂基体的性能提高了716%与160%。在CNT改性传统碳纤维复合材料方面，北京航空材料研究院将1%左右的CNT分散在复合材料层间，复合材料的GIC值提高了70%；利用宏观CNT薄膜层间增韧改性CF/EP复合材料，材料的GIIC值从1292J/m^{2}提高到2869J/m^2，CAI值从201MPa提高到238MPa，分别提高了122%和18.4%；在结构功能一体化复合材料方面，利用CNT优异的导热导电性能改性复合材料树脂基体，提高了复合材料的Z向导电性能和导热性能。

（2）树脂基复合材料应用现状

我国先进复合材料的研究起步于20世纪70年代，稍晚于发达国家。经过几十年的发展，国内复合材料综合技术水平有了长足进步，初步形成了大飞机复合材料体系和制造技术平台，建立了先进复合材料的研发和生产基地，先进复合材料开始进入较大比例应用的阶段。

（3）树脂基复合材料技术发展现状

“十五”、“十一五”计划以来，经过多年攻关，在“十一五”期间，国内T300级碳纤维实现了工艺流程全线贯通，形成了小批量的制备能力，并配合航空航天的应用开展了复合材料的评价试验，碳纤维及其复合材料性能达到东丽T300水平，全面掌握了T300级几十吨（1K、3K）规模中试技术，100t级3K中试线已实现批量稳定供货，基本实现了航空航天用T300级碳纤维国产化。

T700级碳纤维工程化研制和应用评价正在开展，并可能在短期内形成一定批量生产能力。基本掌握了T800级碳纤维制备原理和关键工艺技术。但总体来说，目前国产T300级碳纤维存在工艺技术落后、生产运行成本高、产品质量稳定性较差等问题，T700级碳纤维已经具备吨级批量生产能力，高强中模T800级碳纤维具备了100kg级小批量生产能力。

国内复合材料树脂基体的发展同样经历了从基本型树脂（非增韧性）、标准韧性树脂基体（第一代）到中等韧性树脂基体，再到高韧性树脂基体的发展历程（图6-29）。直升机系列的中温固化复合材料环氧树脂基体采用橡胶增韧，这类材料具有良好的韧性和工艺性，但其耐热性较差，使用温度不超过80℃，如3234环氧树脂基体。以5228为代表的热塑性树脂共混增韧高温固化环氧树脂基体发展成第二代高韧性树脂基体时，其复合材料的CAI值为250MPa以上。为进一步提高复合材料的韧性，北京航空材料研究院发展了热塑性树脂薄膜和热塑性超细纤维无纺布层间增韧树脂基复合材料技术，其复合材料的CAI值达到了第三代韧性复合材料的水平。从复合材料的韧性水平来看，国内与国外的差距较小。但国外高韧性复合材料技术已经得到大量的应用，而国内高韧性复合材料的应用刚刚开始。

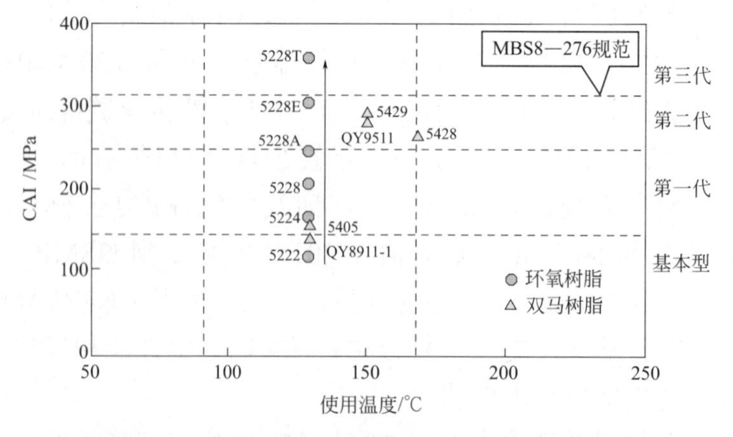

图6-29 国内树脂基复合材料抗冲击性能发展趋势

20世纪90年代初，国内开始双马来酰亚胺树脂基复合材料的研究，逐步形成了以5405和QY8911-Ⅰ为代表的第一代双马来酰亚胺复合材料和以

5429、5428和QY9511为代表的第二代韧性双马来酰亚胺复合材料体系，以及6421RTM和QY8911-Ⅳ为代表的RTM成型复合材料体系。目前，双马来酰亚胺复合材料已经批量应用在新型飞机上。

氰酸酯树脂基复合材料的研究起步于20世纪末，经过研究所、高校和企业界10多年的共同努力，氰酸酯树脂已经实现了工业化生产，以此为基础研制的高性能氰酸酯树脂基体已经应用在新型飞机上，如北京航空材料研究院的5528系列氰酸酯树脂体系。

热固性聚酰亚胺复合材料经过近20年的发展，已经发展了第一代、第二代聚酰亚胺树脂基复合材料。第一代聚酰亚胺树脂如LP-15、KH304、BMP-316等，可在280～315℃下长期使用，并已经在飞机发动机外涵机匣和分流环得到小批量应用。可在350～371℃长期使用的第二代聚酰亚胺树脂如MPI-1和BMP，可在350～400℃长期使用的第三代聚酰亚胺树脂如PI-400的材料关键技术已经被突破，并在高推比发动机矢量喷管外调节片上得到了发动机地面平台上的考核验证。

（4）树脂基复合材料工艺发展现状

目前，国内在热压罐复合材料成型工艺技术方面已经比较成熟。2000年之前，热压罐复合材料的预浸料生产以湿法（连续或间歇工艺）为主，2000年以后，热熔预浸料生产工艺逐步取代了落后的湿法生产工艺，目前国内基本实现了预浸料的自动化连续生产。在2005年之前，国内热压罐成型复合材料完全依靠人工下料、人工铺层制造复合材料，而2005年之后，随着复合材料数字化技术（数字化设计、数字化模拟与计算）的进步，各研究机构和飞机制造厂先后购买了数字化软件和自动下料设备，目前各主要研究机构和制造厂基本实现了自动化下料和激光投影辅助人工铺层，大大提高了先进复合材料的制造效率和产品质量。

北京航空材料研究院于21世纪初与南京航空航天大学合作开展复合材料自动铺带设备及复合材料自动铺带工艺研究，研制出了适于自动铺带的中温环氧、高温环氧复合材料预浸带体系，采用中温环氧预浸带实现了某型无人机前翼外段壁板蒙皮的自动铺带制造。北京航空制造研究所通过引进铺带头关键技术，通过消化吸收相关关键技术研制出了大型工业化自动铺带机，整机的技术水平和性能指标达到了国外同类设备水平。2010年后，哈尔滨飞机制造有限公司、成都飞机制造有限公司、沈阳飞机制造有限公司和西安飞机制造有限公司先后从国外进口了自动铺带机，相信在未来五年内，自动铺带工艺技术将和自动下料工艺一样，很快得到普及应用。

北京航空材料研究院与南京航空航天大学及齐齐哈尔第二机床厂合作研制了国内第一台自动铺丝机原理样机。同时，北京航空材料研究院开展了自动丝束铺放用预浸纱制备工艺及复合材料自动丝束铺放工艺技术，基本实现了S形进气道结构的制造。

国内RTM技术研究虽然起步相对较晚，但发展很快。近年来出现了多个工艺性和力学及耐热性能优良的液态成型树脂基体及其配套定型剂材料和预成型体制备技术（表6-12）。这些液态成型材料体系突破了低黏度化等技术难题，并建立了相应的材料和工艺标准。

表6-12　国内液态成型树脂体系

树脂名称	服役温度等级/℃	固化温度/℃	注射温度/℃	配套定型剂
3266	70～80	120	40～50	ES321
5284RTM	130～150	180	60～80	ET5284
6421RTM	150～170	210	100～120	ET6421
QY8911-Ⅳ	150	200	110	—
HT-RTM350	315	350	280	—

国内在液态成型复合材料应用方面有很多实例，如3266RTM树脂基复合材料用于改型机螺旋桨桨叶，6421RTM树脂基复合材料用于飞机后边条，高温固化5284RTM环氧树脂基复合材料用于大型运输机，VARI成型工艺制备了大型运输机复合材料方向舵。

6.3.2　我国高性能树脂基复合材料在飞机上的典型应用

（1）在大型飞机上的应用

目前我国基本没有大型民用飞机，最大的民用支线客机ARJ21复合材料用量仅为结构质量的2%，主要用于整流罩、雷达罩、翼梢小翼、方向舵、襟翼等非承力或次承力构件，而且所用的绝大部分材料均采用进口复合材料（Cytec公司的970/T300复合材料等）。但是，我国几大飞机制造公司（如西飞、哈飞等）在参与波音、空客等国际大公司的转包、分包合作中承担了大量大型民用飞机复合材料制件的生产任务，积累了丰富的大型客机复合材料制件生产技术和管理经验。在研的大型客机计划在尾翼、机翼等结构中使用碳纤维复合材料，复合材料用量在其结构质量的25%左右。

目前，复合材料在我国大型军用飞机中用量很少。目前，除了在某型预警机验证项目的四垂尾复合材料尾翼和某型预警机的发动机螺旋桨叶片中应用碳纤维复合材料外，几乎没有碳纤维复合材料在大型军用飞机上应用，但是在预警机的雷达天线罩和腹鳍等结构中应用了玻璃纤维复合材料。

（2）在战斗机上的应用

歼击机是我国最早使用复合材料的战斗机，其主要使用玻璃纤维增强复合材料来制造机头雷达罩和天线整流罩等非承力结构，用量也小于1%。随着碳纤维复合材料技术的发展，20世纪80年代中期研制的歼击机系列飞机除了在机头雷达罩等非承力部件使用玻璃纤维增强复合材料外，在垂尾壁板、机头设备舱维修口盖等次承力部件也率先使用了碳纤维复合材料。并成功采用5405/T300复合材料制造整体机翼油箱，使国产歼击机的碳纤维复合材料用量达到了5%。

在第二代战斗机使用先进复合材料的基础上，我国第三代战斗机的复合材料用量和应用水平得到了进一步提升。大量采用了碳纤维增强树脂基复合材料，复合材料用量达到了6%。主要应用复合材料制造垂尾壁板、前翼、方向舵、升降副翼、腹鳍、设备舱口盖等。在国内先进复合材料应用经验的基础上，我国引进、消化吸收了国外重型歼击机技术，使国产飞机的复合材料用量从不足1%提升到了9%，包括外翼整体油箱壁板、垂尾壁板、平尾壁板等，真正意义上将碳纤维复合材料应用于飞机主承力结构。

（3）在直升机上的应用

20世纪70年代，我国开始研制直升机复合材料旋翼桨叶；80年代，我国引进法国直升机生产技术，经消化吸收，全面掌握了直升机的复合材料旋翼桨叶、复合材料星形柔性桨毂和机体复合材料结构制造技术，使用材料包括环氧树脂基碳纤维、玻璃纤维和芳纶纤维增强复合材料，覆盖机身表面的85%，占其结构质量的25%；90年代，进一步参与国际合作，掌握了先进直升机复合材料制件的设计与制造。经过长期的技术积累，我国自行研制的直升机，大量使用复合材料结构，其动力系统、机身尾段、斜梁、平尾、整流罩、口盖、尾梁、中机身侧壁板、承力框、纵墙和底部结构等均采用复合材料制造，复合材料用量为其结构质量的34%。

6.3.3　我国高性能树脂基复合材料的产业化需求

（1）航空业对高性能树脂基复合材料的需求

C919飞机是我国拥有完全自主知识产权的150座级中-短航程商用运输机。为了确保安全性、经济性、环保性和舒适性的要求，C919飞机结构将充分采用先进的结构形式、先进的材料体系和制造工艺，减轻飞机结构质量，材料具体应用情况见图6-30。C919大型客机借鉴ARJ21和国外大型客机的研制生产经验，制定了大型客机选材指导思想：全球采购，立足国内，自主研制生产，分阶段实现大型客机关键材料的自主保障，建立与国际接轨的民用飞机材料体系。其总体目标：第一阶段（2018年），复合材料应用到机翼级主承力构件，复合材料用量达到结构质量的15%，如果采用复合材料机翼，复合材料将达到结构质量的23%；第二阶段（2025年），复合材料用量达到结构质量的50%。C919复合材料主要应用部位见表6-13。

表6-13 C919复合材料类型及使用部位

碳纤维环氧树脂基复合材料	扰流板、起落架舱门、襟翼、副翼、腹鳍、方向舵、升降舵、垂尾、平尾、后承压球面框、中央翼、外翼等
玻璃纤维环氧树脂基复合材料	雷达罩、天线罩、翼尖、襟翼滑轨整流罩、尾锥、翼身整流罩、舱内隔板、地板等
玻璃纤维增强铝合金层板	机身上壁板蒙皮

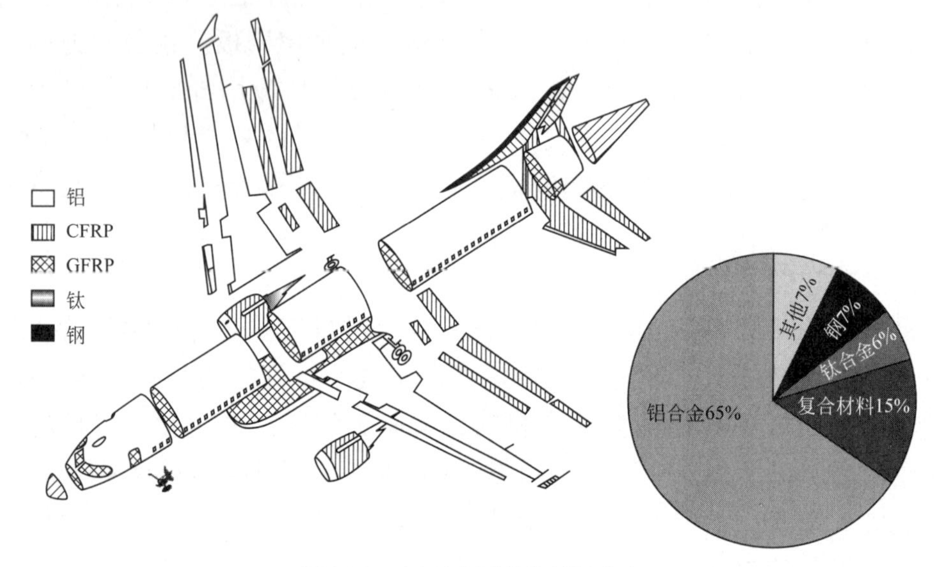

图6-30 C919主要结构材料分布

大型运输机是面向未来几十年使用的机种，其设计起点必须着眼于未来军方对飞机高性能的要求。高性能飞机需要高效率的结构，大量采用先进复合材料结构是提高大型运输机结构效率的最有效途径之一，尤其是在翼面盒段主承力结构上应用复合材料结构。因此，大型运输机将下大力气拓展复合材料在大型运输机主承力结构上的应用。在大型运输机的设计选材中，主要将在尾翼和机翼运动翼面使用复合材料，单架机尾翼的碳纤维复合材料用量在2300kg左右，复合材料占尾翼质量的74%。

平尾主盒段壁板、翼梁、悬挂（操纵）支臂、波纹腹板梁等构件采用复合材料，在垂尾中，前梁、后梁、左右壁板、翼肋、前缘蒙皮、后缘蒙皮、悬挂支臂、翼尖蒙皮等采用复合材料。目前，大型运输机飞机复合材料主要应用在尾翼，随着设计经验和使用经验的积累，大型运输机飞机必然逐步在机翼、机身应用复合材料。目前，大型运输机复合材料主要应用国产T300级碳纤维，随着减重要求及飞机综合性能要求的进一步提高，必将对性能更高的T800级碳纤维提出需求。

在研或未来要发展的歼击机、直升机、无人机及通用航空都对航空复合材料的应用提出了越来越高的要求。第四代新型歼击机的复合材料用量将达到结构质量的29%。未来直升机复合材料用量将达到80%以上（图6-31），在研的通用战术直升机的复合材料设计目标用量为47%。新型无人机和通用航空飞机的复合材料用量将达到20%～50%。改型的新舟700飞机将在尾翼、机翼等结构中采用复合材料，复合材料用量将达到20%左右。

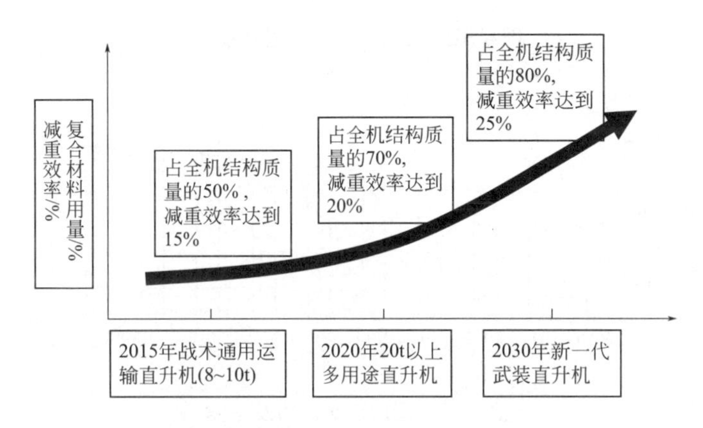

图6-31 直升机发展对复合材料的需求

国内航空发动机在外涵道小批量应用了聚酰亚胺复合材料，在研和在役改型及未来高推比发动机的进气机匣、风扇叶片、外涵道、中介机匣、矢量喷管等部位对先进复合材料提出了明确的需求，国内大型客机发动机尚处于验证机总体方案设计阶段，风扇机匣、鼻锥、风扇整体叶片拟选用RTM复合材料，发动机外涵机匣、中介机匣、外调节片等部件拟采用聚酰亚胺复合材料。

总体来说，国内在研和下一代飞机结构不仅对复合材料的用量提出了比较明确的需求，而且针对各种复合材料结构所对应的复合材料技术也提出了明确的需求。

① 材料：以高强中模T800级碳纤维增强高韧性树脂基复合材料为主；航空发动机和空天飞行器对高温树脂基复合材料有明确的需求。

② 工艺：采用自动化制造技术，以满足大型复合材料构件的制造要求；采用低成本复合材料制造技术，以满足大型飞机的经济性要求。

（2）汽车工业对高性能树脂基复合材料的需求

随着经济的发展，未来一段时期我国汽车行业仍会保持较快增长速度。我国未来10年汽车需求量预测如图6-32所示，汽车产值预测如图6-33所示。

基于国内汽车市场产值预测以及中国一汽现有优势和市场占有率来分析，2020年中国一汽轿车整车产值有望达到5000亿元。假设到2020年，为其配套的零部件采用复合材料的比例至少为3%时，复合材料产值将达到150亿元。

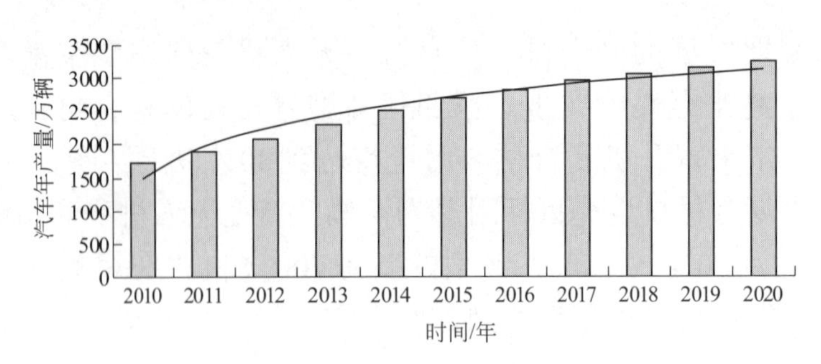

图6-32　国内汽车年产量及预测

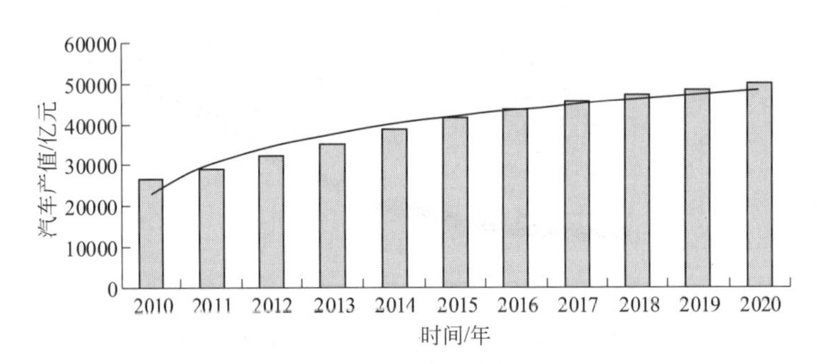

图6-33　国内汽车产值及预测

（3）轨道列车领域对高性能树脂基复合材料的需求

复合材料在轨道列车上的应用，为列车的设计提供了更大的灵活性，使其性能更为优良。主要体现在以下几个方面：由于具有较高的刚度，作为列车结构性材料时，可以减少支撑框架的使用；其模块化提供的各项零部件能够帮助工人快速安装；具有较高的阻燃性，可被应用于列车整个系统中；以及有助于提高列车行驶速度，降低能耗，减少轨道磨损，能够运载更多货物。目前德国、日本、法国已经将碳纤维复合材料成功地应用于新干线等高速铁路客车。目前，我国复合材料在轨道列车上主要应用于内饰件，如图6-34所示。

图6-34　复合材料在火车车厢内饰中的应用

复合材料在轨道列车上的应用发展趋势如图6-35所示。

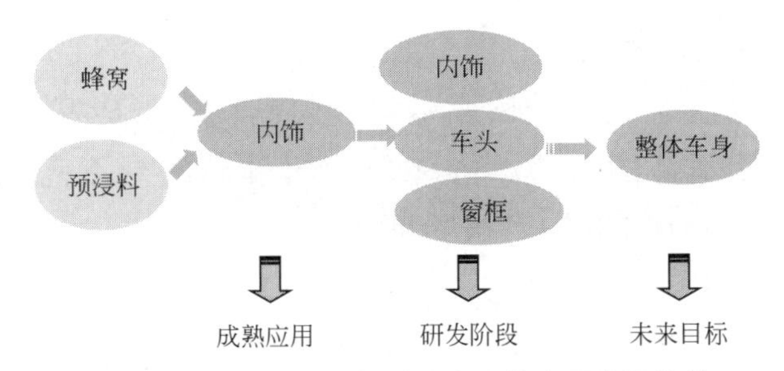

图6-35 复合材料在轨道列车上的应用发展趋势

6.3.4 我国高性能树脂基复合材料研制与生产中存在的瓶颈问题

经过30多年来的发展，国内复合材料已有了一定的规模和水平，取得了相当的进步和成果，复合材料在各种型号的军用飞机上得到了批量应用，在民用飞机上已获得了一定的应用。

但与国外的先进水平相比尚存在许多问题和相当大的差距。对飞机结构用复合材料技术而言，国内的应用规模与水平、设计的理念、方法和手段，材料的基础和性能、制造的工艺和设备均严重落后，成为我国复合材料研制与生产中存在的瓶颈问题，主要表现在以下几个方面。

① 国内民用飞机复合材料应用水平与发达国家有明显的差距。最新研制的ARJ 21 支线客机复合材料用量不足2%，正在研制的C919复合材料用量仅达15% ～ 25%，而国外即便老型号的大型飞机的复合材料用量也达到了15%以上，而新研制的B787等机型的复合材料用量达到了50%以上，欧直公司的NH-90复合材料达到了95%，而我国的新型直升机的复合材料用量仅为34%。

② 国内复合材料制造的自动化水平远远低于欧美国家。以新一代大型飞机B787、A380等为例，其机身、机翼等主要复合材料构件均采用自动铺放工艺制造，梁、肋等结构也采用拉挤等自动化工艺制造。而我国的自动铺放等自动化制造技术还仅处于研究起步阶段。

③ 国内先进复合材料关键增强材料，尤其是碳纤维，尚不能完全自主保障。我国仅有T300级碳纤维形成了小批量供应能力，性能质量基本满足使用要求，T700级、T800级和更高性能的碳纤维还处于研究起步阶段。但是，日本和美国早在20年前就已经实现了T800级碳纤维的批量生产，形成了系列化的碳纤维产品，欧美国家的新一代大型飞机的主承力复合材料结构均完全采用了T800级碳纤维复合材料。

④ 国内第三代高韧性复合材料关键技术已经获得突破，但尚缺乏工程化验证和应用。但波音和空客的新一代飞机均大量使用了第三代韧性复合材料，如B787使用的T800/3900-2和A350将使用的M21E/IMA复合材料。波音和空客在新一代大型飞机中大量使用了VARI、RFI、真空袋成型等低成本技术。国内在这些低成本技术方面开展了多年的研究工作，但基本未在飞机研制中得到应用，

缺乏针对这些技术的验证考核。

⑤ 发动机用耐高温聚酰亚胺树脂基复合材料尚未形成完整的材料技术体系，缺乏对聚酰亚胺树脂基体的合成、固化反应机理和成型工艺原理方面的基础研究，严重缺乏在航空发动机上的考核验证。

⑥ 大型复合材料构件应用考核不足，缺乏应用经验积累。由于此前需求动力不足和国家投资不够等因素的影响，对大型复合材料构件的应用考核严重不足，应用经验积累不够，影响了先进复合材料在飞机机翼和机身等大型构件上的广泛应用。

⑦ 基础研究薄弱，技术上落后，缺乏新材料、新技术的前瞻性规划与布局，导致许多基础理论和工程实践的关键问题未获得很好解决，应用效益不高。

6.4 推动我国高性能树脂基复合材料发展的对策和建议

6.4.1 我国高性能树脂基复合材料的发展方向及战略目标

把握高性能树脂基复合材料技术、复合材料自动化制造工艺技术、耐高温高韧性树脂基复合材料、复合材料低成本制造技术以及相关新材料新工艺技术等航空树脂基复合材料的主要发展方向，立足于国内航空树脂基复合材料技术基础，依托新一代航空飞行器研制平台，研制大飞机尾翼级和歼击机机翼机身级复合材料构件并实现成熟应用，开展T800级高强中模碳纤维及其高韧性复合材料的研制和应用技术研究，并在5～10年内实现T800级碳纤维增强复合材料在新一代飞机机翼、机身等主承力构件的应用。选择典型次承力构件完成适航过程，实现国产碳纤维复合材料在大型客机应用的突破。

综合分析国外复合材料及其应用现状，结合我国复合材料的研制与生产中存在的瓶颈问题和国内的应用需求，我国高性能树脂基复合材料需在5～10年解决以下关键技术，以实现我国高性能复合材料的发展战略目标。

（1）复合材料技术

① 高强中模碳纤维制造及其工程化生产研究；

② 高韧性树脂基复合材料技术；

③ 耐高温树脂基复合材料技术；

④ 结构功能一体化复合材料技术；

⑤ 复合材料自动化制备技术；

⑥ 复合材料低成本工艺技术。

（2）复合材料应用技术

① 国产高强中模碳纤维应用研究；

② 高损伤容限主承力机翼机身复合材料结构设计验证技术；

③ 低成本复合材料设计验证技术。

6.4.2 解决我国高性能树脂基复合材料瓶颈问题的对策与措施

针对实现航空复合材料发展战略目标和我国航空复合材料研制与生产存在的瓶颈问题提出的复合材料关键技术，需要采取具体的技术途径突破这些关键技术。

（1）高强中模碳纤维制造关键技术及其工程化生产研究

国外新一代大型飞机的主承力结构基本全部采用了高强中模碳纤维增强复合材料，如B787、A380、A400M、A350的机身机翼结构全部采用了T800级、IM7等高强中模碳纤维复合材料，大大提高了碳纤维复合材料的减重效率，提高了复合材料的设计许用应变和结构的抗冲击损伤能力。

国内在研的大型客机C919选材方案中选择了T800级碳纤维，但是在现阶段T800级碳纤维或其预浸料只能依赖进口，不能实现自主保障。事实上C919所需要的T800级碳纤维或其预浸料进口同样存在周期长、费用高等问题。由于国防应用的敏感性，国内大型运输机复合材料选材现阶段只能选择国产的T300级碳纤维，而大型运输机的未来改进改型需要选择下一代性能更好的T800级碳纤维。目前国内T800级碳纤维的研究仅仅处于起步阶段，关键技术尚未突破，更谈不上批量生产。因此急需突破T800级碳纤维的研制及其工程应用研究，满足国产大型飞机对T800级碳纤维的迫切需求，需要突破以下关键研究内容：

① 高强中模碳纤维原丝制备技术研究；

② 高强中模碳纤维制备关键技术及其工程化研究；

③ 高强中模原丝用油剂、碳纤维用上浆剂研究；

④ 高强中模碳纤维关键装备技术研究；

⑤ 高强中模碳纤维的性能评价及应用研究。

（2）高韧性树脂基复合材料技术研究

随着A380、B787、F-22和F-35等新一代飞机主承力结构大量应用高韧性环氧树脂基复合材料，包括Hexcel IM7/M21、Hexcel IM7/8552、Cytec IM7/977-2、Toray T800/3900-2等，高韧性复合材料技术得到了进一步重视。国内目前大量应用的是中等韧性树脂基体，高韧性树脂基体尚未得到了充分的应用考核或尚不成熟。因此，要实现高韧性航空树脂基复合材料技术的成熟应用，需要开展以下关键技术研究工作：

① 高韧性环氧树脂/双马树脂基体增韧技术研究；

② 高韧性环氧/双马树脂基T800级碳纤维预浸料制备工艺技术研究；

③ 高韧性环氧/双马树脂基T800级碳纤维复合材料成型工艺研究；

④ 高韧性环氧/双马树脂基T800级碳纤维复合材料工程化应用研究；

⑤ 高损伤容限主承力机翼机身复合材料结构设计验证技术研究。

（3）高温聚酰亚胺树脂基复合材料技术

高温聚酰亚胺树脂基复合材料已大量应用于航空发动机冷端部件和耐高温飞机结构，如B-2轰炸机尾部使用了新型耐高温聚酰亚胺树脂AFR-PE-4，提高耐温能力和抗声振能力，降低维修成本和时间，航空发动机和飞机结构减重效果显著，提高了航空发动机的可靠性。但我国聚酰亚胺复合材料的应用非常有限，仅仅小批量应用于发动机外涵道，聚酰亚胺复合材料远未形成完整的材料与工艺技术体系。为了推动聚酰亚胺复合材料的批量、广泛应用，需要开展以下关键技术的研究：

① 用于370～400℃的聚酰亚胺复合材料工程化应用研究；

② RTM成型聚酰亚胺复合材料及其成型工艺研究；

③ 用于400℃以上的超高温树脂基体及其复合材料研究；

④ 发动机聚酰亚胺复合材料的设计与应用技术研究。

（4）结构/功能一体化复合材料技术

现代航空武器装备对电子化、信息化的要求越来越高，对飞机复合材料结构提出了隐身/结构功能一体化、透波/结构功能一体化的要求，如美国的F-22、F-117和B-2都使用了大量的隐身/结构复合材料和透波复合材料，大幅提高了生存能力和精确打击能力。其他战斗机和大型飞机也大量使用了透波/结构一体化复合材料。我国在结构/功能一体化复合材料的研究与应用相对比较薄弱，为了提高该领域的技术水平，满足航空武器装备的需求，需要开展以下关键技术的研究：

① 宽频隐身复合材料研究；

② 高温树脂基隐身复合材料研究；

③ 低介电高性能透波复合材料研究；

④ 低介电高功率耐高温透波复合材料研究。

（5）复合材料自动化制造技术

目前，复合材料自动化制造技术已经广泛应用于国外新一代大型飞机，如A380、A400M、B787、A350等飞机，这些自动化制造技术包括自动铺带工艺技术、自动铺丝工艺技术、自动预浸料拉挤工艺技术、Heat Drape Forming工艺等，这些自动化制造工艺技术的广泛应用，使大型飞机的大型复杂整体化构件的制造成为现实，并大大降低了先进复合材料制件的制造成本。

国内在自动化制造技术方面还仅仅处于起步阶段，国内一些主机厂最近进口了自动铺带机，但铺带材料和工艺关键技术尚未突破，也没有实现自动铺带复合材料的实际应用。自动铺丝技术也处于刚刚起步阶段，国内还仅有一台原理铺丝机。预浸料拉挤和Heat Drape Forming工艺也是处于研究起步阶段。同时，国内大型飞机研制的A阶段，复合材料还处于尾翼应用，随着大型飞机研制的深入和下阶段研制需求的增加，复合材料将使用到机翼、机身等结构，复合材料制件尺寸将越来越大，手工铺贴工艺将难以满足航空复合材料的应用需求。因此，需要开展复合材料自动化制造技术研究，主要包括：

① 复合材料自动铺带工艺及其复合材料研究；

② 复合材料自动丝束铺放工艺及其复合材料研究；

③ 预浸料拉挤复合材料研究；

④ 复合材料自动化制造工艺装备研究；

⑤ 自动化成型复合材料整体化制造工艺技术研究；

⑥ 大型复杂结构复合材料构件成型模具的设计与制造技术研究。

（6）复合材料低成本工艺技术研究

国外先进大型运输机及客机如A400M、A380、A350、B787及歼击机F-22、F-35等飞机的尾翼、机身、机翼和中央翼盒承力结构大量采用液态成型（LCM）复合材料。液态成型复合材料的大量应用实现了航空复合材料的整体制造，减少了大量紧固件，明显降低了制造和装配成本以及质量。此外，国外采用真空袋成型工艺等的非热压罐成型复合材料也得到了应用，如A350机翼固定尾缘壁板采用真空袋烘箱固化成型，X-55货运飞机复合材料机身采用VBO工艺成型。

LCM复合材料在国内发展很快，一些RTM构件在飞机结构中得到验证。真空袋烘箱固化成型工艺和VARI成型基础比较薄弱。总体来说，非热压罐成型低成本复合材料的技术成熟度还较低，还需要进一步开展以下关键技术研究工作，以促进低成本复合材料在大型飞机结构中的应用。

① RTM低成本复合材料工程化应用研究；

② VARI低成本复合材料工程化应用研究；

③ 液态成型复合材料结构整体化制造技术研究；

④ 真空袋/非热压罐成型复合材料体系及其应用研究；

⑤ 低成本复合材料设计验证技术。

6.4.3 政策措施建议

飞机结构复合材料化已成为必然的发展趋势，这一趋势将从根本上改变飞机结构设计和制造的传统。中国要研制大型飞机，为确保其先进性和未来的市场，必须大量应用复合材料。

① 制订科学合理的航空复合材料发展目标，做好科学的规划，积极开展航

空复合材料的研究。逐步实现复合材料在飞机尾翼级、机身、机翼等主结构应用，大型飞机用量可达到50%左右，歼击机达到40%左右，直升机达到90%左右。并有针对性地规划预研课题，尽快启动预研工作，以加速大型飞机复合材料应用的进程。

② 从国家层面在航空材料技术领域制定战略性的、前瞻性的总体规划，针对飞机复合材料结构的设计、材料、制造和考核验证等关键技术，制定长期、综合性的专项研究计划，从机制与体制上进行统一的组织与领导、合作与协调，集中人力、物力、财力突破相关关键技术。

③ 围绕下一代航空飞行器发展对复合材料的需求，加强下一代飞机用关键材料的研制，以满足航空工业发展的需求；加强基础研究，解决复合材料制造相关的基础理论和工程实践的关键问题，为复合材料的工程化应用奠定基础。

④ 加大大型飞机关键原材料（如高强中模碳纤维、高性能环氧树脂基体）自主保障研究投入力度，避免重蹈“国产化—下马—再国产化”的覆辙，切实解决制约我国先进复合材料发展的关键原材料“瓶颈”问题。

⑤ 在加强材料研制及工艺研究的同时，加强材料研制及其工程化相关的关键设备与装备的研制。

⑥ 积极推进国产高性能复合材料的适航论证，促进国产复合材料在大型民用飞机和通用航空飞行器上的应用。

⑦ 建立产学研发展机制，形成完善的技术发展链，缩短研制到应用的周期，避免无序竞争，促进航空复合材料快速跨越发展。

⑧ 加强人才的培养和储备。中国的复合材料领域严重缺乏成熟的结构设计人才和有经验的制造工艺人才，这与目前航空复合材料的快速发展需求极不适应，必须引起充分重视。

⑨ 积极进行对内整合，对外合作。整合国内现有的技术力量和人力资源，借鉴国外先进的技术经验和管理经验。但是，也应避免“唯洋是优”观点，防止过分强调“适航要求”，从而出现技术、材料和人才的“过度引进”和“低水平引进”。

⑩ 车辆用树脂基复合材料产品的规划

a. 电动汽车领域从零部件向承载车身发展。

零部件级：板簧（图6-36）、地板、传动轴（图6-23）、轮毂（图6-37）。

车身级：承载式车身（图6-38）。

b. 轿车领域从覆盖件向承力结构件发展。

覆盖件：后备厢盖、后尾门、天窗、隔声罩、通风侧板、后扰流板、保险杠支架、车灯反射罩等。

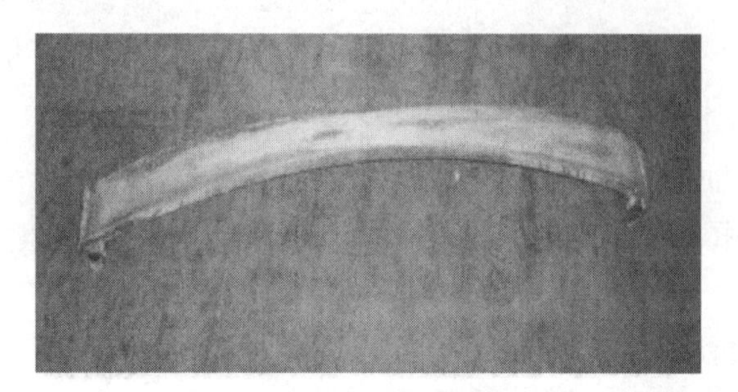

图6-36　汽车板簧

图6-37　碳纤维复合材料汽车轮毂

图6-38　电动公交车复合材料车身

承力结构件：车身（图6-39）、底盘、推杆、连杆、传动轴、板簧、地板。

c.轨道列车从中间材料向结构材料发展。

中间材料：内饰件蜂窝蒙皮预浸料。

结构材料：窗框材料，碳纤维复合材料车头、整体车身。

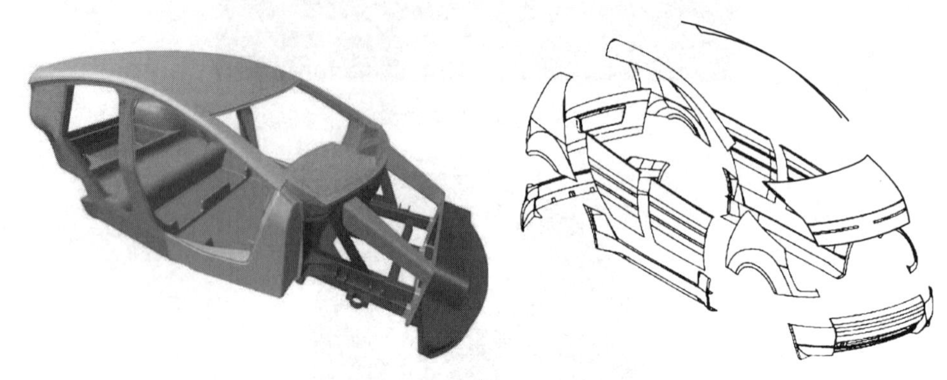

图6-39 轿车复合材料车身

6.5 复合材料未来发展趋势展望

6.5.1 航空领域：C919商用在即，千亿市场爆发前夕

时至今日，复合材料在飞机上的用量和应用部位已成为衡量飞机结构先进性的重要指标之一，也是航空公司购买飞机时的重要参考指标之一。以碳纤维为主的先进复合材料目前是飞机轻量化的主要手段，并且也是未来的主流趋势。目前波音B737系列机型复合材料使用比例已达15%，更为先进的超远程大型宽体客机787机型复合材料使用比例高达50%；空客A320、A380系列也达到了22%，更为先进的A350XWB双发宽体客机复合材料使用比例甚至超过了50%；美国F-22战斗机复合材料使用比例已达22%，目前西方发达国家军用飞机上复合材料使用比例为20%～50%。我国目前受制于技术等原因，C919仍以铝合金等金属材料为主，先进复合材料使用比例仅11%左右。而最新的中俄联合制造的下一代大型飞机C929复合材料使用比例将超过50%。若C919等国产飞机2022年左右能实现逐步批量生产，未来民用航空领域的市场规模约为400亿元，若考虑其他支线飞机、通用航空、无人机、军用及航天领域，则未来市场规模将近1000亿元。①根据商飞规划，C919客机采取分步走的策略，安全稳妥的提高复合材料使用比例。第一阶段采用10%～15%的碳纤维复合材料，第二阶段将采用23%～25%的碳纤维复合材料，与俄罗斯合作的下一代C929机型预计将达到50%。②2016年国际航空航天碳纤维复合材料成本约为200万元/吨，按照75%的毛利率，则航空航天碳纤维复合材料价格约为600万元/吨。碳纤维价格推算方法相同。

6.5.2 汽车工业领域：若成本下探，将开启万亿市场新蓝图

（1）轻量化是电动汽车降本增效的有效途径

在高性能电池技术没有重大突破之前，轻量化是降低电动汽车成本的更实际、更便捷的一条途径。国外曾有学者研究：一辆整备质量1550kg的电动汽车，车载动力电池450kg，一次充电续驶里程为186km。利用碳纤维复合材料使其轻量化后，整车减重至1011kg，减重幅度达34.8%，同样充一次电，续驶里程增至275.5km，增加了89.5km，提高了48.1%。如果维持一次充电续驶里程186km不变，则动力电池仅需250kg就能达到目标，电池质量可减少200kg，减少了44.4%，相应的电池成本也将下降44%。减重后整备质量为805kg的电动汽车（包括250kg电池），由于自重的降低，导致能耗大幅降低，其电池能量密度只要达到250W·h/kg，充一次电就能续驶里程450km，达到传统汽油发动机车辆加满汽油后能够行驶的里程数，这使得高性能电池的研究难度门槛大大降低。

因此，电动汽车通过轻量化，不仅节省了能源消耗，还使车载电池的质量大大降低，立竿见影地使成本得到大幅下降，赢得了电动汽车生产厂商的青睐。

（2）复合材料应用于电动汽车领域优势明显

汽车的轻量化主要通过合理的结构设计和使用轻质材料来实现。具体而言，一是优化对整车的结构设计，如除去零部件的冗余部分（使零部件薄壁化、中空化），零件部件化、复合化以减少零件数量，以及设计全新的结构等。二是优化材料设计，即用低密度材料代替钢铁材料。通常，能够满足优化结构设计要求且轻质的材料有许多，如高强度钢、铝合金、镁合金、钛合金和塑料等，但是复合材料不仅轻质、高强和耐腐蚀，还具有以下几个得天独厚的优势。

① 复合材料具有可设计性　复合材料不仅材料是可设计的，其力学性能以及热、声、光、电、防腐和耐老化等物理、化学性能都可以按汽车的使用要求和环境条件要求，通过组分材料的选择、匹配、铺层及界面控制等设计手段，最大限度地满足整车优化结构设计的使用性能目标，方便实现汽车工业中真正意义上的具有最佳性价比的构件开发和制造，这是其他所有材料无法比拟的。

② 复合材料具有整体综合优化优势　传统材料受加工工艺和条件的限制，一般很难一步完成对构件整体的加工，往往是先分割成小件加工，再通过焊接和其他连接手段而最终组合成一个完整的构件，不仅制造工序复杂，而且生产效率低下，加工成本高。而复合材料的材料和结构可同时成型制得，并且作为汽车复合材料的增强相，纤维和纤维织物是柔软的，其基体相树脂在成型过程中则易于流动，因此复合材料很容易实现汽车产品构件的整体化设计制造，以及对材料、结构和制造工艺的综合优化。其造型容易，构件整体性能好，因而

可大幅度地减少零部件和连接件的数量，简化工序，缩短加工周期，提高生产效率并降低成本。

③ 小批量生产复合材料具有制造成本优势　汽车工业原先的生产形式为大批量规模生产，传统材料虽然模具投资大，但由于产量大，冲压效率高，其成本相对于成型周期长、产量低的复合材料仍具有较大优势。但现在情况发生了变化，随着复合材料技术的进步，复合材料不仅模具投资少，成型效率也有了较大的提高。以SMC模压件为例，在年产量低于10万辆（件）的规模下，复合材料比传统材料加工件具有成本上的绝对优势，而新能源汽车的制造规模在很长一段时间内不会超过10万辆/年，所以复合材料在现阶段的优势将是非常明显的。

④ 复合材料的材料成本涨幅不大，具有材料价格竞争优势　近年来，受世界能源和矿采资源价格上涨因素的影响，钢材、铝材和塑料等传统材料价格飞涨，直接造成了汽车制造成本的提高。相反，复合材料中占比70%左右的增强材料在我国的资源十分丰富，价格平稳且低廉。而占比不到30%的树脂基体虽然受到行业价格波动的影响，但影响的幅度对复合材料整体价格的影响相比于传统材料不是很大。所以复合材料在新能源车轻量化材料中很具有材料价格竞争优势。

综上所述，在小批量的新能源汽车轻量化方面，与其他的轻质材料相比，复合材料在设计、性能、制造工艺、成型先进性、投资成本、制造成本和使用成本方面都更具优势。

在能源效率短期内很难再有实质提升的前提下，整车轻量化成了汽车节能环保的现实首选路径。碳纤维具有比模量和比强度高、减重潜力大、安全性好等突出优点，并且比钢、镁铝合金等具有更好的力学性能，在不考虑成本的前提下，碳纤维复合材料是汽车轻量化的最佳选择。利用碳纤维复合材料对汽车进行轻量化改进在国外已开始逐步推广应用，以宝马、奥迪、奔驰、通用、福特、日产、丰田、大众等为代表的知名厂商已开始深入介入碳纤维产业，逐渐将碳纤维复合材料应用到旗下不同车型。国内汽车工业碳纤维复合材料应用尚处于起步阶段。以奇瑞、观致、北汽集团为代表的国内汽车厂商已开始在其推出的新能源电动汽车上使用碳纤维复合材料。2017年上半年，北汽集团与康得复材签订了中国首个碳纤维汽车部件量产订单，成为中国碳纤维用于汽车轻量化实现量产的开端。虽然前景很好，潜在需求巨大，但要将碳纤维复合材料大规模普及应用到汽车领域，势必对碳纤维产业链所有环节制备技术以及制造工艺提出了更为严格的要求，低成本是其能成功商业化应用的必然出路。目前汽车用碳纤维复合材料成本高达400元/kg，仅仅用于跑车、豪华车等相对小众市场，整体渗透率较低，而要普及到一般车型等大众市场，则需要其成本降到

60 ～ 100元/kg，才具有现实可行性。

根据国家汽车减重要求推算，到2025年国内汽车及电动车预计将分别达到3000万辆和600万辆，按照分别减重25%和50%的标准，对碳纤维的需求至少将达到10万吨。若未来技术及工艺取得进一步突破，按照碳纤维10万元/吨、碳纤维复合材料20万元/吨的价格（目前仅成本分别为12万元/吨、32万元/吨），到2025年，市场空间可达百亿级！［假设每辆汽车采用100kg的碳纤维来代替铝合金（150kg），每辆汽车每年行驶里程2万千米，按7元/kg（97#汽油）价格计算，如果碳纤维的价格能下降至60元/kg（行业龙头Toray的T700级碳纤维价格约150元/kg），其经济性将与铝合金（40元/kg）不相上下。］

国内汽车碳纤维复合材料尚处于试水阶段，而国外已开始大力推广，需求逐渐增加。若未来成本进一步下降，碳纤维势必逐步提高汽车市场渗透率，并逐渐普及，巨大汽车市场需求将迎来爆发。若：未来碳纤维、碳纤维复合材料继续下降至4万元/吨、8万元/吨；平均每辆车碳纤维复合材料使用占比10%；2016年，我国汽车产销量达2800万辆，未来10年汽车产量按照5%的年均复合增速（2005 ～ 2016年均复合增速为14.09%），且从2021年开始碳纤维复合材料逐步渗透，则到2025年，碳纤维及碳纤维复合材料市场规模将超过万亿元！

6.5.3 互联网将改变传统的发展模式

人类工业文明经历了四次大的革命，每一次革命都带动某一行业、某一研究领域进入突飞猛进的增长，甚至催生出一批新的事物，改变人们的生产和生活方式。

我们现在正处于第四次工业革命的起点，参照前三次工业革命，我们发现：每一次新的工业革命都会比前一次带来的影响和涉及的领域要广得多，也深远得多，每一次革命都会极大地影响和冲击当时人们的思维方式，最后回过头来给所有人一个大大的惊叹号！第四次工业革命虽然还没有完全揭开她的神秘面纱，但是其核心思想已经基本明了：云计算、大数据、3D技术、人机交互、智能工厂、高度数字化、个性定制服务。综合这些新技术的特性，第四次工业革命的关键词就是智能化，让海量的信息充分共享，快速传播。作为第三次工业革命的产物之一——复合材料这一人造材料未来发展的趋势也必将投身到第四次工业革命的怀抱，其研发模式、应用领域和商业模式都将借助信息技术插上腾飞的翅膀，加快从实验室走向更广阔应用领域的步伐。鉴于这一背景，我们可以大致从下述三个方面推断未来复合材料的发展趋势。

（1）研发方式向数据化转变

随着复合材料应用越来越广泛，材料品种也越来越多，新品种层出不穷，原来由科学家封闭在实验室研究的模式会渐渐向标准化、智能化和共享化转变。

随着大数据和云计算技术的出现，未来计算机可以迅速在虚拟环境仿真人几百年都做不完的试验，并快速从中选出最适合自己个性化需求的材料配方、工艺等数据，甚至直接通过3D技术直接打印成型。当然，要实现复合材料智能化研究的目标还需要对现有复合材料研究知识体系进行结构化、标准化，将这些海量的基础数据上传到云端，目前这一条件正在逐渐成熟，未来我们会发现复合材料的研发将变得越来越容易。

（2）应用领域向智能化转变

未来复合材料的应用领域将会越来越广泛，一方面因为自然资源开发难度加大，储量资源不断降低，同时地球居住环境也不允许我们无止境开发自然资源，必须大力发展绿色人造材料——复合材料。另一方面随着复合材料研发方式的转变，其研发成本将急剧降低，所需要的生产成本也同样会下降。同时，设计制造一体化技术会将实验室与工厂无缝连接，能够比其他材料做到快速响应市场个性化需求。所以，不久的将来，我们可以想象：将某一个加工产品的图纸和该产品的物理化学指标输入计算机，计算机将会直接产生出适应你需要的新的复合材料，并将你的要求快速通过3D打印变成可用的成品，如果批量足够大，还可以快速低成本批量生产。

（3）商业模式向平台化转变

2017年11月11日，电商平台天猫一天的成交额达到了1682亿，人类新的商品交易模式最先在零售业展示出了它的威力。这一模式的成功是信息技术水平发展到一定阶段的必然，阿里巴巴总裁马云自己也说过："即使没有淘宝，没有天猫，电商市场也必然会有类似的平台出现"。这种商业模式的发展是信息技术发展的必然，它也必将会影响到其他领域。未来，复合材料的商业模式也一定无法"幸免"。当然，复合材料不同于零售业，它并不面向全球所有消费者，但其商业模式核心将会与现在的电商平台一模一样，即智能、共享、快速。大数据、物联网和云计算技术的发展会加快其转变速度，具体表现方式无法预测，但是未来复合材料商业模式一定会出现类似的共享平台，技术共享、研究成果共享、产品共享，当然所有的共享都将伴随着资本的流动。因此，谁最先以开放的姿态、博大的胸怀、共享的思想去迎接复合材料的共享商业模式，谁将在未来复合材料商贸领域获得第一桶金，甚至成为复合材料领域的天猫。

作者简介：

李凤梅　研究员，中航复合材料有限责任公司科技委专职委员。在北京航空材料研究院从事项目管理和行业管理工作20多年，后调入中航复合材料有限责任公司从事市场开发工作。先后组织编写过《中国航空航天材料咨询报告》

《中国航空材料手册》、《中国军工材料体系 航空发动机》《中国军工材料体系 航空直升机》等大型论著。

丁谋　高级工程师，中航复合材料有限责任公司信息化管理人员。曾在用友软件集团公司以高级实施顾问身份从事大型ERP项目管理工作，之后分别在德、美资咨询公司从事企业软件项目实施和咨询工作，先后发表过《借助MES系统提升航空企业车间管理水平》《浅谈高级计划与排程》《MES系统在典型离散制造车间的选型与应用分析》等文章。

第7章 核能特殊钢

刘正东

7.1 700℃超超临界电站汽轮机耐热合金

（1）材料概述

我国以煤炭为主的能源结构决定了在未来相当长时间内火电仍将是我国主要发电形式，研发和建设高参数先进超超临界火电机组是优化我国能源结构、实现节能减排战略目标的重要举措。600℃超超临界电站是迄今全球最先进的商用燃煤发电技术，2000年起我国开始大力发展600℃超超临界电站，截至2017年底，我国600℃超超临界总装机已超过200GW，占全球90%以上。我国600℃超超临界电站技术处于世界领先地位。

700℃超超临界机组是新一代高效清洁燃煤发电技术，与600℃超超临界机组相比，其主蒸汽和再热蒸汽温度提高到700℃或更高温度，相应的压力从目前30MPa左右提高到35～40MPa，发电效率将由44%左右提高至50%左右，煤耗可降低40～50g/kW·h，减少粉尘、NO_x、SO_2等污染物以及CO_2温室气体排放量约14%。欧盟、美国和日本等先后启动了700℃超超临界发电技术研究计划，我国于2010年7月举行了“国家700℃超超临界燃煤发电技术联盟”启动仪式，由国家能源局组织实施，依托我国的能源、电力、设备制造和冶金行业及科研院所、高等院校等，正式组建和启动了国家700℃超超临界燃煤发电技术创新联盟。

超超临界机组用锅炉和汽轮机关键部件需要在高温、高压、复杂腐蚀环境下长期服役，相应的耐热材料应具有高的热强性能、抗高温腐蚀和氧化能力，主要部件还应考虑材料的冷加工和热加工性能以及成本等。相对于600℃超超临界机组，700℃超超临界机组更高的温度和压力对耐热材料的持久蠕变、抗氧化、抗疲劳等性能提出更为苛刻的要求，因此耐热材料及制造技术是发展700℃超超临界燃煤发电技术最重要的基础，也是700℃超超临界技术研发最关键的瓶颈，必须首先解决耐热材料问题。当蒸汽温度提高到700℃以上，机组的许多部件将只能采用耐热合金。

目前，欧洲、日本、美国关于高温材料的研发已取得了一定的成果，我国也在跟踪研究700℃超超临界燃煤机组耐热材料。欧洲、美国、日本等先后制定了700℃超超临界燃煤发电技术国家计划，见表7-1。耐热材料的研发均为燃煤发电技术研制计划中的第一步，也是最重要的基础工作。700℃超超临界电站耐热材料主要用于锅炉和汽轮机关键部件的制造，其中锅炉关键部件包括高温段过热器、再热器管、主蒸汽管道和厚壁部件等，汽轮机关键部件包括高中压转子、高温气缸、叶片和螺栓等紧固件。世界各国700℃超超临界汽轮机用耐热合金选材和应用情况列于表7-2，其中我国候选参考材料是经国家700℃超超临界燃煤发电技术创新联盟技术委员会多次组织冶金、机械、电力、设计部门的专家研讨后确定的方案。

表7-1 世界各国700℃超超临界燃煤发电技术研发计划

项目名称		欧洲	美国	日本	中国
		700℃等级超超临界发电计划	760℃超超临界发电技术	700℃等级超超临界发电技术	国家700℃超超临界燃煤发电技术创新联盟
发展目标	机组容量	550MW级	750MW级	650MW级	660MW级
	主蒸汽压力	37.5MPa	37.9 MPa	35MPa	35MPa
	蒸汽温度	705℃ /720℃	732℃ /760℃	700℃ /720℃	700℃ /720℃
	机组效率	50%	45% ～ 47%	46% ～ 48%	48% ～ 50%
时间表	第一阶段	1998 ～ 2004年可研/材料基本性能	2001 ～ 2006年材料研究	2008至今耐热材料及部件研究和试制	2010年7月启动及预研
	第二阶段	2002 ～ 2005年初步设计/材料验证	2007至今部件等深入研究		2012 ～ 2015年锅炉管研究与试制
	第三阶段	2004 ～ 2017年部件验证		2016年完成高温部件验证	2014 ～ 2018年汽轮机材料研究与试制
	示范工程	原计划2017年开建	2025年开建	2025年开建	2025年开建

表7-2 世界各国700℃超超临界汽轮机机组候选耐热合金

部件	欧洲	日本	美国	中国
高温段转子	Inconel617、Nimonic263、Inconel625	LTES700R、USC141、FENIX-700、IN625、IN617、12Cr Steel、TOSIX	Nimonic105、Haynes 263、CCA617、Haynes282、Inconel740	C700R-1、C700R-2
高温气缸铸件	Inconel625、Inconel617	LTES（Cast）、IN625、617（Cast）、Austenitic Cast Steel、12Cr Cast Steel	Nimonic 105、Inconel 740、Haynes 282	Inconel617、Inconel625、自主材料

续表

部件	欧洲	日本	美国	中国
叶片	Waspaloy、Nimonic105	U500、U520、IN-X750、M252、USC141	Waspaloy、Nimonic105、	Waspaloy、Nimonic 105、自主材料
螺栓	Waspaloy、Nimonic105	LTES、USC141、U500、Waspaloy	U700、U710、U720、Nimonic105、Nimonic115	Waspaloy、Nimonic 105、Nimonic 115、自主材料

目前，燃煤超超临界电站的高中压汽轮机的进汽温度已经接近或略微超过600℃。使用最近开发的铁素体钢作为高中压转子可以使汽轮机的进汽温度提高到620℃，也就是这些新型9～12Cr铁素体钢的使用温度的极限，传统及各种新型的9～12Cr钢已不能满足700℃及以上等级超超临界汽轮机高中压转子的用材要求，而传统的奥氏体钢由于导热性差、热膨胀系数高，无法制造汽轮机高中压转子。因此，700℃及以上等级超超临界汽轮机高中压转子必须采用镍基耐热合金。

从世界各国和地区的研究工作可以看出，700℃超超临界汽轮机耐热材料需要解决三个方面的问题：

① 降低耐热材料的热膨胀系数，避免转子发生疲劳损伤；

② 提高耐热合金大型铸锻件的冶炼、锻造等热加工性能，实现大型铸锻件的制造；

③ 解决耐热合金的组织稳定性问题，避免转子、叶片等长时间高温运行后性能劣化。

在欧洲的AD700项目中，700℃以上超超临界汽轮机高中压转子候选材料主要以现有耐热合金为主，比如固溶强化合金IN617和IN625合金，有大型轮盘制造经验的IN718合金，高温持久性能优良的时效强化合金263等。欧洲已经对这四种合金进行深入而全面的实验室性能试验和全尺寸试验转子试制及解剖分析工作，此外还对现有合金进行改进，给出了700℃超超临界汽轮机高中压转子候选材料，比如以具有大型轮盘应用经验的IN706合金为基础开发出的DT706合金，以持久性能优异的Waspaloy合金为基础开发出DT750合金等。

日本主要汽轮机制造商为了发展700℃及以上超超临界汽轮机高中压转子材料，开发出了多种新型合金，比如FENIX-700、LT-ES700R、TOS1X、USC141、USC800等合金。FENIX-700是日立公司以706合金为基础开发出的700℃高中压转子材料，FENIX-700合金在700℃具有很好的长期组织稳定性，预计700℃ 10万小时持久强度超过100MPa。USC141和USC800也是日立公司开发的低膨胀系数、高参数超超临界汽轮机高中压转子候选材料，使用温度分别在700℃

和750℃以上。TOS1X是东芝公司以617合金为基础开发出的新型合金，预计700℃ 10万小时持久强度约为150MPa，已经成功制造出直径1000mm、重7t的锻件。LT-ES700R是三菱公司开发的一种低膨胀系数合金，热膨胀系数与12Cr耐热钢近似。最初，LT-ES700是为小部件开发的，比如汽缸螺栓等，LT-ES700R是在LT-ES700基础上为大型汽轮机转子开发的新型合金。

（2）产业发展现状

经过几十年特别是近二十年的发展，我国通过产、学、研、用结合，攻克了600℃超超临界火电机组锅炉管的若干技术难关，攻克了耐热钢锅炉管专业化生产线共性关键技术问题，取得了一批创新性的成果，实现了T22、T23、TP91、TP92、S30432、S31042等大小口径关键高端锅炉管的国产化，掌握国内外市场定价权。

国家能源局2010年7月代表国家组织成立了“国家700℃超超临界燃煤发电技术创新联盟”，由中国电力顾问集团公司、中国钢研科技集团有限公司（钢铁研究总院）、西安热工研究院、上海发电设备成套技术研究院、中科院金属研究所、五大电力集团、三大动力集团、中国一重、中国二重、宝钢股份和东北特钢等17家单位组成。该联盟的宗旨就是通过对700℃超超临界燃煤发电技术的研究，有效整合各方资源，共同攻克技术难题，提高我国超超临界机组的技术水平，实现700℃超超临界燃煤发电技术的自主化，带动国内相关产业的发展，为电力行业的节能减排开辟新的路径。研发700℃超超临界燃煤发电技术，耐热材料是技术瓶颈。如果电站用耐热材料研发进展顺利，我国将可能在2025年左右建成700℃超超临界燃煤发电示范机组。

“十二五”期间，国家科技部863计划设立了“700℃超超临界电站锅炉管研制”课题，研制用于700℃超超临界电站锅炉所需耐热材料及关键锅炉管。钢铁研究总院、抚顺特殊钢股份有限公司、宝武钢铁集团有限公司等单位已工业规模研制成功了具有我国自主知识产权的6t级C-HRA-1（相当于740H）和C-HRA-3（相当于617B）耐热合金，并成功试制了满足电站设计尺寸要求的锅炉管。中科院金属研究所、宝钢特钢有限公司等单位正在试制具有我国自主知识产权的6t级984G耐热合金锅炉管。经过几年的努力，我国目前在700℃超超临界电站锅炉管耐热材料研究方面与国外先进水平接近，已经跨入第一方阵。

700℃超超临界电站汽轮机用耐热合金与锅炉管耐热合金成分体系相近，但是需要10t级耐热合金大型锻件和30t级耐热合金铸件，制造难度极大。钢铁研究总院、宝武钢铁集团有限公司、中科院金属研究所、西安热工研究院、上海发电设备成套设计研究院拥有超过1000台持久蠕变试验机（占全国现有同类设备总量的90%以上）和电站材料使役环境研究所需的全套试验设备。抚顺特殊钢股份有限公司和宝武钢铁集团有限公司拥有国际先进的10t级真空冶炼生产线，抚顺特殊钢股份有限公司购置世界最大的20t级和30t级真空冶炼设备。中国一重和中国二重拥有15000t级压机和大型真空浇注室。东方汽轮机厂、哈尔滨汽轮机厂和上海汽轮机厂具有大型汽轮机转子、气缸、叶片和紧固件设计能力和制造设备条件。我国已经具备开展700℃超超临界汽轮机耐热合金研究的科研基础、试验设备和生产设备。

我国已经成功建设700℃超超临界关键部件验证试验平台，首个700℃关键部件验证试验平台日前在华能南京电厂成功投运，标志着我国新一代先进发电技术——700℃超超临界燃煤发电技术研究开发工作取得重要阶段性成果。验证试验平台设计研发由华能清洁能源技术研究院总体负责，依托华能南京电厂2号机组进行建设。上海锅炉厂、哈尔滨锅炉厂、东方锅炉厂等三大锅炉厂以及西安热工院、中南电力设计院、宝钢特钢、江苏电建一公司等国内单位以及国外相关制造厂等单位参与了平台的设计、制造、安装和建设调试试验工作，平台将对国内外近十种不同牌号的耐热合金材料及关键部件进行锅炉验证试验。700℃验证试验平台的建立及运行，是700℃技术走向实际工程应用必不可少的一个关键技术环节。

（3）市场需求及下游应用情况

近年来，虽然火力发电行业的增速大幅度下降，但因总装机容量基数大，每年仍有4000万千瓦的新装机容量，每年火电耐热锅炉管的市场规模在50万～60万吨的规模。600℃超超临界电站用锅炉管材料已经完全实现国产化，国产管国内市场占有率在90%以上，并且出口至多个国家。在超超临界汽轮机耐热部件方面，前些年大多依赖进口，其中汽轮机、发电机转子年需求几百根，80%以上都依赖进口。目前我国已能够生产300MW、600MW、800MW超超临界火电机组高、中、低压汽轮机转子、叶轮、叶片、发电机主轴、护环，火电大锻件制造水平的提升说明我国大型锻件的生产取得了标志性的成果。按每台大型燃煤机组需要大型锻件230t计算，预计国内需求大型火电锻件1.2万吨，年均需求量0.95万～1.42万吨，从锻件毛坯到成品锻件的收得率按55%计算，年均需求毛坯锻件1.73万～2.58万吨。

我国上海电气、东方电气、哈尔滨汽轮机厂等大型发电设备制造集团在生产规模和生产技术等方面近年来有了较大提高，拉动了发电设备对耐热合金大型锻件的需求。

700℃超超临界燃煤发电技术为世界各国正在开发的新一代燃煤发电技术，预计在2025年前后可实现示范机组建设，而相应的汽轮机耐热合金是电站技术的关键瓶颈之一，全球范围内均在国家计划安排下开展联合攻关。截至目前，700℃超超临界耐热合金尚未形成市场。700℃超超临界汽轮机耐热合金为镍基合金大型铸锻件（10t级大型锻件和30t级大型铸件），代表镍基耐热合金大型铸锻件制造技术的最高水平，其成功开发将会推动我国镍基合金大型铸锻件冶炼、锻造及热处理整体技术的跨越式进步。

（4）发展趋势

2016年国家科技部重点研发计划立项研究650℃超超临界机组汽轮机转子FB2耐热钢。国内外均在开展700℃超超临界锅炉和汽轮机耐热合金研究，国外已经开展高中压转子617和625耐热合金，高温铸件617和625耐热合金，高温叶片和紧固件Waspaloy、N105耐热合金的研究。

我国将基于国外700℃汽轮机耐热合金的研制经验开展相关研究，研发出具有我国自主知识产权并满足示范电站设计和使用要求的系列新型耐热合金。未来我国700℃超超临界汽轮机耐热合金的发展方向和发展重点是：

① 开展700℃超超临界汽轮机高中压转子、高温气缸、叶片和紧固件等耐热合金及其部件研制。

② 开展耐热合金大型锻件超纯净-均质化制造技术研究。尽快研制出无偏析且具有良好焊接性的10t级镍基耐热合金大锻件，以满足700℃超超临界汽轮机转子设计和制造要求。

③ 大吨位镍基耐热合金铸件的真空冶炼和浇注设备设计制造以及生产大吨位镍基耐热合金铸件的先进冶炼浇注工艺研究［如EAF+炉外精炼（如AOD/LF/VD）+ESR工艺路线］。

④ 镍基耐热合金大型铸锻件焊接技术。镍基耐热合金锻坯的制造能力即使提高到10t级，仍然与汽轮机高中压转子30～40t的要求相差很远，因此700℃超超临界汽轮机的高中压转子均需采用焊接结构，镍基合金与铁素体钢之间的焊接转子成为700℃超超临界汽轮机研究的重点。

（5）存在问题

① 世界性技术难题，研发难度极大　700℃超超临界汽轮机耐热合金为世界性技术难题，世界范围内均正在国家计划支持下开展联合攻关。相关材料开发不仅要解决700℃以上温度环境下的持久蠕变强度问题，而且还要重点解决大型耐热合金锻件面临的偏析、可锻性差等热加工性能问题，以及长期服役下的组织稳定性问题，避免转子长时间高温运行后性能劣化。

② 研制周期长，投入大　超超临界火力发电耐热材料的最重要性能为持久强度，要考察10万小时的外推强度指标，因此，在材料研发过程中，通过筛选研究，寻求持久强度达到100MPa的新型合金需要较长的研制周期。另外，由于超超临界电站锅炉管和汽轮机部件使用寿命长的要求，需投入大量的材料试验研究，在大型铸锻件制造工艺及性能试验验证研究方面也需要巨大投入。这点在国外700℃耐热材料研制过程中也有明显体现。欧盟AD700计划分为1998～2004年的材料选择、2002～2006年的部件工艺制造、2004～2009年

部件运行试验验证及2010～2014年500MW容量等级样板电厂建设等四个阶段。日本AUSC发展计划（2008～2016年）也分为：2008～2012年的锅炉管材、汽轮机转子汽缸及阀门工艺制造及3万小时的试验研究；2010～2012年电厂设计；2013～2014年锅炉部件和小汽轮机的设计制造；2014～2016年锅炉部件及小汽轮机试验研究等四个阶段。

（6）发展建议

① 需要在国家层面主导下形成联合开发机制 700℃超超临界汽轮机耐热合金技术研发投入大，涉及面广，还必须要有政府产业政策的支持。

目前国际上700℃超超临界耐热材料发展计划均是采取国家政府层面组织的联合开发模式。一般由电力用户牵头，联合研究院所和制造厂分工进行关键项目的试验研究。例如，欧盟AD700项目以丹麦Elsam电力公司为主，联合了欧洲约45家研发单位参加；日本AUSC计划由日本国家材料研究所、高温材料科学研究中心联合日本的汽轮机、锅炉及电力系统的制造厂及研究单位共同进行。

② 密切结合工程的产业化步伐，加快700℃超超临界汽轮机耐热合金及部件研制。争取5年之内完成产品的所有技术准备，10年之内建成小容量的试验汽轮机，完成应用技术准备，实现相关产品在示范电站上的应用，推进我国2025年左右建成700℃超超临界示范机组的目标。

③ 明确我国700℃超超临界汽轮机耐热合金研发计划、发展目标和技术发展路线。

7.2 大型先进压水堆核电站用材

（1）材料概述

大型先进压水堆核电站是世界压水堆核电技术发展最新成果的集中体现，是为了进一步提高压水堆技术安全性和经济性而开发的第三代先进核电技术，其技术先进性在于有更大功率、更长寿期和更高安全设计。我国大型先进压水堆核电站主要有：引进的美国AP1000和法国EPR，以及在此基础上创新开发出我国自主知识产权的CAP1400和华龙一号。

大型先进压水堆核电站用材主要为核岛和常规岛关键设备结构材料，主要包括反应堆压力容器、蒸汽发生器、稳压器、堆内构件、控制棒驱动机构、主管道、主泵、核级阀门、汽轮机发电机等设备材料。此类材料种类较多，属于品种多、批量小、性能要求极高的核级特种材料，涵盖碳钢、低合金钢、不锈钢、锆合金、钛铝合金、镍基合金、高分子绝缘材料等，按品种则有铸锻件、板、管、圆钢、焊材等。总的来讲，材料技术是大型先进压水堆核电站设计、建造和安全运行的基础。根据大型先进压水堆核电站设备材料的重要程度、材料种类和制造难易程度，选择了核岛和常规岛部分关键设备材料进行描述，可以将大型先进压水堆核电站材料分为以下三类。

① 复杂异形一体化特大型合金钢锻件材料　主要包括反应堆压力容器SA508-3cl.1特大锻件、蒸汽发生器SA508-3cl.2特大锻件、常规岛汽轮机转子3.5NiCrMoV特大锻件。此类材料要求具有合适的强度、优异的低温韧性以及良好的截面均匀性。制备工艺主要为组织细化与稳定化和低温韧性提升的热处理技术、高纯净高均匀钢锭冶炼控制技术和复杂异形一体化特大锻件的锻造技术。

② 异形整体不锈钢大锻件材料　主要包括整体锻造主管道316LN奥氏体不锈钢大锻件和压紧弹簧F6NM马氏体不锈钢大型环锻件。此类材料要求足够的强度、良好的塑性和断裂韧性，特别是要求良好的抗应力腐蚀断裂能力，以及良好的抗均匀腐蚀能力和焊接性能。核级不锈钢大锻件材料制备工艺主要为成分精控及高纯净冶炼控制技术、锻造防开裂控制技术、内孔加工及弯曲控制技术、组织晶粒均匀及均匀变形控制技术等。

③ 镍基耐蚀合金精密管件材料　主要包括蒸发器690合金U形传热管，此类材料要求良好的抗应力腐蚀断裂的性能、良好的抗均匀腐蚀能力、良好的加工性能（弯管、胀管等）、良好的制管性能和焊接性能。690U形管为制管皇冠上的明珠，其制备工艺主要为高均匀超纯净冶炼工艺，热挤压成型质量控制技术，超长薄壁小口径管材冷加工技术，超长、薄壁、小口径管的在线脱脂控制技术，TT热处理控制技术等。

大型先进压水堆核电站用材料在服役期内大多承受着高温、高压、流体冲刷腐蚀，甚至是强烈中子辐照等恶劣条件，有些设备材料要求60年全寿期内不可更换。因此对设备材料的性能提出了极其严苛的要求，除了如传统材料要求良好的强韧性匹配，优良的焊接性、冷热加工性能外，有些材料还要求具有优良的抗辐照脆性、优良的抗腐蚀性和耐时效性能以及优异的截面均质性能。

（2）产业发展现状

在压水堆核电站关键设备材料制造方面，我国已经形成了东北、四川和上海三大核电设备制造基地。2004年之前，我国基本可以生产30万千瓦、60万千瓦压水堆核电机组成套设备，但尚不具备生产制造百万千瓦级大型先进压水堆核电机组大部分核岛主设备和常规岛主设备材料的能力，届时基本依靠从日本、韩国和欧洲进口，这是制约我国核电产业健康发展的瓶颈。随着我国AP1000核电站建设的不断推进及大型先进压水堆核电站重大专项的成功实施，目前我国大型先进压水堆核电站用材料技术取得了飞跃式发展，关键设备材料自主化、国产化水平稳步提高，国产化率已经达到了85%，形成了每年8套左右核电主设备制造能力。

我国已经完全掌握了三代大型先进压水堆核电站复杂异形一体化特大型合

金钢锻件材料技术，三大重型机械厂（一重、二重、上重）都有生产制造二代和三代核电压力容器大锻件装备的能力，其中一重形成了全套锻件的供货能力，产品性能指标达到国际上主要核电大型锻件材料制造商的水平（日本制钢所、韩国斗山重工、法国克鲁索等），但是国产大锻件产品稳定性与整体技术水平在世界领先的日本制钢所尚有一定差距，与韩国斗山重工和法国克鲁索处于相当水平，在一些特殊锻件制造上领先于这两家国外锻件制造厂。

我国已经实现了二代核电离心铸造主管道材料国产化，实现了铸造主管道产品替代进口，烟台台海玛努尔核电设备有限公司和四川三洲川化机核能设备制造有限公司为二代核电离心铸造主管道材料技术领先企业和主要供货商。通过压水堆核电站重大专项实施，我国已经突破了三代核电AP1000整体锻造316LN主管道电渣重熔锻件晶粒度控制和裂纹防控锻造技术等关键技术，率先研制出世界首批整体锻造316LN主管道，三代核电整体锻造主管道材料技术已经处于国际领先水平。中国第二重型机械集团公司和烟台台海玛努尔核电设备有限公司为三代核电整体锻造主管道材料技术全球领先企业和主要供应商。我国已经掌握了二代和三代核电所有堆内构件锻件材料的生产制造技术，率先制造出世界首批AP1000压紧弹簧环锻件，目前上海重型机器厂有限公司具有AP1000压紧弹簧环锻件生产供货能力。

大型先进压水堆核电站蒸汽发生器690合金U形传热管技术要求极高，制造工艺流程长、工序复杂、关键技术多、制造难度极大，国外技术封锁。2009年前，世界上仅有法国Valinox、日本Sumitomo 和瑞典Sandvik三家公司可以生产，我国尚未形成成套制造工艺技术和完整的工程制造产线，压水堆蒸汽发生器用690合金U形传热管全部依赖进口。目前宝钢特钢、宝银特种钢管、久立特材三家企业已经建成了690合金U形传热管完整的配套生产线，掌握了690合金U形传热管全流程生产技术，可以提供满足二代+和三代核电技术要求的成品管，产品实物质量与国外同类产品相当，产品主要应用在CPR1000防城港核电机组、CAP1400示范工程机组和出口巴基斯坦华龙一号K2机组。

2017年，在国家工信部支持下，国家电投集团科学技术研究院牵头组织核能材料生产应用示范平台的建设。旨在针对下游用户产品应用开展材料工艺技术与应用技术开发，建设和完善核能材料应用评价设施、生产应用示范线、生产应用数据库以及应用公共服务体系，实现材料与终端产品同步设计、系统验证、批量应用与供货等环节协同促进。

（3）市场需求及下游应用情况

大型先进压水堆核电站用材料的市场需求在于核电主要设备产品制造领域。东方电气、哈电集团、上海电气三大集团是我国大型先进压水堆核电站核岛和常规岛关键设备的主要制造企业，在主设备制造过程中均需采购各种核级原材料，包括大型铸锻件、堆内构件材料、U形传热管等。

大型先进压水堆核电站用材料的市场总体不大，市场规模很大程度上依赖于国家核电发展政策。随着我国核电建设由适度发展进入到积极发展的快速增长期。到2020年，我国核电装机容量将达到7500kW，平均每年新增7～8套百万千瓦核电机组。一套百万千瓦压水堆核电机组核岛部分的压力容器、蒸汽发生器和稳压器的壳体及管板、主管道锻件按3070t计算，平均每年需要在万吨级水压机上生产的核电锻件达0.6万～1万吨。从锻件毛坯到成品锻件的收得率按50%计算，年均毛坯锻件需求量在1.2万～2万吨。

日本福岛核事故后，我国停止审批新的核电项目，近年来由于产能调整和产业升级带来用电量下滑的影响，未批复新的核电项目，因此大型先进压水堆核电站用材料的市场更多是以前的订单。

大型先进压水堆核电站用材料大多属于军民两用材料，虽然市场较小，但属于国家战略性产品技术，关乎国家重大工程建设和国防军工建设。我国压水堆核电站主要设备产品制造企业见表7-3。压水堆核电设备国产化供应能力见表7-4。

表7-3 我国压水堆核电站主要设备产品制造企业

<table>
<tr><th colspan="2">主要设备产品</th><th>国内主要制造企业</th></tr>
<tr><td rowspan="6">核岛</td><td>反应堆压力容器</td><td>上海电气、东方电气、哈尔滨电气、中国一重</td></tr>
<tr><td>蒸汽发生器</td><td>上海电气、东方电气、哈尔滨电气、中国一重</td></tr>
<tr><td>堆内构件</td><td>上海电气、中国二重</td></tr>
<tr><td>控制棒驱动机构</td><td>上海电气</td></tr>
<tr><td>主管道</td><td>烟台台海玛努尔、中国二重</td></tr>
<tr><td>主泵</td><td>哈尔滨电气、沈鼓集团</td></tr>
<tr><td>常规岛</td><td>汽轮机</td><td>哈尔滨电气、东方电气、上海电气</td></tr>
</table>

表7-4 压水堆核电设备国产化供应能力

<table>
<tr><th rowspan="2">设备名称</th><th rowspan="2">供应商</th><th colspan="2">在建/套</th><th>产能/（套/年）</th></tr>
<tr><th>二代+</th><th>三代</th><th>企业自评</th></tr>
<tr><td rowspan="3">反应堆压力容器</td><td>一重</td><td>17</td><td>3</td><td>7</td></tr>
<tr><td>上电</td><td>5</td><td>2</td><td>3</td></tr>
<tr><td>东方</td><td>6</td><td>—</td><td>4</td></tr>
<tr><td rowspan="3">蒸汽发生器</td><td>上电</td><td>8</td><td>3</td><td>2</td></tr>
<tr><td>东方</td><td>13</td><td>2</td><td>5</td></tr>
<tr><td>哈电</td><td>4</td><td>1</td><td>1.5</td></tr>
<tr><td>堆内构件</td><td>上电</td><td>12</td><td>2</td><td>10</td></tr>
</table>

续表

设备名称	供应商	在建/套		产能/（套/年）
		二代+	三代	企业自评
控制棒驱动机构	上电	12	2	8
主管道	二重	—	2	2
	吉林中意	—	1	1
	渤船重工	—	2	3
大型铸锻件	一重	压力容器26 蒸汽发生器15	2	10
	二重	压力容器3 蒸汽发生器33	1	5
	上重	32.5	1	2.5

（4）发展趋势

大型先进压水堆核电站关键设备材料的发展趋势主要在于两个方面：一是现有设备材料制造技术优化改进，主要基于制造稳定性、可靠性及经济性的产业竞争力提升问题；二是新技术/新材料/新制造工艺等先进技术的开发和应用，储备一批新材料，开发新技术和新的制造工艺，满足大型先进压水堆核电站技术发展对材料提出的新需求。

① 大型先进压水堆核电站关键设备材料及其制造技术优化提升　目前有部分设备、重要部件和材料虽取得较大突破，但仍存在稳定性、可靠性制造或产业化、经济性竞争力较差的问题，同时设备材料依然存在持续优化改进问题，如：

a.大型铸锻件材料制造技术的稳定性、可靠性和质量保证；

b.核级焊材的国产化及质量提升新型焊材开发及工艺研究；

c.进一步提高设备材料制造效率，降低设备成本，提高三代核电整体安全性、经济性和产业竞争力。

② 新技术/新材料/新制造工艺等先进技术开发和应用　开展信息技术与增材制造技术在大型先进压水堆核电站关键设备材料开发中的应用研究，开发新材料等先进或前瞻性技术的应用布局，抢占技术制高点，通过创新引领，提升竞争力甚至做到能力飞跃。新技术/新材料/新制造工艺等先进技术开发和应用见表7-5。

表7-5　新技术/新材料/新制造工艺等先进技术开发和应用

方向	问题名称	问题简述
新材料开发	新一代核压力容器用钢及配套焊材开发	大型先进压水堆核电站反应堆压力容器和蒸汽发生器大型化、一体化设计已经达到现有SA508-3锻件材料极限和锻件制造能力极限，急需开展新一代核压力容器用高强度、高韧性材料及其焊接材料开发

续表

方向	问题名称	问题简述
增材制造技术开发和应用	核电一回路主设备合金钢高性能重型构件、主泵叶轮等增材制造技术	核电一回路主设备合金钢高性能重型构件电熔增材制造技术：开发具有我国完全自主知识产权的核电主设备特大型、重型合金钢构件，建立增材制造核电重型构件技术标准和全套性能数据库，通过验证试验，建立全套技术标准体系
		核电反应堆冷却剂系统主管道增材制造技术
		核电主泵叶轮增材制造技术
关键设备材料全寿期服务关键技术	AP/CAP核电站常规岛重要设备全寿期服务关键技术研究	研究掌握AP/CAP核电站常规岛关键部件制造缺陷评定与剩余寿命预测的关键技术，为制造阶段开展寿期服务业务提供技术依据

（5）存在问题

大型先进压水堆核电站材料具有单件、小批生产的特点，前期投入大，产品一旦报废损失很大，特别是对于大型、特大型铸锻件材料，一件价值上千万甚至上亿，制造周期常以年计算。此类材料面临的困难及存在的问题如下：

① 对核电材料本质特性掌握不全面，材料制造环节“重加工”“轻冶金”现象明显　我国大型、特大型锻件所需的大型钢锭的凝固组织质量和日本等发达国家的产品差距明显。目前我国已实现浇注世界最大的双真空钢锭，达到715t，超过日本制钢所670t大钢锭，但是我国大钢锭的利用率较低，在大型钢锭的钢水量多，凝固时间长，造成凝固应力大，且容易产生宏观偏析。用于第三代核电半速转子（低压转子、发电机转子）等为代表的特大型锻件600t级钢锭的精炼技术、钢锭模设计与优化、凝固和冷却过程中收缩和变形规律、化学成分偏析的控制等我国尚未很好地掌握。

对于铸件变形规律及变形量大小与合金材质、铸件尺寸规模及铸件结构等多方面因素的预测和控制，目前我国企业大多仍然依靠经验。在大型锻件锻造过程中，制造企业注重“变形”，轻视“变性”。

② 缺乏核电材料研发—制造—应用一体化全链条产业体系　我国急需提高与制造相匹配的设计能力、标准规范和试验检验能力，建立先进核电材料及设备相关评价体系和公用技术平台，完善规范标准体系。针对上述存在的主要问题，需进行针对性的研究，进一步提高设备材料的自主化、国产化，持续优化改进已有技术的同时，一手夯实共性技术基础，一手适时开展具有战略意义的先进前沿技术，提高安全性、经济性和产业竞争力，攻克技术瓶颈，为核电走出去提供强有力支撑。

（6）发展建议

根据我国压水堆技术总体目标和“十三五”规划目标，围绕我国核电自主化和核电“走出去”战略需求，针对关键设备和材料研发设计、国产化及自主化等方面，总结成果、经验、教训，研究分析我国大型先进压水堆核电站材料需突破的关键技术瓶颈及条件保障建设。

一是完成AP1000、CAP1400、华龙一号等大型先进压水堆核电站设备材料的持续优化改进研究，持续开展关键材料、设备、系统的优化研究，提高材料及设备的先进性、自主性和国产化率。

二是根据国际核电新的发展形势和要求，分析未来大型先进压水堆核电站技术研发所需要的材料技术，需要突破的材料技术难点和关键技术，完成新一代材料的预先研制、制造关键技术创新研究。

三是解决关键材料和设备的自主化、国产化问题。分析核电关键设备材料已经实现供货但制造过程中仍需要进口重要零部件、材料等的国产化替代和自主化问题及性能的可靠性问题，满足核电“走出去”战略目标。

四是持续推进设备材料的设计、制造、验证等技术优化改进。围绕设备可靠性、锻造和制造工艺及成品稳定性、焊接能力提升、关键设备及系统集成的增设等方面进行研究，进一步提高设备自主化水平，促进和提升核电关键材料及设备产业化竞争力，解决经济性所面临的关键技术难点问题。

五是拓展新技术、新材料、新制造工艺在核电材料及设备领域的应用推广、验证评价，在解决共性问题夯实基础，深化认识评价能力的同时，积极开展先进技术在核电的应用，提升产业能力和竞争力，实现我国核电技术跨越式发展，引领核电技术，支撑2020年进入世界核电技术先进国家行列。

六是完成核电关键材料、设备设计及设备制造、试验及鉴定等方面的标准体系建设，形成三代核电材料及设备性能及评价指标体系和技术平台。

七是围绕以自主化和支撑“走出去”为目标，持续开展大型先进压水堆核电站标准体系建设，根据大型先进压水堆核电站技术的应用需求，开展核电关键材料、设备设计、设备制造可靠性、试验设施及鉴定等方面的标准体系研究，形成三代核电材料及设备性能及评价指标体系。

作者简介：

刘正东　钢铁研究总院结构材料研究所技术副所长，教授级高工，长期在第一线从事科研和管理工作，主要研究方向为核工程用钢、火电机组用钢、国防装备用钢和冶金过程数值模拟。现任：国家核安全局专家委员会委员，国家能源局核电行业标准化技术委员会委员，国防科工局全国核电标准化建设专家咨询组成员，中国标准化技术委员会纳米材料分技术委员会委员（SAC/TC279/SC1），中国核学会常务理事，中国热处理学会常务理事，已发表论文200余篇，其中第一作者90余篇。

第8章 铝合金

熊艳才

8.1 发展铝合金材料的背景及战略意义

轻量化、节能环保是国家“十三五”期间汽车、能源、武器装备、海洋装备等领域的重点发展方向。铝质轻，密度仅为铁、铜的1/3左右，用于陆海空运载工具，可大幅减轻自重，既节省能耗，又增加装载量，是轻量化制造不可或缺的金属材料。铝材可以反复回收利用，是生命周期最长的金属，且回收再生的铝与原铝性能相同，再生铝与原铝相比，在生产环节能耗能够节省95%。此外，铝不会生锈，具有很好的抗氧化、耐腐蚀性能，可以在日晒、雨淋、水浸的恶劣环境中使用。综合而言，与镁、钛、塑料、碳纤维以及复合材料相比，铝合金材料的性价比更高、比强度更高且更具环保性。

轻质高强铝合金是先进战机、火箭、导弹、鱼雷、战车、战舰等武器装备的主要结构材料。铝合金材料性能的每一次突破都显著推动了武器装备的轻量化和寿命的提高。可以说，一代铝合金材料带动着一代武器装备的发展。在安全和环保前提下，铝的节能、储能功能远大于钢铁和其他许多材料。铝材已成为航天、航空和现代交通运输（包括高速列车、地下铁道、轻轨列车、火车、豪华客车、双层客车、轿车、舰艇、船舶、摩托车、自行车、集装箱等）轻量化、高速化的关键材料。

在轻量化可选的材料中，最适合的材料就是铝，铝业在未来的发展中依然是大有可为的产业，铝合金是国民经济建设、战略新兴产业和国防科技工业发展不可缺少的重要材料。

8.2 铝合金材料产业全球发展现状及趋势

8.2.1 全球铝工业发展现状及趋势

世界原铝产地主要集中在美国、加拿大、德国、法国、俄罗斯、中国、澳洲和拉美等地，其中美国铝业公司（ALCOA）、加拿大铝业公司（ALCAN）、雷诺金属公司（REYNOLDS）、瑞士铝业公司（ALUSWISSE）、中国铝业公司、俄罗斯铝业公司等跨国铝业公司的生产能力和年产量占全世界原铝产能和年产量的60%以上。

自1990年以来，全球铝工业进入了一个崭新的发展时期。随着科学技术的进步和经济的飞速发展，在全球经济一体化与大力提高投资回报率的经营思想推动下，一方面加大结构调整力度，另一方面开展了一场向科技研发进军的热潮。以求更合理更平衡地利用与配置自然资源，不断扩大铝工业的规模，增加铝产品的品种与规格，提高产品的科技含量并拓展其应用范围，大幅降低电耗、改善环保；大幅度降低成本与提高经济效益，不断加强铝材部分替代钢材成为人民生活和经济部门基础材料的地位。

当前，全球铝工业面临着两大问题的挑战，第一是在环保要求日益严格与污染排放指标不断调低的情况下，如何尽可能地降低生产成本；第二是在剧烈的竞争中不断扩大铝的新应用领域。为了加速铝生产的革命成功和产生巨大的效果，全球许多国家的政府、企业和科技界进行了大量有益的工作。例如美国铝业协会技术资讯委员会在其《为了未来的伙伴关系》的文件中提出了美国铝工业的中期发展战略目标，将其作为制定各项计划、科研课题，各项发展指南的基础。美国铝工业在近年来通过研究开发达到了三个目标：①铝的生产成本降低25%～30%，铝、钢零件成本下降到（3∶1）～（3.5∶1）；②铝电解电流的效率大于97%，使铝及铝加工生产综合能耗大幅度下降；③铝在交通运输及基础设施的市场用量提高50%，使之部分替代钢材成为国民经济和人民生活中的基础材料。这些目标的方向也代表了全球铝及铝加工业的发展方向，如果能实现，将大大推进铝工业、铝合金产业的发展。

1983年我国成立中国有色金属工业总公司，确立了优行发展铝的方针，铝工业出现了崭新的局面，铝产量迅速增加，到1990年我国原铝产量已达到76万吨。20世纪90年代，我国的铝工业进入了一个高速发展时期，国家投入上千亿，调动中央与地方积极性，从矿山开采、选矿、氧化铝和电解铝生产到铝加工、深度加工及应用等各方面都得到了蓬勃发展，形成了一个完整的工业体系和产业部门。电解铝产量年均递增15%以上，而消费量则年均递增20%以上。

8.2.2 全球铝合金材料发展现状及趋势

原铝和再生铝的强度低，性能单一，因此，除了小部分用于冶金、化工等部门外，绝大部分要配成合金，并通过铸造、压力铸造、轧制、挤压、拉拔、锻压、冲压、深加工等方法加工成具有不同品种、不同形状、不同规格及不同性能、不同功能和用途的铸件、压铸件及板、带、条、管、棒、型、线材、自由锻件、模锻件、粉材等。

（1）铸造铝及铝合金材料

目前，世界上大约有10%的原铝和80%的再生铝用于生产铝合金铸件。2015年我国的铝合金铸造产品产量已达120万吨，其中压铸件达55万吨，低压铸造产品产量为30万吨，砂型铸造产品产量29万吨，其他铸造产品产量4.58万吨，年增长率约为12%。铝合金铸件主要应用于交通运输工具、电子、电器、航天、航空、机械制造等。近年来，随着国民经济的高速持续发展，特别是现代交通运输业、航空、航天和机电工业的高速发展，不仅对铝合金铸件的需求数量大增，而且对其质量的要求也越来越高。如汽车和摩托车部件已基本铝化；航空航天武器装备已开始对铝合金铸件提出疲劳性能要求，为适应不断发展的高品质铝合金需求，德国莱茵铝业研发出高强、高韧、高压压铸铝合金Silafont-36，现正在汽车上获得广泛应用。之后，该公司又发明了牌号为Mgsimal-59的新合金，这是一个有优异力学性能同时在压铸状态具有很高韧性的高压压铸合金，在用作须有高的力学性能的结构零件与悬挂系统零件方面具有独特的优势。在汽缸和活塞方面，添加各种稀土元素的新型铸造和压铸铝合金以及纤维或颗粒增强的新型汽缸和活塞铸造铝合金的研发也取得可喜的成果。同时，为配合航空、航天日益提升的强度需求，北京航空材料研究院开发出全球强度最高的ZL205A合金，已替换大量钢质铸件，达到了明显的轻量化推广效果。

此外，为进一步提高铸造铝合金的强度，各国学者一直致力于研究新的合金强化元素和新的工艺方法，以充分发挥高强度铝合金的优势。其发展主要是在Al-Cu合金基础上，通过微合金化和优化热处理来改善和提高合金的综合性能：加入少量的Ag、Cd、Sc等元素以显著增强合金的时效强化效果，许多研究者认为Sc将成为新的铝合金强化元素；加入少量Ti、Zr、B等元素细化合金；限制合金中的有害杂质含量，并采用高纯度的原材料；采用合理的热处理工艺，并配合适当的铸造方法，充分挖掘合金的性能潜力，发挥高强度铸造铝合金的优势。

（2）变形铝合金材料

截至目前，国际上铝合金的发展大致经历了100年，在这百年的发展历程中先后研制了四代铝合金，即第一代静强度铝合金、第二代高强度耐蚀合金、第三代高纯铝合金和第四代高性能铝合金。

近几十年来，铝合金材料大致向以下两个方向发展：①发展高强、高韧等高性能铝合金新材料，以满足航天航空等军事工业和特殊工业部门的需要；②发展一系列可以满足各种条件用途的军民两用铝合金新材料。

高性能铝合金发展的前沿是：①提高静态承载性能，由高强向超强发展，同时保证合金的韧性和耐蚀性；②在高强的基础上提高动态承载性能，发展抗疲劳和抗冲击铝合金；③发展新一代高淬透性、高综合性铝合金；④发展高比强度、高比模量铝合金。

航空方面，20世纪70年代之后世界各国研制的目前已批量生产的第三代战机及其改进型号、大型军用运输机和轰炸机以及第四代战机F-22，主要应用了第三代高纯铝合金材料，如2124、7050、2324厚板、2224挤压材、7475板材、7050锻件等。20世纪90年代以来研制的最先进战斗机、军用运输机及民用客机，主要应用了第四代铝合金，如2524板材、7055厚板与挤压材、2197铝锂合金厚板、7085锻件，同时也配合使用了性能优异的第三代铝合金材料，如2324、2124、7050特厚板。航天方面，大型运载火箭的主体结构仍以铝合金材料为主，第三代7050铝合金材料已应用于美国Delta火箭主承力件，第三代铝锂合金2195已应用于美国航天飞机外储箱（直径8.4m，长46.1m）。在装甲车辆、坦克方面，美国已发展了5083第一代、7039第二代、2519第三代铝合金装甲材料，支撑了装甲车辆、高机动性坦克性能的不断升级。

强度达650MPa的超强高韧耐蚀高损伤容限铝合金被认为是取代部分钛合金与树脂基复合材料的低成本材料。7055是一种抗拉强度达到630～650MPa，抗剥落腐蚀达到EB级，又能制造大截面构件的合金，其用作蒙皮能收到与树脂基复合材料相同的减重效果。美国Kaiser公司开发的7068合金屈服强度已达到700MPa，7055、7068等合金的工业化制备与应用显示了超强铝合金发展的巨大潜力。

高比强度、高模量的铝锂合金在火箭、战略导弹、军用飞机上已获得大量应用，被认为是未来战机的全机身结构的选材。2197合金代替2124-T851和7075-T7451厚板用于疲劳、应力腐蚀关键部位，寿命提高4倍以上，减重5%～10%。国外已发展了抗拉强度700MPa的Weldalite049、210等合金并已制备出挤压棒材，但铝锂合金的发展也需克服高温下长时间暴露韧性降低、成本较高等缺点。

着眼于武器装备的创新发展，铝合金材料的设计、制备与应用的新概念、新特性、新原理和新方法正在不断涌现。1000MPa以上铝合金的研发，大型壁板、接头、框架结构研发，材料/构件整体制备，高模量、高阻尼铝合金材料的研发，高抗冲击铝合金、高综合性能铝合金的研发，为武器装备轻质结构的高性能低成本制造和性能提升开辟了新的技术途径。

发展超强耐蚀铝合金一直是数十年来国内外材料领域面对的重大挑战，超强铝合金应力腐蚀开裂（SCC）是合金显微组织、裂纹尖端力学行为和局域腐蚀环境相互作用而逐步发展的复杂过程，人们对热处理和合金化－显微组织－SCC和强度的相关性开展了长期的探索研究。数十年间不同过时效状态的推出，提高了超高强铝合金的耐蚀性，同时使铝合金强度损失很少甚至提高了铝合金强度。美国投入一亿美元，基于回归再时效调控晶界析出研发了兼顾强度和耐蚀性的T77时效热处理技术，被美国R&D杂志评为当年世界100项最有意义的技术之一。

为适应武器装备的整体化制造发展趋势，大规格高性能铝材的设计与制备技术已成为铝合金材料制备的前沿发展方向。从第三代战机开始的一个重要的发展方向是采用高性能铝合金大规格整体构件替代传统的铆接结构件，从而全面提升了机身的综合性能：①消除和减少连接装配对构件强度和疲劳性能的弱化，降低峰值应力，最大可能地实现构件应力均匀分布；②可实现选择性增强的设计思想，最大限度地提高材料利用率；③减少因组合装配需要而占用的构件空间，提高结构效率，可实现减重10%～30%，成倍提高服役寿命，减少80%～90%的装配工作量。大规格高性能铝材的设计与制备技术十分复杂，制造工艺与装备要求准确精细，是当今快速发展的铝合金材料制备前沿技术。目前材料与构件制造技术的融合趋势十分明显，正向着材料/构件一体化方向发展。大规格高性能铝材和构件的应用已成为新一代武器装备的标志，其技术水平体现了综合国力的保障能力。

在民用领域方面，铝质轻、比强度高、比刚度高、耐腐蚀、易成形、无毒、导电导热好，可进行各种表面处理，所以铝合金材料在交通运输、民用建筑、电力工程、包装等方面获得了广泛的应用，各国已相继开发出一系列高性能民用铝合金。如汽车车身板合金6009、6111、6010、6082等；汽车保险杠用的7021、7029等；机械用的2011、6262等；轨道车厢用的6005A、7005等。

20世纪50年代至70年代末，我国对苏联静强度铝合金进行了全面仿制，形成了以7A04（相当于B95）及2A12（相当于2024）合金为代表的第一代静强度铝合金。70年代末至80年代中期，我国研制成功了第二代高强度耐蚀合金7A09-T73、T74（与欧美的7075-T73、T74第二代铝合金相当）。80年代中期至90年代中期，我国仿制了欧美国家70年代已经成熟应用的第三代高纯铝合金7475、7050、2124、2224、2324等。20世纪90年代以后，我国通过自主研发，研制出7A55、7B50、2E12、2A97等第四代高性能铝合金。

由此可以看出，我国高性能铝合金的研发水平已经达到欧美先进水平。不过我国高性能铝合金的品种规格、热处理状态等系列化发展还有待进一步深入，生产成本特别是高性能铝合金的价格还高于进口材料。

（3）粉末铝合金及铝基复合材料

铝基复合材料具有高比强、高比刚、耐腐蚀性能好等优点，在武器装备应用方面具有巨大的应用前景。“十三五”期间，针对飞机、发动机、航电设备、航天和电子领域对3D打印用粉末铝合金、结构材料用高性能粉末铝合金和铝基复合材料技术的发展需求，选择适当的增强颗粒与基体组合制备出性能优异的复合材料，具有很大的发展潜力。以下几个方面是我国粉末铝合金及铝基复合材料的重点发展方向。

① 开展新型、高强3D打印铝合金粉末研制。以现有AlSi10Mg铝合金为基础，针对未来结构材料应用需求，开展合金化和微合金化研制，使3D打印铝合金制件的抗拉强度提高至500MPa以上，延伸率大于5%。

② 开展铝合金超细粉雾化技术优化研究，实现3D打印粉末产品等的细粉收得率达到40%～45%。

③ 开展3D打印铝合金制件探索研究，建立铝合金超细粉的性能与试样和制件的性能之间的相互关系，实现制件的致密度达到99.8%以上。

④ 开展铝基复合材料质量稳定性、合格率和低成本技术研究，如进一步优化Al-MMCS复合材料，该材料在质量没有改变的前提下，提高了综合性能。当减重成为重要因素时，可以用Al-MMCS替代钛合金。压气机前端的静止叶片和转子叶片，可用Al-MMCS替代钛合金Ti-6Al-4V，使每个叶片质量减轻35%。但进一步降低Al-MMCS合金成本也是“十三五”期间需重点考虑的问题。

⑤ 开展颗粒增强铝基复合材料、粉末高温铝合金、粉末阻尼铝合金、电子封装铝基复合材料等成型技术研究，探索多种规格的挤压材、轧制板材和锻件成型工艺，建立技术基础。现阶段，铝基复合材料在应用过程中所存在的主要问题是成本过高且制造效率偏低。在未来的发展中，在降低材料成本、提升材料综合性能的同时，促进铝基复合材料在航空、航天、电子领域的应用，是铝基复合材料的发展趋势。

8.2.3 全球铝加工业发展现状及趋势

国际跨国铝业公司在全球进行资源配置和生产经营，不断优化调整布局，产能分布转向具有能源、资源优势和靠近消费市场的地区，不断推进企业并购、重组；重视科技创新和新产品开发，引领世界铝加工业发展，在航空航天铝材、交通运输铝材、特殊功能铝材、罐料和高档PS版基等研发和生产上处于世界领先水平。国外铝加工业具有如下发展特点与趋势：①工艺装备更新换代快，更新周期一般为10年左右，设备向大型化、精密化、紧凑化、成套化、标准化、自动化方向发展；②工艺技术不断推新，向节能降耗、精简连续、高速高效、广谱交叉的方向发展；③十分重视工具和模具的结构设计、材质选择，加工工艺、热处理工艺和表面处理工艺不断改进和完善，质量和寿命得到极大的提高；④产业结构和产品结构处于大调整时期，为了适应科技的进步和经济、社会的发展及人们生活水平的提高，很多传统的和低档的产品将被淘汰，而新型的高档高科技铝合金产品将不断涌现。

国内铝加工业具有如下特点：

一是在国内，铝加工业产能产量迅速增加。首先，中国是铝挤压材生产强国。全球共2012家挤压厂，年产5万吨的有39家，其中中国有18家。全球最大的15家中中国有10家。其次，我国铝板带生产能力仅次于美国，居世界第二位。目前全世界铝板带材料总的生产能力约在2000万吨，其中美洲占47.5%，欧洲占32.5%，澳洲占2.5%，亚洲占16.2%，非洲占1.3%。美国的大型（产能在5万吨以上）铝板带轧制厂最多，有31家，生产能力约为634万吨；德国有5家，产能为156万吨；日本有6家，产能约为121万吨；中国有铝板带箔生产企业约360家，2007年铝板带生产能力约为240万吨。再次，我国铝箔生产能力居世界第一。2015年全世界铝箔产量约为400万吨，其中双零箔产量约为82万吨；2015年我国铝箔产量为108万吨，超过美国，成为世界上铝箔产量最高的国家。截至2016年底，我国有各类铝箔生产企业共140余家，生产能力达150万吨左右，产量约为110万吨，其中双零铝箔约14万吨。不过，在国内铝加工业产能产量迅速增加的同时，产能过剩问题也日益突出。

二是出口不断扩大。第一，中国是世界上最大的铝挤压材出口国。在10个主要生产铝型材的国家与地区中，有6个是挤压材的净出口者，中国的出口量最大，占全部10个国家和地区总出口量的43%，中国已成为世界最大的挤压铝材出口国。第二，中国的铝板带箔出口量逐年增加。虽然目前我国铝板带生产有了长足的发展，但产品仍满足不了国民经济发展的需要，普通加工产品生产能力过剩，高技术含量、高精度、高质量产品能力不足，因而造成了大量进口的局面。近几年来，我国将投产一批高水平的铝板带厂，产品质量将有较大的提升。

三是技术装备水平不断提高。第一，中国有高水平的铝型材技术装备。近年来我国铝型材企业已在积极进行产业结构及产品结构的深层次调整，突出表现在铝型材企业重组兼并加快，大型企业向着集团化、大型化、专业化迈进；大力开拓国内外市场，开始出现出口主导型企业。铝型材企业数量逐渐减少，但产量快速增长，质量提高，品种、规格不断增多，表现出良好的持续发展态势，工业型材的生产和使用有了大发展，出现了建设大型挤压机的热潮。中国拥有世界约1/3的大挤压机，比日本和德国的总和还多，最大的125MN。中国已经建成一批如亚洲铝业集团、金桥铝业公司、忠旺铝型材公司、兴发集团、坚美铝业公司、凤铝铝业公司、丛林铝业公司、南山集团等世界级的大型企业，也有像经阁铝业公司那样的全自动化企业。挤压企业既有大型企业，又有中小型企业，挤压机吨位大小也有较合理的搭配。生产厂主要集中在中国的工业发达地区，供销方便。挤压企业主要以生产建筑型材为主，也有一批专门生产工业挤压材的企业。挤压材的成品率也有了相当大的提高。第二，中国铝板带厂的装备水平有了很大提高。我国最有代表性的铝企业是中铝公司。

我国新一轮的五年规划——“十三五”规划已经开始。这个时期国家宏观发展环境的突出特点是调整经济结构，转变经济发展方式。这样的形势要求所有企业、所有干部必须调整理念，整合资源，把财力、物力、人力、精力从长时期以来过度而单一地关注产能增长和企业扩张转移到关注技术创新、结构调整和产业升级上来。我国铝加工材产量已经连续5年居全球第一位，但中国铝加工大而不强也是不争的事实。中央转变经济发展方式的方针及已经出台和即将出台的各种政策措施，将有利于我国铝加工业缩小与发达国家的差距，加速实现从铝加工大国向强国的转变。根据国家政策的调整，“十三五”期间的产业发展朝以下几个方向发展。

（1）板带箔材与挤压材的比例将超过6∶4

“十二五”初期我国铝平轧材与挤压材的比例为3.8∶6.2，而西方铝加工发达国家的这一比例为7∶3。由于普遍认为铝板带箔材比挤压材附加值要高，西方国家的产品结构更好。实际上由于每个国家国情不同，所处的发展阶段不同，都可能有不同的产品结构，这主要取决于市场。投资在我国现阶段经济发展中仍然起着重要作用，而基本建设项目对型材的需求量很大，所以近几年我国两类铝材比例的演变速度极其缓慢。这里给出的6∶4的比例，并非“十三五”末期必须达到的目标，而是对可能出现的比例的客观描述。

（2）挤压材中工业型材与建筑型材的比例将超过5∶5

这是国家发展改革委在铝加工业政策中曾提到的一个产业结构调整目标。“十二五”期间由于国家对一般建筑型材发展设限，而工业型材产能在高铁、军工等项目发展刺激下，有了较大的实际增幅。截至“十二五”末期，在挤压材中工业型材所占比例已经达到43%。考虑到目前正在购置、调试和试生产的大型挤压机有很多，在350万吨潜在的挤压材产能中，绝大多数为工业型材，所以到“十三五”末期，工业型材与建筑型材的比例超过5∶5是可能的。

（3）板带箔材中短流程铸轧工艺与传统热轧工艺的比例超过5∶5

与铸轧工艺相比，传统热轧工艺流程长、投资高、能耗和物耗高、生产成本高。虽然普遍认为热轧材比铸轧材性能好，但必须采用热轧工艺生产的只有航空航天铝材、罐料、PS版基、高端铝箔、合金厚板（铸轧板的厚度达不到）等几个品种，而这几个品种的产量还不到平轧材总产量的20%。也就是说，理论上讲，80%铝板带箔材是可以用铸轧方式生产的。目前我国铸轧与热轧的比例为3∶7，西方发达国家只有2.5∶7.5，还不及中国。这是因为，他们的工厂大部分建于20世纪70年代，那时候铸轧工艺还不成熟，尚未工业化。在当前提倡节能减排的形势下，应大力推广短流程工艺，这个5∶5是必须要努力实现的。

（4）铝加工资源中再生铝与原生铝的比例达到2.5∶7.5

充分利用再生铝，不仅能够缓解资源紧张，而且可以降低生产成本。目前发达国家原生铝和再生铝的比例已接近5∶5，我国只有2∶8，在“十二五”计划制定初期，曾经提出过将这一指标定在3∶7，从最近刚刚开过的全国有色金属行业科技大会披露的信息看，这个指标被调整为2.5∶7.5。客观地讲这个指标难度不大。随着国内消费的铝材达到自然报废期的量越来越大以及国家循环经济建设的推动和全民素质的提高，上述指标有望在“十三五”时期内实现。在再生金属生产中应认真掌握技术，严格控制工艺规程，注意产品质量和环境保护。

（5）节能减排技术大面积推广

由于铝加工吨材能耗只相当于铝电解的1/10，有害物排放总量也低于电解铝，所以过去铝加工企业对节能减排工作的重视程度也远不及电解铝企业。实际上铝加工节能减排的空间和潜力都是很大的。除前面已经提到的“电解铝液经混合炉直接铸坯”以外，“十三五”期间铝加工节能减排方面，需着力推广的技术还有：“蓄热式熔炼炉和蓄热式加热炉技术”“铝熔炼炉烟气脱硫技术”“铝合金长铸锭加热剪切技术”“铝型材固定垫挤压技术”“铝挤压材在线气、水淬火技术”“铝板坯快速铸轧技术”“多机架热连轧板卷技术”和“铝型材表面无铬化处理技术”等。希望经过一段时间的艰苦努力，铝加工产业变得更节能、更清洁，更有利于持续发展和向强国转变。

（6）铝加工装机水平普遍提高

目前我国铝加工装备及仪器仪表的设计、制造水平，已经在一定程度上制约了铝加工材向高精度、高附加值方向发展。在现实条件下，装备水平的提高要十分强调科学发展、实事求是，不反对“两条腿”走路。短期内国内尚不能生产的宽幅轧机、多辊轧机、多机架连续轧机、高精度拉弯矫直机、高精度剪切机组和高精度控温的连续退火炉以及测厚仪、板形仪等精密控制设备，该引进就引进。当然我们也反对不实事求是、不做调查研究就盲目引进。大部分挤压产品加工设备、单机架轧机和部分多辊轧机、非连续退火炉、一般精度的拉弯矫直机等完全可以在国内生产，从而节约投资、降低风险和减少财务费用。从长期可持续发展的角度讲，最根本的工作是加速推进加工装备国产化，尽快结束高精度设备和控制仪表完全依靠进口的局面。

（7）产业集中度进一步提高，地区差异进一步减少

在我国与铝加工世界强国的差距中，除技术、装备、技术经济指标等问题外，在产业结构方面，企业规模太小、产业集中度差仍然是一个很大的问题。目前我国铝箔材、铝型材企业平均产能分别为1.5万吨、1.6万吨；板带材情况稍好，也不过1.9万吨，这与俄罗斯和日本铝板带企业平均产能13万吨，美国平均

产能17万吨相比，差距十分明显。企业规模太小使我们难以参与国际竞争和降低市场风险；难以推广先进技术和降低制造成本。这个问题的形成与我国改革开放初期个体和民营铝加工企业快速发展的历史有关，解决起来困难重重。解决这一问题需要增量部分和存量部分同步动作。设想“十三五”期间通过新建项目和原企业兼并重组，使企业平均产能进一步扩大，产能超过20万吨的较大型铝加工企业超过30家，其中至少包括10个煤-电-铝-铝加工产业链项目；与此同时产业发展的地区差距进一步缩小，中西部地区铝加工产业快速发展，产能达到目前产能的3倍以上。在所谓产业链建设中，切忌概念炒作，只为吸引眼球、诱惑政府重视和外部资金进入。只是上下游产业都孤立地摆在那里并不是产业链。要把上下游产品及相关企业有机地联系在一起，实行统一规划、同步发展；建立有效运行机制，减少行政环节和管理费用；在相对平等地维护各工序产品生产积极性的前提下，局部利益绝对服从整体利益，产业链优势才可以得到充分演绎和发挥。

（8）新产品开发力度加大，铝加工材应用领域全面拓宽

超大规格铝合金宽厚板、汽车用铝合金板、汽车热传输用铝合金复合材、舰船用铝合金板、普通列车车体（包括运煤车、油罐车等）铝材、集装箱用型材和板材等与交通运输相关的铝合金材必将首先成为“十三五”新产品开发和投资的热点。另外在部分产品可能出现产能过剩的市场背景下，为释放过剩产能，其他一些新产品、新应用市场的开发也会引起更广泛的关注。比如目前国内自给率只有50%的罐体用热连轧宽薄带材、太阳能用铝材、印刷用高档铝材、高档铝合金装饰板、新型多功能建筑型材、个人轻便车（自行车和摩托车）用铝合金材及部件、城市过街天桥用全铝合金、家用铝箔等。当然这其中应用量最大、前景最被看好的就是汽车用各类铝材的开发推广。

（9）新材料及新工艺研究将给铝加工业更大支持

由于转变经济发展方式方针的确定、国家发展战略性新兴产业的部署以及有色金属工业“十三五”科技发展规划的发布，“十三五”铝及铝合金的新材料、新工艺研究工作将有更好的运行环境。承担研发任务的科研院所、大专院校和部分铝加工企业，将充分利用这一有利的环境条件及所配置的科研经费，高水平、高效率地开展研究工作。“十三五”铝及铝合金新材料研究的重点是围绕交通运输用铝和航空、航天用铝展开的，涉及的基础研究及工艺研究内容非常丰富，各有关部门已经通过各种支持渠道做了一系列安排布置。这些安排的目的是逐步形成具有我国自主知识产权的交通运输用铝合金产品和技术体系，自主创新发展新一代航空铝合金材料，最终构建我国高性能铝合金材料研发体系，满足战略新兴产业发展不断提出的高性能铝合金材料的需求。

8.3 我国发展铝合金材料产业面临的主要任务和挑战

从行业内部看，我国铝合金产业存在着三大难题，如同在头顶上高悬的三把利剑。

首先是矿产资源短缺。过去10年，中国铝矿资源（含铝土矿和氧化铝）对外依存度平均超过50%，而且随着冶炼产能的快速增长和国内铝土矿资源不断贫化，铝矿资源的紧缺程度还在持续加剧。

其次是产品结构不合理。在国产铝材产品中，一般中低档产品生产过剩，而科技含量高、附加值高的高档产品短缺，不能满足国防现代化和国民经济的高速持续发展，需要花大量外汇进口，如高性能大型预拉伸板、制罐用特薄板、高档CTP版基和高级装饰板、镜面板、飞机蒙皮板、高压电容箔、汽车车身铝板、大型特种型材、大型精密模锻件与高档锻造轮毂、活塞等。

最后是环保压力大。截至2015年底，中国电解铝产能为3847万吨，占全球总产能（5699万吨）的67.5%，预计2016年还将新增300万吨。产能快速扩张与环保设施建设严重滞后的矛盾，铝冶炼生产线高度集中与环境承载容量的矛盾，环保法的统一实施与各地有效执法不平衡的矛盾，都不同程度存在，在有的地方还很突出，加剧了环保风险。此外，铝电解槽固体废弃物每年超过30万吨，只有少量进行无害化处理；氧化铝生产中排放的赤泥每年超过6000万吨，赤泥综合利用率仅为4%，赤泥的堆存量到2020年将达到8亿吨，成为一大环保隐患。

同时，我国铝合金产业也面临着以下几方面的巨大挑战。

一是销售形势严峻。房地产调控对钢铁、铝材、水泥的生产和发展有一定影响。铝加工厂产品销售困难，面临着严峻的考验。

二是铝加工发展速度过快，供大于求的现象比较明显。首先，挤压材供大于求。在铝型材产量中，建筑型材约占70%，工业型材约占30%。近几年来，中国铝挤压行业提高了集中度，提高了装备水平，在世界上有很强的竞争力。但是铝挤压材的销售形势主要依赖于建筑业和出口。目前建筑业不景气，销售非常困难，挤压材供大于求的现象短时间内难以改变。其次，铝板带箔发展速度过快，难以为继。

三是铝板带生产能力发展过程。中国正在建设一批铝板带项目，增加的产能为200万吨/年。另外还有一些拟建板带箔项目正在进行中。现有铝板带生产能力和在建的生产能力总和为440万吨/年。在不考虑目前经济危机因素的情况下，预测2018年铝板带需求量为300万吨，如果有80万吨以上的净出口，生产能力和销售量还比较协调，如果净出口量低于80万吨，或者拟建板带项目投产，铝板带的供大于求的现象将会比较明显。现有铝箔生产能力每年为150万吨，预测2018年铝箔需求量为85万吨。如果净出口量达到50万吨，生产能力和销售量还比较协调，如果净出口量低于50万吨，或者拟建铝箔项目投产，铝箔的供大于求现象也将比较明显。由于铝板带箔生产能力增长太快，大幅度增加出口有很大难度，预计铝板带箔将会出现供大于求的现象。

四是替代品对铝加工行业的冲击：①烟箔面临喷镀箔的冲击；②复合箔也将面临冲击；③铝易拉罐面临钢罐的冲击；④PS版面临CTP版的冲击；⑤行业的不正当竞争影响铝塑复合板发展；⑥航空用材正在向着复合材料发展。

8.4 我国铝合金材料产业的发展需求和主要任务

加快转变经济发展方式是我国经济社会领域的一场深刻变革，必须贯穿经济社会发展全过程和各领域。作为转变经济发展方式的重要举措，未来一段时期，国家将大力发展战略性新兴产业。已经明确优先支持的七大产业是：节能环保、新一代信息技术、生物工程、高端设备制造、新能源、新材料、新能源汽车。以上7个新兴产业与有色金属行业密切相关，铝及铝合金与航空航天、能源资源、信息技术、交通运输、重大装备制造等更是关系重大。所以，国家强化战略性新兴产业建设必然会给铝加工带来新的发展机遇。

“十三五”期间，我国经济发展减缓，铝材总量需求增速也逐步减慢。但随着国际地缘政治形势变化及节能减排带来的交通运输轻量化要求，未来航空航天、武器装备、交通运输等领域对高附加值铝加工产品的需求将保持强势增长；随着城镇化、“一带一路”战略的推进和实施，建筑用铝材还会维持稳定的增长。以线性回归等多种方法预测分析，预计到2020年我国铝加工材消费约为3500万～3900万吨。届时生产供应能力将超4500万吨。

（1）在全部64种有色金属中，铝最有条件扩大市场需求

新常态呼唤轻量化。党的十八大提出了“五位一体”的总体布局，除了以往的经济建设、政治建设、文化建设和社会建设外，增加了生态文明建设。面对资源约束趋紧、环境污染严重、生态系统退化的严峻形势，必须树立尊重自然、顺应自然、保护自然的生态文明理念，走可持续发展道路。而生态文明建设的重点和方向，是在资源开发和利用中，把节约资源能源放在首位；在环保工作中，把预防为主、源头治理放在首位；在生态系统保护和修复中，把利用自然力量修复生态系统放在首位。节约资源和能源，交通运载工具轻量化是一个重要的发力点，在轨道交通、航空航天、水路运载方面，轻量化都是现阶段最为重要的目标。党的十八届五中全会确立了创新、协调、绿色、开放、共享的五大发展理念，其中绿色发展理念的核心要义是节能减排、循环经济和低碳生产。在党的全会上确立绿色发展理念，表明绿色发展将成为中国未来发展战略与发展政策的主流。而轻量化是推进节能减排、低碳生产、实现绿色发展的

重要途径。

政策扶持轻量化。在国务院制定的《中国制造2025》中，政策重点扶持十大领域的发展，即新一代信息技术产业、高档数控机床和机器人、航空航天装备、海洋工程装备及高技术船舶、先进轨道交通装备、节能与新能源汽车、电力装备、农机装备、新材料、生物医药及高性能医疗器械。在十大重点领域中，有五大领域属于交通运载领域，是轻量化发力的重点领域；而另外五大领域（信息、机器人、电力、农机、医药）也都是铝的主要应用领域。全国碳排放权交易市场启动后，碳资产可以像股票一样在碳交易市场买卖。届时，碳指标将实行配额制，企业要扩产，必须要有相应的碳指标，没有碳指标或者碳指标不够，就得拿出真金白银到碳市场去购买。为了未来的发展，企业必须获取足够的碳指标，而节能减排是获取碳指标的重要途径，材料轻量化便成为节能减排的主攻方向。另外，国家相继颁发或即将颁发的产业政策，也对轻量化采取了鼓励和扶持，如《汽车产业发展政策》鼓励发展新能源汽车和高效节能汽车，《"十三五"汽车产业发展规划》把新能源汽车和高效节能汽车列为政策支持的重点发展领域，这两类汽车的发展都是以轻量化为基础的。

综上所述，材料轻量化不是可做可不做的事，而是国内与国外、政府与企业都必须做的事。在轻量化可选的材料中，最适合的材料就是铝，铝业在未来的发展中依然是大有可为的产业。

需要指出的是，任何产品的市场容量都不是无限扩大的，都会有峰值。有专家预测，中国铝消费的峰值在4000万吨，也有说4500万吨的。根据电解铝产量、消费量和过往累计量综合起来分析判断，铝的消费达到峰值可能还需要五六年。也就是说，在"十三五"期间，铝的需求还能维持逐年增长的态势，到达峰值后，便会依次进入平衡期和下降期。但是，如果在"十三五"时期铝的从业者们努力做好了以轻量化为核心的市场拓展，不仅可以将铝的消费量大大提升到一个新的高台，而且还可以将铝消费的峰值期向后推延很多年。从这个意义上说，"十三五"是铝产业"破茧成蝶"的重要机遇期，如果市场拓展顺利、"羽化"成功，铝就从"茧"的束缚中脱身而出，进入"蝶"的世界，生存空间更加广阔，产业将迎来又一个黄金发展期。

（2）扩大铝市场需求的重点领域

从"十二五"时期国内铝的消费结构来看，建筑业、交通业是铝的两大消费领域。2015年，铝在建筑业的消费比例虽有所下降，但仍占总消费量的30%以上，占比高于全球平均水平；交通运输业用铝量占比为21%，比全球平均占比低6个百分点，随着交通运载工具轻量化的推进，占比还将会有较快增长。

① 汽车制造业　汽车业的轻量化主要选择铝作材料。轻量化的重点在乘用车、普通载重车、拖挂车、油罐车、城市公交车和新能源汽车等。

汽车业没有列入产能过剩行业，是“十三五”大力发展的行业。2016年3月，中国汽车工业协会发布了《“十三五”汽车工业发展规划意见》，按照“十三五”规划目标，2020年中国汽车产销量达到2800万辆，出口占10%，则出口总规模需达到280万辆，其中中国品牌新能源汽车销量达到100万辆。中国汽车工程学会发布的《节能与新能源汽车技术路线图》明确提出，2020年、2025年和2035年，汽车年产销量规模将分别达到3000万辆、3500万辆、3800万辆，其中新能源汽车的销量占比将分别达到7%、15%、和40%。

实际上，车企的“十三五”规划还要更加宏大一些。如北汽2020年产销量将增至450万辆，未来5年保持12.6%的年均增速；一汽和东风计划未来5年分别维持8.1%、7.7%的年均增长率；吉利、奇瑞等企业也立志在未来五年实现超100万辆年产销量。再加上不断开展的新能源汽车项目，业内权威人士预测，2020年我国汽车产销量将达5000万辆，比2015年增加近2000辆。

汽车业的大力发展直接带动了铝的应用。按照《节能与新能源汽车技术路线图》，到2030年，汽车单车用铝量超过350kg。目前，发达国家乘用车平均用铝量达到145kg，而中国仅为105kg，要达到350kg，差距还很大。所以，对于汽车制造业来说，未来铝的市场空间十分广阔。

由于轻量化优势明显，目前各大车企都加大了铝合金材料在汽车上的应用，从发动机，到前后防撞梁，到车体，再到零部件，铝合金应用的比例越来越高，甚至还出现了全铝汽车。例如全新捷豹XFL，这款车的铝合金覆盖率达到75%，是目前国内铝合金覆盖率最高的车型。令人稍感意外的是，最有可能实现全铝车普及的车辆是城市快递用车，根据快递业的“换车计划”，未来5年，城市快递用车将全部换成铝合金新能源汽车。

从发展趋势来看，随着铝合金在新能源汽车上的大量应用，汽车业铝的应用值得期待，“汽车铝纪元”很快会到来。

② 轨道交通业　轨道交通业包括普铁、高铁、地铁、高架城轨、市域快轨、城际高速、市区单轨、磁悬浮线等。根据铁路“十三五”规划，到2020年，全国铁路运营里程将达到14万～15万千米，其中高速铁路5万～6万千米，预计“十三五”期间高速铁路总竣工里程将达3.3万千米，比“十二五”末期的1.6万千米增加1.0625倍，基本建成高速铁路网骨架。驱动轨道交通持续高速发展的动力来自两大引擎：一是国内高速铁路网进入运营期与新建线路的推进以及城市轨道交通大建设期到来的拉动，二是“一带一路”战略的实施与推进的拉动。根据地铁“十三五”发展规划，未来5年地铁规划线路总规模4248km，在建线路总规模3790km。同时，我国对申报地铁建设的城市人口要求或将从300万人以上下调至150万人，这样会使得符合地铁建设条件的城市从约30个增加至约90个。此外，自2013年有轨电车建设审批权下放给省级政府后，各地就进

入了一个轨道交通批复和规划建设的爆发期。据统计，全国已有超过100个城市规划建设有轨电车，总规划里程已超过6000km。至2020年，全国有轨电车线路总里程将从2015年的174km攀升至2500km，对应年复合增长率为70.4%。预计未来15年乃至更长时期，轨道交通业将一直处于高速发展阶段。

轨道交通业的发展直接拉动了工业铝型材的市场需求。据专家预计，从现在到2030年，轨道交通装备制造用铝材的复合年均增长率应当在22%以上。用铝量大不仅因材质轻，还因其性能好，在纯铝中添加一定元素形成的铝合金具有比钢合金更高的强度。因此，自重轻、强度高、安全性能好的工业铝型材在轨道交通特别是在高铁车辆制造中得到了广泛应用，成为轨道交通业的重要组成部分。业内专家指出，凡是磁悬浮列车和时速在200km以上的高速列车车体必须采用铝合金材料，时速在350km以上的列车车厢除底盘外全部应使用铝型材。制造轨道车辆不仅需要应用大型材，而且还要用一些板材、箔材、管材、锻件等，还有门窗、行李架、装饰件、储柜、推车等小型材。一般而言，一个高铁车厢使用的铝合金大概有10t左右，整个车身的重量要比全部使用钢材减轻30%～50%。目前，磁悬浮车辆和时速超过200km/h的高铁车体都已全部铝化，其他轨道车辆厢体的铝化率也已超过40%。由西南铝提供铝合金材料所生产的1.3万节全铝运煤火车车皮，先后投放到国内大秦铁路和神华铁路线上，运行状态良好。相比不锈钢车皮，全铝运煤车每节车皮自重降低约700kg。轨道交通用铝，已成为未来国内铝型材市场的新蓝海。

铝材拓展海外市场则得益于“一带一路”倡议的实施。中国中车等国内企业今年以来获得的海外铁路类订单超过千亿元，目前中国正与二三十个国家商谈高铁合作，高铁“走出去”，将带动车体铝型材“走出去”，海外市场前景可期。

③ 航空航天业　高端铝材在航空航天业的应用，正处于提速阶段。

2016年5月，国务院颁发了《关于促进通用航空业发展的指导意见》，提出“十三五”期间通用航空业的发展目标：到2020年，建成500个以上通用机场，通用航空器达到5000架以上，年飞行量达到200万小时以上。这三个数据分别为2015年的1.67倍、2.29倍和2.72倍，投资规模超过一万亿元。由此可见，未来5年国家对通用航空业发展支持力度之大。

各种飞机都以铝合金作为主要结构材料，飞机上的蒙皮、梁、肋、桁条、隔框和起落架都是用铝合金制造的，主要使用的是2000和7000系列铝合金。着重于经济效益的民用机因铝合金价格便宜而大量采用，如波音767客机采用的铝合金约占机体结构重量81%。

中国的航天事业是代表中国形象和实力的一张亮丽名片。我们不仅有了北斗定位系统、绕月系统和空间站，“十三五”期间还将进行火星探测。中铝公司的西南铝、东北轻和西北铝都是中国国产航天铝材的供应商，他们为中国航天事业的发展付出了努力、荣立了殊功。航天业用铝都是高端铝材，用量虽大，但国产化率尚不高，这是国内铝加工材料研发人员还要加倍努力的地方。

④ 船舶制造业 船舶用铝是一个待开发的巨大市场。中国拥有1.8万多千米的大陆海岸线，500m^2以上的岛屿有6500多个，岛屿海岸线1.4万多千米。近年来，周边国家加紧对海洋资源和海洋权益的争夺，给我国海洋管理和执法带来巨大挑战。党的十八大提出了“建设海洋强国”的目标。2013年，我国重新组建国家海洋局，成立中华人民共和国海警局，整合了中国海监、公安部边防海警、农业部中国渔政和海关总署海上缉私警察的队伍和职责，开展海上执法。建设海洋强国的第一步是成为海洋装备强国，《中国制造2025》也把海洋工程装备及高技术船舶列入重点发展的十大领域之一。造船业“十三五”发展规划提出的目标是，中国造船产量占全球份额40%以上，力争达到50%；高技术船舶、海工装备核心技术主要产品国际市场占有率达到30%以上，海洋油气开发装备关键系统和设备本土化率达30%以上。

利用铝的材质轻、不生锈等优异特性造船，从而提高船舶的节能环保性能，减轻船舶本身的重量、实现船舶轻量化已经成为国际海事界的共识。铝合金高速执法公务船艇已在美国海岸警卫队、日本海上保安厅等海洋执法单位服役。一些国家还用铝合金建造出游艇、渔船、救生艇、高速艇、工作艇、滑行艇、水翼艇、气垫船、冲翼艇、运输舰、巡逻舰以及反水雷舰艇等。铝合金在海洋运输船舶上也得到了广泛应用，甲板、舱壁、舱门、推进系统、烟囱、支架，各种结构件、栖装件、通风设施、消音设施、卫生设施、生活设施，油箱、水箱、储藏柜、管道、散热器，各类密封门窗、梯子与跳板、座椅等，已由铝材替代了钢铁和其他功能材料。集装箱也开始使用铝合金来制造，优势正在显现。

客观地讲，铝在船舶上的应用，我国尚未真正起步。正因为如此，铝在船舶业的应用也就拥有了巨大的后发优势，是未来铝产业发展极具想象空间的“金矿”。

⑤ 建筑业 一直以来，建筑业都是铝的第一大消费领域，2015年虽因房地产业下滑导致铝在建筑业的应用受到影响，但铝的消费占比依然保持在第一的位置。《有色金属行业“十三五”发展规划》鼓励扩大铝在建筑业的应用。目前，建筑业用铝比较成熟的有大跨度屋面系统、海洋气候和腐蚀环境下的建筑结构物、偏远山区和恶劣环境下的建筑结构物、各种用途的可拆装可移动建筑物，以及建筑物的维护结构、建筑装饰、网壳结构、网架结构、玻璃幕墙支撑体系、铝厂房、围护板、铝模板、通信塔、警银亭、人行天桥等。

铝合金网壳结构和网架结构：国际上，穹顶网壳的最大跨度单层可以达到

131m，双层可以达到236.5m，如美国康涅狄格大学及夏威夷大学竞技场，贝尔经济中心，亚拉巴马国立大学直径80.77m圆盖，加利福尼亚州长滩盖云杉古柏的126.49m圆盖等。我国网架和网壳结构中铝的应用也在逐渐增加。天津市平津战役纪念馆是我国首个铝合金三角网格单层球面网壳结构，其底平面直径为45.6m，建筑物高33.83m，最大球面直径为48.945m，网壳重34.4t，连同铝合金屋面板的总重为58.7t。还有上海国际体操中心主馆、上海杂技馆、长沙经济技术开发区招商服务中心等的网壳、网架结构所用的材料都是铝合金。

全铝活动板房的最大优势是轻便、易装易拆、不生锈，可反复使用，而且铝材表面美观光洁度高可以省去内装修，已广泛用作工程队宿舍、救灾房、各种临时性院落、活动展厅，升级版的铝材房屋还在精准扶贫中用于新农村建设，有的甚至用于建造高档别墅。

铝模板是又一个用铝的大领域。如果铝模板市场占有率达到10%，用铝量将达到200万吨。与钢铁模板相比，铝模板拆卸和安装速度快，可以节约工期；铝模板虽然一次投资大于钢铁模板，但铝模板反复使用的次数要比钢铁模板多得多，在全部使用周期内，铝模板的成本远低于任何材料的模板，这在高层建筑施工中优势更加显著。用铝模板做的内墙面非常平整光滑，可以省去抹灰和平正的工序，而且从源头上直接解决了室内墙面抹灰空鼓和裂缝的通病。用铝模板替代木模板，可以保护森林树木，是低碳社会的大势所趋。

铝围护板和传统用材相比，具有重量轻、易加工、耐腐蚀、美观等优点，在我国的一些厂房和大型建筑上已经开始使用。根据中国有色金属工业协会统计，我国每年消费建筑彩钢板大约2000万～3000万吨。从理论上来计算，若全部用铝代替的话，可消耗1000万吨铝材，推广意义十分重大。

国外铝合金塔架结构主要适用于通信、军事领域，以及监控、无线数据传输等业务。国内的塔架建设也开始使用铝合金材料，如福州铝合金微波塔。由于铝合金在抗腐蚀性方面远远优于钢材，同时在耐磨性、耐热性等方面优势明显，未来随着通信覆盖面积的不断扩大，基站范围逐渐向海岸、海岛、化工厂、化肥厂等污染严重、腐蚀性强的区域拓展，铝合金通信塔应用将会得到进一步扩大。

在国内124个工业部门中，有113个部门涉及铝，铝的行业关联度高达91%。因此，在这些关联行业做好铝的应用，潜力无穷，前景光明！

8.5 推动我国铝合金材料产业发展的对策和建议

根据国家“十三五”期间发布的纲要文件，我国铝产业的发展应按照“以全面创新为前提，坚持科学发展观，全面、协调、可持续发展”的原则，和

“做强规模优势、突出产业特色、完善创新体系、加强技术集成、活跃企业投资、荟萃专业人才、优化宏观环境”的思路，加强体制创新和技术创新的结合，建立以原创性研发平台与产业化实体相结合的科技经济一体化模式，构建新型的铝及铝合金产业链、做强做大，做专做特铝产业，把我国建成铝业大国和强国。

铝及铝加工产业应立足国内，面向世界。准确把握世界最新的先进技术和应用消费动向，建立以市场为导向的产品技术开发体系、研发对国防军工和国民经济发展有重要作用及具有市场潜力的新产品、新材料及与大生产相适应的成熟的工艺技术；合理利用和分配资源，加强产业间的紧密联系；优化产品结构，储备有长远生命力的技术含量高、附加值高的换代产品；形成有自主知识产权的专有技术及相应的工艺装备，扩大品种规格范围，主导产品质量达到国际先进水平，提高铝产业的国际竞争力，建成若干个世界一流的现代化企业集团。

① 加强宏观调控的力度，充分发挥政府指导和市场调剂相结合的作用。全面新观念，大胆创新体制和机制，合理利用和调配资源，根据国情国力，重新配置（布局）和构建我国的铝及铝合金产业，关、停、并、转一大批规模小、管理差、技术和设备落后、能耗大、环保差、产品质量差、技术含量低、无销路的弱势企业，建造若干个大型的、现代化的、国际一流的铝业集团，提高我国铝工业的整体水平，真正成为我国基础材料的支柱产业，满足我国国防现代化和国民经济的持续高速发展的需求，同时加强内部核心竞争力的建设，提高国际竞争力。

② 加强上下游产业的合作与协调，提高企业集团的整体效益。加强上下游企业的合作与协调是世界大型铝业集团的主要特点之一，整合铝土矿、氧化铝、电解铝、铝合金加工材与铸造材以及深加工产品生产的各个环节。各自发展优势，上下紧密衔接，一环紧扣一环，可以简化工艺流程，减少工序，节约资源和能耗，减少运输，便于经营和管理等。如采用电解铝厂的铝液直接加废料和合金元素铸造成型或铸成挤圆锭、大板锭或连续铸轧卷，可以大大减少铸锭重熔所造成的资源和能源浪费。另外延伸产业链也是我国当前发展铝产业的一条好途径。如铝产业素有“电老虎”之称，铝业的发展受电价的制约，因此，煤（水）-电-电解铝-铝加工的产业链延伸，大大加强了产业内的联系，不仅便于经营管理，而且可节约资源和能耗，降低产品成本。又如铝型材直接深加工成门窗、幕墙，铝铸件和压铸件直接加工成汽车零部件，大型铝合金型材直接组焊成地铁或高速列车车厢等铝合金材料-深加工产品的产业链延伸，是一条多快好省，大大提升铝材附加值，增加企业经济效益的有效途径。

③ 结合国情，加大产业和产品调整力度。坚持军品、民品、新品并举、并

进、并重的工作思路。在军品上，坚持质量为先，注重科技研发和质量提升，实现关键配套合金品种全覆盖，保持在军工配套领域的核心地位和竞争优势；在民品上，推进现有的高精民品升级换代，扩大产销规模，抢占中高端产品市场，提高产品的市场竞争力和行业引领力；在新品上，抓住绿色环保、轻量化发展机遇，加快研发生产具有市场前景的交通运输、通用航空、新兴产业铝合金材料，积极创新开发终端消费品，引领行业发展潮流，用新品支撑起企业的明天。另外，铝业上游产品（产业）的规模和发展速度要适当放缓，而把资金、人力集中在对国防军工和国民经济高速发展有重大作用的铝合金铸造材料和加工材料以及深加工产品，这是日本铝业发展的成功之道。日本是资源贫乏的国家，却成了世界的铝加工大国和强国，主要是因为日本重点发展铝业的下游产品（产业）获得了巨大的经济效益。据资料统计，工业发达国家的各大型现代化铝业集团其主要收益无一例外地来自铝业的下游产品——铝铸件和压铸件、铝加工材料及深加工产品。目前我国铝业收益主要来自氧化铝和电解铝这种状态应该改变。在调整产品（产业）结构时，不仅要考虑最大效益原则，还要兼顾提升国力和企业竞争力；提升产品的技术含量和质量水平；扩大应用前景及提升国内外市场与潜在市场的需求等，因此，根据我国铝业现状与发展趋势，应大刀阔斧地调整各类产品（产业）的结构比例，如电解铝与氧化铝、冶金级铝和非冶金级、氧化铝、原铝铝和再生铝、铸件与压铸件、铸轧坯与热轧坯、挤压产品与轧制产品、建筑型材与工业型材、中低档产品与高档产品；铝合金材料与深加工产品等的比例，使我国铝业走上健康高效的发展轨道。

④ 注重节能、环保、再生铝的综合利用，发展循环经济，坚持走持续高速发展的道路。铝产业是有名的“电老虎”，在各个生产环节中又会产生有害的粉尘、废气、废液、废水等污染物，严重破坏环境，这与现代化工业和文明社会是格格不入的。因此，要花大力气加以治理，决不能把牺牲环保和资源作为发展铝产业的代价。节能与环保的重要措施是改进生产工艺，采用先进的设备工装和优质原辅材料，加强监视与治理。但大力发展再生铝及其综合利用也是节能和环保的重要措施，而且也是铝产业发展循环经济，实现持续高速发展的有效途径。

⑤ 通过政府部门的协调，密切与相关产业的联系，拓展铝材的应用领域和范围，优化出口结构，减少或限制原铝的出口。19世纪70年代，美国政府为了缓解能源危机和避免汽车工业的萎缩，曾动员全国的人力、财力和物力实施了一个庞大的铝业发展计划，在此过程中，促成了铝产业与汽车工业和车辆制造业等相关产业构成了紧密的相依关系，你中有我，我中有你，以求共同发展。因此，中国也应由政府出面，促成铝产业与汽车工业和交通运输业等的亲密伙伴关系。中国应成立相应机构和专门的汽车铝合金材料和零部件技术开发中心

或研究院所，形成强大的汽车铝合金材料与零部件产业，在加速我国汽车工业现代化发展的同时，也会促进我国铝产业的发展，对优化铝产品的出口也大有好处；与其他相关行业，如航天航空业、车辆制造业、船舶工业等也应加强联系，建立彼此依存共同发展的紧密关系，扩大铝材的应用，加速铝业的发展。

⑥ 在国家层面上整合全国铝合金研究的优势力量全局协调高性能铝合金材料研发、基地和平台的建设，不断增强我国铝合金材料研究的创新能力。首先应建立有效的产、学、研、用有机结合体制，立足技术创新。特别应注重集成创新，使我国引进的和自主创新的先进技术有机结合，为铝产业的持续发展提供前瞻性的技术储备。其次，发挥铝合金材料工程化研究基地的技术创新作用，使其能向铝合金材料制备企业转移生产技术，快速形成稳定、高质量的批量生产能力。尤其要重视工程化研究关键环节，如铝合金大锭铸造、大规格材料塑性变形、热处理、预拉伸等关键工程化技术，尽早建成连续化、自动化的现代生产线，实现产业化。

作者简介

熊艳才　工学博士，北京航空材料研究院教授级高级工程师，研究方向为铸造合金及工艺，以铸造铝合金及工艺的研究为主，从事铝锂合金、高强铝合金及工艺、大型复杂航空铝合金铸件的研究与开发，及大型复杂航空铝合金铸件铸造过程的模拟与测试的研究，并应用快速成型技术进行了铸件的研制，在国内外学术刊物上发表论文20余篇。

第9章 先进稀土电极材料

韩树民　王立民　陈云贵

9.1 发展稀土电极材料的产业背景与战略意义

近年来，随着人们对城市空气质量及地球石油资源危机等问题的日趋重视，保护环境和节约能源的呼声日益高涨，促使人们高度重视电动车及其相关技术的发展。而开发持久耐用的先进动力电池是电动汽车发展的关键。近年来锂离子电池因其较高的比能量密度而发展迅猛，但由于使用有机电解液导致的电池动力学性能和低温性能差的问题，使其应用受到一定限制。同时，在安全和回收利用等方面也存在突出问题。与之相比，金属氢化物/镍（Ni/MH）电池以水溶液作为电解质，具有传导速率快和反应活性高的优点，使Ni/MH电池表现出优良的动力学性能和宽温域特性。此外，Ni/MH电池由于同时具有使用安全性高、绿色无污染和易于回收利用等优点而被认为是新能源汽车动力源，特别是HEV、军工、通信、智能家电和电动工具等领域广泛使用的移动动力源。

目前，全球镍氢电池产量的95%以上产自中国和日本，镍氢电池应用的市场主要为混合动力车（HEV）和消费类电器产品两大领域。在全球发展低碳经济的背景下，各国高度重视新能源与节能汽车产业的发展，给镍氢动力电池市场带来了前所未有的机遇。世界第一款量产混合动力汽车丰田普锐斯，从1997年开始销售至今，保有量已经超过1100万辆。目前，在生产的混合动力车型超过70种，销量较高的除丰田普锐斯外，雪佛兰沃蓝达、雷克萨斯全混系列、宝马5系混动、荣威550插电版、比亚迪秦等也都有优秀的销售成绩。混合动力汽车早已成为汽车市场重要的组成部分。现有HEV电池90%以上的市场份额为镍氢动力电池。前三大HEV制造商分别为丰田、本田和现代，三者占据全球市场份额的90%以上。中国电池制造厂商也在逐步进入该领域，湖南科力远新能源股份有限公司是目前国内最具代表的镍氢汽车动力电池生产厂商之一。该公司开发的混合动力汽车镍氢电池成功产业化后，公司成为全球领先掌握混合动力汽车电池核心制造技术的中国企业，国内市场占用率将达到80%以上，典型代表用户包括：丰田、本田、吉利、长安、东风、中国中车股份有限公司、安徽江淮汽车股份有限公司、佛山市飞驰汽车制造有限公司、天津市松正电动汽车技术股份有限公司、科力远混合动力技术有限公司、科力美汽车动力电池有限公司等。HEV的发展促进了高功率镍氢动力电池的发展，在今后的5～10年，动力镍氢电池仍是HEV电动汽车应用的主流电源，将会以每年10%左右的速度增长。

镍氢电池的第二大应用市场为消费零售市场中常见的可充电电池，即民用消费电池。民用镍氢电池是一个集中度较高的市场，该产品构成独立的产品市场。随着工业制造技术升级和民用市场的消费升级，镍氢电池对镍镉电池、一次性电池的替代需求会进一步增加，受锂离子电池的影响，近期整体市场需求以3%～5%的速度下降，生产供应商之间的竞争日趋激烈。主要下游产品市场包括以下几种。

① 充电式电动工具镍氢电池　电动工具全球出货量，所用电池的市场份额最初由镍镉、镍氢电池占据，目前，镍镉电池约占70%，镍氢电池占比约10%，其他电池（锂离子、镍锌、镍铁）约占20%，随着镍镉电池将被禁止使用，镍氢电池的份额会有所增加，但锂离子电池、镍锌电池、镍铁电池等因其成本持续下降，受到越来越多电动工具厂商的关注，市场份额正在快速变化。

② 个人护理小家电用电池　剃须刀、电动牙刷、电推剪、脱毛器、电子按摩器等个人护理小家电用电池主要以镍镉电池为主，镍氢电池为辅。因镍镉电池的环境污染问题，未来个人护理产品电池的应用将逐渐向镍氢电池、镍锌电池、镍铁电池、锂电池转型，形成以碱性电池为主的格局，市场规模将会继续增长但速度将放缓，随着细分市场的进一步培育，电池的应用也会向高端产品转移。

③ 吸尘器等家用电器镍氢电池　吸尘器因其设计和使用要求绝大部分使用镍氢电池，少数使用锂离子电池。我国是吸尘器生产大国，销量和出口量居世界第一，以代加工及出口为主，主要面向欧美国家，目前该市场已逐渐饱和，销量增长有限，但随着居民生活水平的不断提高及消费观念的转变，亚洲发展中国家吸尘器的需求量必定有一个新的超越，发展潜力巨大。

总之，在Ni/MH电池的发展中，负极材料的研究和开发是推动Ni/MH电池发展的关键环节之一。稀土储氢合金电极材料在镍氢电池应用方面的开发，目前已取得了举世瞩目的成就，今后稀土储氢合金主要向高性能化方向发展。

1969年荷兰Phillips公司实验室的Zijlstra等在磁性材料研究中首先报道了$SmCo_5$稀土金属间化合物在室温和20个大气压（1个大气压=101.325kPa）下可以吸收2.5个氢原子，随后Vucht等对$LaNi_5$、$SmCo_5$和$La_{1-x}Ce_xNi_5$的研究发现在室温和一定压力条件下这些稀土金属间化合物确实可以吸收大量的氢，并且在室温条件下当压力降低时所吸收的氢原子又可以被释放出来，这一现象引起了人们广泛的兴趣，特别是Vucht等的研究表明在2.5个大气压下$LaNi_5$可以吸收

6.7个氢原子，由此可推算出在$LaNi_5$中的氢的密度达到了$7.6\times10^{22}atom/cm^3$，这几乎是液态氢密度的2倍，其最大的引人之处在于$LaNi_5$型稀土金属间化合物可以在室温下吸放氢，并且易活化、吸放氢平台压力适中、并且吸放氢过程中伴随有热效应、磁效应、机械效应、电化学效应和催化效应等，引起人们的广泛关注。1972年美国COMSAT实验室研制出了以$LaNi_5$为负极材料的Ni/MH电池，但因其循环寿命等性能还不能满足实用化的要求，因而没有得到广泛的应用。1984年，荷兰Phillips公司实验室的Willems发现用Co替代部分Ni虽然会使$LaNi_5$的容量下降，但循环寿命会显著提高，并通过研究得到了具有很长循环寿命的$La_{0.8}Nd_{0.2}Ni_{2.5}Co_{2.4}Si_{0.1}$合金，其1000次循环后的容量下降只有30%。在提高$LaNi_5$系合金充放电循环稳定性的问题上取得了突破，使得以储氢合金为负极材料的Ni/MH电池逐步趋于实用化。这些研究结果引起了人们在稀土储氢合金元素替代和制造工艺方面的广泛研究。如用Al、Mn、Fe、Cu、Si和Sn等替代Ni，并且为了降低材料成本，稀土部分采用了Mm混合稀土代替纯La，通过这一系列的研究，负极储氢材料的性能有了非常大的改善，并使其达到了实用化阶段。并在20世纪90年代镍氢电池从实验室研究走入商业化实用阶段。通过研究，最终确定AB_5型负极储氢材料的成分主要以Mm（NiCoMnAl）$_5$为主，并且从成本和实用化的角度研究发现成分配方为$MmNi_{3.55}Co_{0.75}Mn_{0.4}Al_{0.3}$时具有较好的综合性能，并被作为$AB_5$型负极储氢材料典型的成分配方。随后为满足成本、功率性能、高低温性能等要求人们又相继开发出不同的AB_5型负极储氢材料，如低钴（6%Co、3%Co和无Co）储氢材料，无Pr、Nd储氢材料等。

近年来，随着电动汽车、移动设备的快速发展以及新型清洁能源（如太阳能、风能等）的储能需要的快速增长，动力电池市场需求以每年大于20%的速度迅猛发展。特别是最近几年，具有更高能量密度的锂离子电池市场需求十分强劲，使镍氢电池受到了巨大冲击和挑战。为了提高镍氢电池的能量密度，研发比目前商品化的AB_5型稀土基储氢合金更高性能的电极材料已成为当务之急。

1997年，日本Osaka国家研究所发现了一种具有$PuNi_3$型结构，化学式为RMg_2Ni_9（R=Re、Ca、Y）的AB_3型（A=Re、Mg等；B=Ni）储氢合金。2000年，Chen J等研究了$LaCaMgNi_9$储氢合金，最大放电容量可达356mA·h/g。日本东芝公司Kohno等报道了过计量比的$La_{0.7}Mg_{0.3}Ni_{2.8}Co_{0.5}$合金的放电容量高达410mA·h/g。2005年11月日本三洋公司首次宣布La-Mg-Ni基储氢合金形成批量化生产，并利用此合金制备出了容量为AA2000、循环寿命可达1000周（IEC标准）的超低自放电电池。该电池较好地解决了镍氢电池固有的自放电大的问题，使镍氢电池的容量保持率由月衰减20%降低到年衰减15%。新型La-Mg-Ni基储氢合金电极材料，由于具有高容量和低自放电等优点，被认为是有望替代传统AB_5型稀土基储氢合金作为Ni/MH电池负极的理想材料。然而，La-Mg-Ni基储氢材料的制备技术则一直被日本企业所垄断。现在存在的主要问题是Mg的控制工艺和产品结构设计调控等没有得到实质性解决。同时，由于具有超堆垛结构的La-Mg-Ni基储氢合金在结构上十分复杂，多种类型的相结构组成和生成条件极其相近，很难调控相结构和获得单相结构，导致性能的稳定性下降。同时，在生产过程中，低蒸气压的镁元素挥发也存在安全隐患。所以，La-Mg-Ni基储氢合金的产品研发和生产及其应用等都遇到巨大困难和限制。

我国广大科技工作者自2000年开始对La-Mg-Ni基储氢合金的制备技术、相结构和电化学性能等进行了系统和深入研究，揭示了这类合金的特殊超堆垛结构的生成机理和电化学特性，指出了不同类型相结构的AB_3型、A_2B_7型、A_5B_{19}型和AB_4型La-Mg-Ni基储氢合金在吸/放氢过程中氢原子的存在状态、分布和进出行为的差异，以及对其结构稳定性及其电化学性能的影响规律。同时，科技工作者发现正是由于这类合金晶体结构的多样性，使其表现出多样性的优良储氢性能，从而更加明确了La-Mg-Ni基储氢合金作为新一代Ni/MH电池负极材料的潜力。

在揭示了La-Mg-Ni基储氢合金相结构转变规律、生成条件及其对储氢性能影响的基础上，通过改进熔炼金属Mg和热处理工艺，实现了合金规模化生产要求的精确控制和安全操作，所制备合金电化学容量大于380mA·h/g、寿命可达到1000次循环以上，并且合金在功率性能、低温性能和低自放电性能等方面表现出优异的特性，比目前已商业化的混合稀土AB_5合金电极材料具有更加优良的特性和高的性价比。以上结果表明，新型La-Mg-Ni基储氢合金可以显著提高Ni/MH电池的性能和市场竞争力，表现出良好的市场应用前景。因此，在已经取得的具有自主知识产权的La-Mg-Ni基储氢电极材料大量基础研究成果的基础上，积极开展新型稀土-镁-镍基储氢材料的工业化生产技术研发和电极材料在高容量动力电池的应用技术研究显得非常紧迫和必要。

我国自1993年储氢材料和镍氢电池产业化以来，2008年储氢材料的年需求量最高达到12000t，其后由于稀土和Ni、Co的涨价及锂离子电池的竞争，年需求量逐步下降，近几年一直稳定在8000～10000t/年。但是，由于低自放电镍氢电池的开发以及混合电动车的快速发展，日本在储氢材料的用量则一直维持在15000～18000t/年。

根据预测，在未来若干年，镍氢电池由于以下三方面的市场需求将会逐步扩大，甚至会快速发展，全球储氢合金市场需求量因此可能增加3万吨/年。

① 代替逐步淘汰的镍镉电池。国家环保总局2008年第一批“高污染、高环境风险”产品名录中列入了镍镉电池产品　自2016年1月1日起，无线电动工具中使用的镍镉电池将在欧盟全面退市。我国是全球镍镉电池的制造中心和最大出口国。镍镉电池的产销量每年大约10亿只（与镍氢电池相当），消耗镉1万吨

左右。一只镍镉电池中的Cd可以用容量为300mA·h/g的储氢合金等量代替。

② 用于混合电动车（HEV） 从日本新能源汽车发展历程以及我国目前新能源汽车的发展趋势看，我国的混合电动汽车（HEV），特别是电动大巴将会有一个快速的发展，从而带动镍氢电池需求量的大幅增加。1997年日本丰田正式推出PRIUS混合电动轿车（HEV），目前全球销量已经超过1100万辆，我国也有长安捷勋和一汽公司等开发装配镍氢动力电池的混合动力车，因此，装配镍氢动力电池的混合动力车已经在全球得到了广泛的认可。2015年HEV的全球销量为161万辆；2015年我国混合动力客车产销量近3万辆，插电式混合动力车产销量为83610辆。各类混合电动车主要采用镍氢电池，镍氢电池的综合优势最为明显。我国《节能与新能源汽车产业规划（2011～2020年）》中明确提出到2020年，我国中、重度混合动力乘用车将达到250万辆。按照混合动力每辆车采用168个6.5A·h镍氢电池作为动力电池，消耗储氢合金约5kg计算，约需合金1.25万吨。

③ 代替一次性电池（干电池） 日本低自放电Eneloop镍氢电池已经进入100多个国家，年销量5000多万只。Eneloop的单次平均使用费用远远小于干电池，中国干电池的年消耗量约80亿只，如替代10亿只AA型干电池，按每支使用10g储氢合金粉计算，约需合金1万吨。

根据目前市场需求，镍氢电池用储氢合金产品从用途上分类，大致可以分为两类：动力型产品和民用消费型电池用产品。前者属于高端型产品，主要为新能源汽车（EV、HEV、PEV）、储能电源、备用电源、移动电源、智能家电和电动工具等提供动力的镍氢电池材料。根据电池的特定用途，储氢合金产品又可分为：高容量、高功率、低自放电、高/低温（宽温）等多种类型。由于稀土-镁-镍基储氢合金的特殊结构使其在上述特性方面表现出极大的优势，可很好地满足上述需求，在上述市场中将新形成需求约5000t/年左右，以及逐步替代消费型电池稀土AB_5型储氢合金产品的一定市场份额。根据预测，未来2～3年市场对新型稀土-镁-镍基合金电极材料的需求将超过10000t/年，年产值约13亿元以上。

近年来，许多稀土电极材料生产企业和研发机构在新型La-Mg-Ni基储氢合金的研发、生产和应用等方面已经开展了大量工作，表明新型稀土-镁-镍基电极材料具有良好的发展潜力。不仅有利于为新能源镍氢动力电池提供材料保障，也有利于扩大市场应用和促进Ni/MH动力电池产品的更新换代和提升竞争力，为推动电动车产业的发展做出贡献。同时，还对发挥我国独特的稀土资源优势以及平衡轻稀土镧的消费，促进稀土产业平衡健康发展具有重要的意义。

通过多年研发，燕山大学在La-Mg-Ni基储氢合金的组成、结构和性能的研究中取得了大量理论成果和积累了丰富经验，研发出了具有自主知识产权的组成和结构控制制备技术。目前，已在包头中科轩达新能源科技有限公司建设了一条La-Mg-Ni基储氢合金工业生产示范线，成功实现了规模化生产，其产品已在科霸镍氢动力电池和稀奥科镍氢动力电池中进行了成功应用，其产品的循环寿命超过稀土基AB_5型储氢合金，不仅放电容量得到大幅度提高，并且在低温、低自放电和功率性能指标方面表现出更加优异的特性，表现出良好的市场前景。

中国科学院长春应用化学研究所，自20个世纪90年代初开始研制镍氢电池用稀土储氢合金，“十五”期间，在镍氢电池负极用宽温储氢合金研究方面获得突破性进展，研制出可在-40 ～ 55℃温区使镍氢电池有效工作的新型负极储氢合金。此类储氢合金从容量特性、可靠性、宽温性、性价比等综合性能指标看，是宽温动力镍氢电池理想的负极材料，已在我国寒冷区域高技术和电动车等领域应用和取得了良好效果，也为研制大型宽温区动力型镍氢电池奠定了基础。

四川大学成功开发出的系列镧铈储氢电极合金和宽温区镍氢电池，取得了大量的科技成果、发明专利等，并实现了产业化。储氢电极合金不仅不再采用昂贵的钕镨稀土金属，而且制造出的镍氢电池具有优异的性能，特别是可以在-50 ～ 55℃的非常宽的温度环境中使用，且功率输出能力很强，在高寒地区装甲等装备的超低温大电流启动等领域的应用非常成功。这个高功率镍氢电池也是具有市场前景的混合动力汽车最佳选择之一。此外，四川大学在无钴、低钴更低成本储氢合金、高温镍氢电池、高比能镍氢电池等方面也取得了大的进展。

9.2 稀土电极材料全球发展现状及前景，先进国家的发展策略及经验

石油和煤炭是人类两大主要能源燃料，但由于它们储量有限，使用过程中产生环境污染等问题，因此解决能源短缺和环境污染成为当今研究的重点之一。氢是一种完全无污染的理想能源材料，具有单位质量热量高于汽油两倍以上的高能量密度，可从水中提取。氢能源开发应用的关键在于能否经济地生产和高密度安全制取和储运氢。稀土储氢合金可以在常温、低压、高密度情况下储存氢，是一种理想的储氢介质，在未来的氢能时代具有很大的应用潜力。

1969年荷兰菲利浦公司发现典型的稀土储氢合金$LaNi_5$，从而引发了人们对稀土系储氢材料的研究热潮，从20世纪90年代开始在镍氢二次电池中得到大量应用。镍氢电池于1988年进入实用化阶段，1990年在日本开始规模生产，此后产量成倍增加。2000年日本镍氢电池产量达到7亿只左右，中国的产量不足1亿只。近年由于在手机、笔记本电脑和数码相机等领域受到锂离子电池强有力的竞争和中国同行的崛起，日本镍氢电池产量下降到5亿只左右，中国企业的产量也上升到5亿只左右。全球90%以上的镍氢电池产自中国和日本。镍氢Ni/MH电池具有比能量高、循环寿命长、无记忆效应、良好的耐过充放能力、安全性

好、环境相容性好以及工作温度范围宽（−45 ～ 60℃）等优点，广泛应用于各类便携式电子产品、电动工具、纯电动汽车（EV）、混合电动汽车（HEV）、现代军事电子设备以及航天等领域。目前全球的Ni/MH电池的生产企业主要集中在中国和日本，中国以小型电池为主，日本以大型动力电池为主。截至2016年4月，全球采用镍氢电池的HEV累积销量已超过1100万辆，其中丰田油电混合动力汽车全球累积销量已超过900万辆。近年来随着HEV呼声的提高，高功率镍氢动力电池以其综合性能优势而成为HEV动力电源的首选。从全球镍氢电池市场发展现状来看，小型镍氢电池市场需求在逐步下降，大型电池的需求稳定上升。

镍氢电池为了应对锂离子电池的挤压，近年来致力于体积能量的提高，功率特性和高低温性能的改善，提高材料性能和增加电池内填充密度。镍氢电池体积能量密度从1990年的180W·h/L增长到400W·h/L以上，AA电池的容量从1000mA·h提升到2300mA·h，三洋公司报道已开发出容量达2500mA·h的AA型镍氢电池。镍氢电池的能量比的提高使其在通信和便携家电等领域内仍具有一定的竞争力。

近年来，人们对城市空气质量及地球石油资源危机等问题日趋重视，保护环境、节约能源的呼声日益高涨，促使人们高度重视电动车及其相关技术的发展，美国、法国、中国（上海市）等均相继通过立法限制燃油车，大力发展电动车。受国情影响，欧美等发达国家如美国、德国、法国、日本等开发的电动车以电动汽车为主，发展中国家尤其是中国，近期的电动车市场主要为电动摩托车和电动自行车。据统计，国内已有200家公司、企业着手小型电动车的开发、生产和应用。

根据美国USABC和日本公司对各种电动车用电池的性能以及发展潜力比较论证，综合考虑电池的可靠性、安全性、电池材料的资源与环境问题以及电池性能的发展趋势，确定镍氢电池是近期和中期混合电动车用首选动力电池。混合型电动车的发展促进了高功率Ni/MH动力电池的发展。混合型电动车被认为是目前最实用、最具有前景的清洁车型。日本松下与丰田合资生产的混合型电动汽车采用1.4L高效发动机，6.5A·h电池240只串联，电池组总重40kg，耗油为原来的1/2，行程700多千米，排污为汽油机的1/20。该混合型电动汽车于1997年上市，美国能源部调查结果也表明，HEV将成为市场的主流产品。估计2020年HEV将占世界汽车总数的50%。

电动工具市场长期以来被具有高倍率放电特性的镍镉电池垄断。中国电动工具生产量占世界总产量的30%。而且每年对欧美均有大量的出口。2008年起，欧盟已做出决定，将逐步减少直至不再允许使用镍镉电池，这给镍氢电池提供了一个良好机会。由于镍镉电池负极材料镉有毒，对环境造成污染，世界各国将禁止使用。镍氢电池功率特性在保持镍镉电池1.5倍的能量密度前提下，放电倍率从5C提高到20C。现在，高功率镍氢电池已经进入长期被镍镉电池垄断的电动工具市场。环境保护要求对镍镉电池的限制给镍氢电池提供了一个很好的进军电动工具市场的机会。这个市场大约需电池5亿只/年。镍氢电池的现状与发展见表9-1。

表9-1　镍氢电池的现状与发展

项目	现状		近期	远期
	中国	日本		
产品水平	AA型电池 2200mA・h	AA型电池 2400mA・h	AA型电池 2500mA・h	AA型电池 2600mA・h
研究水平	AA型电池 2400mA・h	AA型电池 2500mA・h	开发新型储氢合金	新型储氢合金产业化
应用	电动助动车、手机电池、电动工具、电动玩具	电动助动车、手机电池、笔记本电脑、混合型电动汽车	电动助动车产业化、混合型电动汽车样车、电动汽车动力源	混合型电动汽车产业化、电动汽车样车
规模	16亿安・时	16亿安・时	30亿安・时	50亿安・时

镍氢电池性能的提高与作为关键负极材料的储氢合金研发进展是密不可分的，经过多年的发展，传统的稀土基AB_5型合金的放电容量已接近其理论极限（约350mA・h/g），已不能满足镍氢电池对高比能量的需求，为了提高镍氢电池的竞争力，开发新一代高容量储氢合金电极材料已成为国内外学术界和企业界的共同心声。AB_2型（$C_{14}C_{15}$型）Lavas相合金具有更高的储氢量，其理论容量可达482mA・h/g，是目前高容量型储氢合金电极研究开发的热点，目前实际达到的电化学容量为380～420mA・h/g，但是由于AB_2合金存在初始活化性能和高倍率性能较差以及合金成本较高等问题，受到极大限制。同时，另一种具有特殊超堆垛结构的新型La-Mg-Ni基储氢合金电极材料，由于具有高容量和低自放电等优点，被认为是有望替代传统AB_5型稀土基储氢合金作为Ni/MH电池负极的理想材料。这类La-Mg-Ni基合金是由［$LaMgNi_4$］［AB_2］和［$LaNi_5$］［AB_5］亚单元以不同比例堆垛而成，不仅不同组成的相结构（AB_3、A_2B_7、A_5B_{19}或A_6B_{24}）之间存在差异，而且，相同组成相也具有两种不同构型（2H和3R）。三洋公司首先报道了已开发出容量超过400mA・h/g的新型La-Mg-Ni基储氢合金。由于该类型合金晶形由1个AB_2型亚单元结构与多个AB_5型亚单元结构组成，因此，在动力学性能方面表现出更加明显的优势。一般情况下，使用新型La-Mg-Ni基储氢合金作为负极材料，镍氢电池的10C放电容量可超过200mA・h/g，可以很好地满足新能源电动车高功率的要求。

2016年，BASF-Ovonic公司通过多元合金化，调整合金中相组成和相丰度，介入具有高催化活性的Zr-Ni以及Ti-Ni第二相，充分利用合金中的成分和结构无序及多相结构的协同作用，改善了新型La-Mg-Ni基储氢合金材料的活化、倍率、低温以及循环性能。燕山大学韩树民教授课题组通过Al抑制合金粉化和形成钝化氧化层，改善La-Mg-Ni的循环寿命，通过优化Al含量可以获得循环性能优于稀土AB_5型合金，并且放电容量可达380mA·h/g的新型La-Mg-Ni基储氢合金电极材料。目前，据报道日本FDK运用La-Mg-Ni合金制备的长寿命Ni/MH电池的循环可超过6000次。

现阶段先进Ni/MH电池的整体发展主要面向高能量、高功率、宽温区、低成本、低自放电等方向并且已经获得较大的进展。目前镍氢电池的正极都采用β-NiOOH/β-$Ni(OH)_2$循环，在电化学反应过程中Ni原子理论电子转移数为1，理论比容量为289mA·h/g，经过多年开发，β-$Ni(OH)_2$的实际电化学容量已接近理论值。而α-$Ni(OH)_2$/γ-NiOOH的理论电子转移数可达1.67，理论比容量为480mA·h/g，并且与β-$Ni(OH)_2$相比，α-$Ni(OH)_2$具有更高的放电电位、更平坦的放电平台、更高的电化学活性以及电极不易膨胀等优点，具有巨大的研究和商业价值。但是，由于其在强碱性溶液中稳定性差而会转化成β-$Ni(OH)_2$，并且堆积密度低等问题制约其应用。目前国内外学者通过化学沉淀、电化学沉积、溶胶凝胶、水热合成等不同的方法合成α型、α/β混合型$Ni(OH)_2$。

Al掺杂的α-$Ni(OH)_2$具有较好的稳定性、优良的可逆性、高的电极电位和库仑效率以及较低的内阻，是一种非常有前景的新一代镍电极活性材料。有学者通过液相沉淀法制备Ni-Al LDH/C复合材料作为Ni/MH电池正极材料，该材料能够在2C倍率下放电容量超过380mA·h/g。2016年，BASF-Ovonic公司报道了在高容量正极材料研发上的进展，他们通过连续过程组装具有核壳结构的α/β-$Ni(OH)_2$正极材料，合成时材料为单一的β-$Ni(OH)_2$，在活化过程中，核部低Al含量部分仍然维持为β型，而外层高Al含量部分则转变为α型，该材料放电比容量高于350mA·h/g，并且循环性能良好。其运用此正极材料与传统AB_5型储氢合金负极材料研制出比能量高达127W·h/kg的Ni/MH电池。此外其通过与BCC-C14型负极材料装配，设计研制出100A·h软包Ni/MH电池其质量比能量高达145W·h/kg，已超过商用$LiFePO_4$/C电池的137W·h/kg。中科院理化所报道模板合成高比表面积的Co-$Ni(OH)_2$比容量达到360mA·h/g。此外，2016年BASF-Ovonic报道了期望替换传统KOH水性电解液，拓宽Ni/MH电池电化学窗口，使用具有高电压的正负极活性物质，从而获得高比能的Ni/MH电池。其将冰醋酸融入疏水的［EMIM］［Ac］（1-乙基-3-甲基咪唑阳离子）离子液体中作为电解液，采用CVD法氢化非晶硅作为负极材料，充放电平台可达到1.37V，在小电流下最高放电容量高达3635mA·h/g。

2016年，上海微系统所报道通过对镍氢电池内压的测量，估算镍氢电池的剩余电量（SOC）。通过电芯内嵌的压力传感器来判断电池中剩余电量的情况，这一技术将会有效地帮助镍氢动力电池在新能源汽车中的应用与发展。至今，镍氢电池已经发展得十分成熟，全球镍氢电池的生产主要集中在东亚地区。根据中国化学与物理电源行业协会的数据，2016年镍氢电池出口量约为5.05亿只，与上一年相比，同比下降了6.83%。2016年镍氢电池出口额约为4.21亿美元，与上一年相比，同比下降了10.81%。出口主要目的地仍以香港、美国、日本为主；主要企业集中在长三角和珠三角地区，包括无锡松下、深圳豪鹏、益阳科力远、深圳比亚迪等企业。其中大规模生产的产品包括圆柱形AAA、AA、A、C、D型和方形系列电池，其中D型和方形电池产品系列主要应用电动汽车等。

当今，在新能源汽车的发展战略中，世界各国和地区都依据自己的评估做了不同的选择，对相关电池技术的研发及推广采取了不同的扶持策略。我国考虑到资源优势和技术的成熟程度以及在新能源汽车产业发展方面，把镍氢动力电池作为重点支持对象。据中汽协的数据，2016年中国新能源汽车共销售50.7万辆，吉利、长安、江淮等自主品牌纷纷加大混合动力汽车的研发和上市工作的力度。

2016年，中科院长春应用化学科技总公司与中盈志合科技有限公司签订合作协议，在年内建成年产4000万瓦·时宽温镍氢电池的生产线。近年来，长春应化所在新型宽温负极材料及其镍氢电池研究方面取得重要进展，目前已建成宽温镍氢电池中试线，电池可在-45～65℃范围有效工作。该类电池同时还具有长寿命和安全性好等特点，宽温镍氢电池不仅可以应用于装备、电动汽车和通信领域等的电源系统，还可为太阳能、风能发电等提供储能电源系统。该公司是吉林省首家大规模生产新能源电池——宽温镍氢电池的公司，这种电池可应用在军工坦克装甲车、高铁上，全天候运转，6～10min即可充电80%以上，能满足新能源电车快速启动的需求，解决了新能源大巴车运行距离短的问题。这种电池的一大特点是可以用于高寒地区，可在-45～60℃温度区域内有效使用，这项技术来源于中科院长春应化所，由中盈志合自主研发，具有完全自主知识产权，已经完成第一条生产线建设安装并投产，与一汽联合装配的12m镍氢电池的纯电动公交车也已申请国家新能源电动汽车目录。

2016年，极致动力科技（天津）有限公司在空港经济区的工厂内，金属圆柱型镍氢电池成功下线。“镍氢电池虽然在体积和重量上做不到锂电池那么轻薄，但是在安全性和充电能力方面绝对要大大优于锂电池。”极致动力科技（天津）有限公司的董事长魏喆介绍说，该公司生产的超级电池主要应用在大巴车以及码头吊取集装箱的吊车上，一辆电动大巴车需要297只电池。

2016年，丰田在中国强化混合动力车（HEV）用镍氢电池的生产体制，开始在中国生产电池单元。丰田2015年10月在中国推出了HEV版卡罗拉及其派生车“雷凌”，配备了在当地生产的镍氢电池组，而这些车辆配备的电池组是从中国出口电池原料到日本，在日本生产电池单元，然后再返回中国组装而成的。之后丰田在中国当地完成这一流程，以进一步降低成本。从2016年年末开始，由常熟的“科力美汽车动力电池有限公司（CPAB）”生产镍氢电池单元，该公司是丰田与松下共同出资设立的负责开发及生产车载电池的Primearth EV Energy（PEVE）的关联公司，由同为PEVE关联公司的常熟“新中源丰田汽车能源系统有限公司（STAES）”将多个电池单元组装成电池组。中国要求到2020年，汽车企业的平均燃耗值降至20km/L，丰田的战略是通过普及HEV来达到企业平均燃耗值，同时在作为全球最大汽车市场的中国普及HEV。该公司计划到2020年使HEV占到销量的30%。

各地政府近年来在积极支持新能源汽车发展，然而，新能源电动车始终开不进哈尔滨。因为电动车的电池耐严寒能力不足，在−30℃时就会无法启动。中科众瑞（哈尔滨）清洁能源股份有限公司依托中国科学院与哈工大的世界领先科研成果，在超低温镍氢动力电池方面取得重大科技成果。该公司充分发挥中国科学院的科技优势，生产研制宽温区动力镍氢电池及相关系列产品。据了解，一系列试验和运行数据表明，镍氢电池可以在−45℃释放90%以上的电能，这一特点说明该电池适应零下温度的寒冷城市，在高温60℃环境下仍能正常释放电能。中科众瑞的宽温镍氢电池不仅仅在家用车行业领域有用武之地，还可作为新能源汽车宽温动力电池、电力储能电池、轨道交通电力电池、装甲车电源、北斗卫星电源、太阳能及风能储能电池、基站备用电池、基站应急备用电源、无人机电池、激光枪电池、机器人电池、多功能汽车应急启动电源、宽温节能启动系统及国防军工等行业的特种电池。

国家不断趋严的双重法规压力（油耗法规和排放法规）再加之当前车企技术储备条件，发展混合动力是一种必然选择。2016年12月，国内专注研发混合动力技术总成系统的引领者——科力远混合动力技术有限公司（下称CHS公司）展出其自主研发的CHS汽车混合动力系统成果，而搭载该系统的国内首款自主深度油电混合动力汽车吉利帝豪混动版同步面世。CHS公司历时10年研发出的世界上第一套单模输入、复合动力分流的混合动力系统，拥有400余项自主知识产权专利以及283项全球专利许可，并于2015年通过国家专家组成果鉴定，认定已达到国际领先水平。在CHS混合动力系统的测试中，搭载该系统的混动车型百千米综合工况油耗为4.9L，整车排放达到了国家Ⅴ级标准。CHS混合动力系统将面向所有车企开放，产品涵盖乘用车、大客车、工程车等多种应用车型。为加速产业化推广步伐，CHS公司已于2016年在广东佛山动工建设年产100万台/套节能与新能源汽车混合动力总成产业化项目，CHS混合动力系统形成批量生产能力。内蒙古稀奥科镍氢动力电池有限公司是我国专业生产镍氢动力电池的厂家，生产电池的型号有D型和C型。D型功率电池主要用于混合动力汽车，主要车型有福特Escape混动、本田Civic混动及丰田Prius、Camry、Lexus等混动车型，已装车运行上万辆。

据介绍，相比纯电动汽车，混合动力最大的优点是成熟、稳定、安全、可靠，配备镍氢电池作为辅助动力，其核心价值是保证主动力永远处于最佳工况。换言之，使能源最大效率地被利用，最大限度地减少浪费。尽管镍氢电池安全性能最佳，但也存在比能量低的劣势。近日，科力远定增方案获证监会发审委审核通过，拟融资不超过15亿元，用于混合动力用镍氢动力电池、泡沫镍项目的建设及混合动力总成系统系列产品的进一步开发，以满足快速增长的混合动力汽车市场的需要。其中，13亿元用于湖南科霸年产5.18亿安•时车用动力电池产业化项目（一期工程）及常德力元年产600万平方米新能源汽车用泡沫镍产业园项目的建设。另外，除吉利汽车外，长安汽车和云内动力已对CHS技术平台投资参股，江淮汽车、海马汽车等也表现出浓厚的兴趣，国内数家客车企业也已与CHS展开深度合作。未来在混合动力领域内，无疑将涌入大量车企，竞争压力可想而知。对此，CHS打造的是非整车企业控股的开放平台，在国内产业链上具有唯一性。市场有了，进而夯实其产业化进程，提高技术门槛、降低成本，持续保持优势。

现在发展节能与新能源汽车已上升至国家战略，自2018年1月1日起，我国汽车贷款新政正式实施，新政对新能源汽车做出了定义，即“采用新型动力系统，完全或者主要依靠新型能源驱动的汽车，包括插电式混合动力（含增程式）汽车、纯电动汽车和燃料电池汽车等”。新能源汽车免征购置税延续3年，购买新能源汽车的“资金门槛”调低并享受更高车贷比例，银行大力发展新能源车业务，这将给新能源汽车提升更为广阔的成长机会。同时，我国新能源汽车补贴政策从严收紧，继续实施补贴退坡政策，财政部有意将2019年补贴标准调整至2018年实施，续航里程的门槛由原先的100km提升至150km。此外，动力电池的最低密度要求也提升到105W•h/kg。新能源汽车动力电池的密度、续航里程的重要性显而易见，在业内看来，未来补贴政策将逐步向高端新能源汽车倾斜，这将是技术、成本控制、市场等的综合较量。

9.3 我国发展稀土电极材料面临的主要任务和挑战

9.3.1 HEV将成为高功率镍氢电池的主战场，必须尽快研发高功率和高容量型镍氢动力电池负极材料

以日本丰田生产的镍氢电池混合动力汽车（HEV）已取得了巨大成功。截

至2017年1月，丰田公司的HEV汽车销量就超过了一千万辆，同时丰田公司在其MIRAI燃料电池轿车和SORA燃料电池大巴上均配置了镍氢电池。如图9-1所示，推断至2025年，镍氢电池潜在可用的车辆将达到2788万辆（弱混合动力车、混合动力车、燃料电池车），市场份额达25%；锂离子电池在插电式混合动力车和纯电动汽车上具有优势，该市场约1074万辆，市场份额达9.8%。考虑到高安全、高功率、宽温区的要求，镍氢电池在以HEV和燃料电池为主的动力汽车领域具有很强的竞争力，而能量密度高但安全性差的锂离子电池并不具有优势。我国的科力远公司与吉利公司合作推出了采用镍氢电池的帝豪EC7混合动力轿车，启动了我国镍氢电池HEV的自主产业，上汽、北汽、奇瑞、长安、海马等车企也积极展开与科力远的合作。

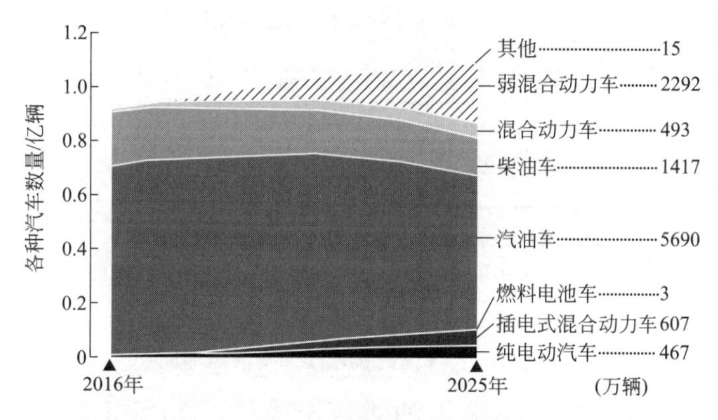

图9-1 2025年各种汽车的市场预测

因此，如何通过积极研发和推广高容量、高功率、低自放电和宽温区的新型稀土基储氢合金材料，并以此推动镍氢动力电池向高能量密度、高功率和低成本方向快速升级换代，已成为我国稀土电极材料所面临的主要任务和挑战。

9.3.2 加大镍氢电池在新能源储能、备用电源及消费类电源市场的推进力度

随着光电、风电、水电等绿色能源的快速发展，新能源发电储存以及电网本身对储能的需求越来越迫切。从图9-2中可以看出，镍氢电池可以实现几千瓦到几兆瓦储能功率的输出，放电时间（储能容量）可以实现秒级和分钟级的能量输出。

镍氢电池的优势在于：①安全可靠性更好；②成本更低。另外值得注意的是，就固定使用设施而言，电池质量并非决定性因素，关键在于空间，镍氢电池虽然质量比能量低于锂离子电池，但其体积能量密度已可与锂离子电池一比高低。因此，镍氢电池完全可以成为一项颇具潜力的储能技术。事实上，国内外一些先进电池生产商已着手镍氢电池在大规模静态使用领域的应用研究，并

相继取得了可观的成绩，如美国Cobasys公司、法国Saft公司和日本川崎重工等。

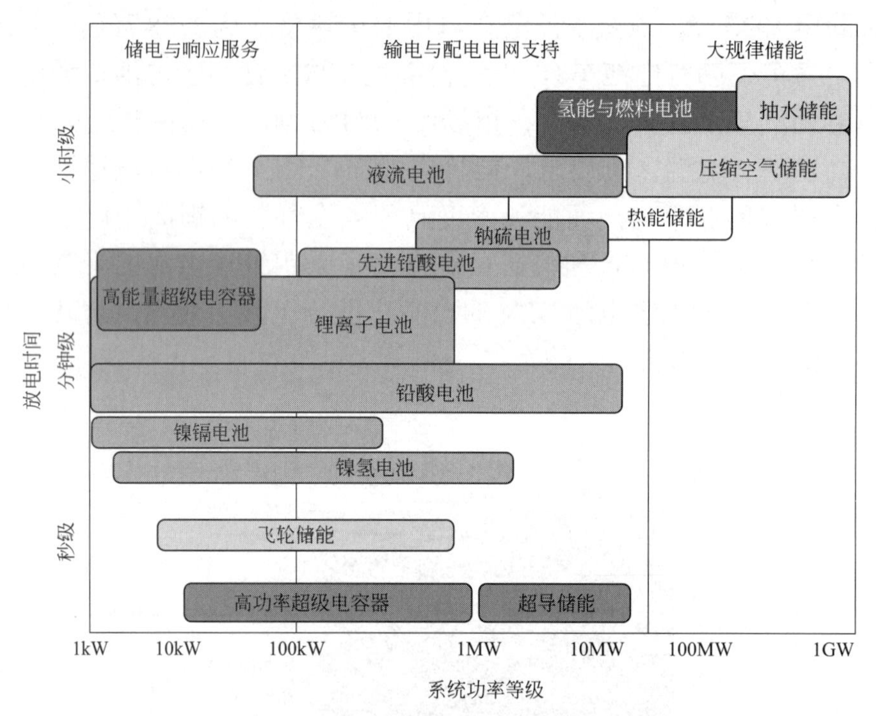

图9-2　各种储能技术功率与放电时间

随着环境要求的提高，镍镉电池将逐渐淘汰，铅蓄电池的使用也会受到一定约束。在安全性要求高的高铁和地铁等轨道交通用备用电源、通信基站用备用电源、企业事业重要单位等用备用电源中，镍氢电池的机会越来越大。另外，随着燃料电池成本的逐渐降低，燃料电池的市场推进速度会大幅度提高，燃料电池也会在备用电源领域有所作为。燃料电池需要蓄电池，镍氢电池应该与燃料电池联手推进在备用电源领域的市场。

日本松下开发的La-Mg-Ni系储氢合金实现了批量化生产，以其制备的AA型超低自放电高容量Eneloop电池迅速占领市场，能够代替大量的碱性一次电池。截至2016年12月，仅松下就已经销售了4亿只Eneloop低自放电电池。松下高端Pro型（BK-3HCD）最低容量为2500mA·h，充满电搁置一年后仍有85%的电量，可充放电循环500次以上。标准型BK-3MCC型Eneloop电池的最低容量为1900mA·h，充满电搁置5年后仍有90%的电量，搁置10年后仍有高达70%的电量，可充放电循环2100次以上。EneloopLite非常适合用于对容量要求不高的遥控及安全警报等启动电源。

上述储能、备用及消费类产品是镍氢电池扩大应用的重要市场，应着力研发和推广新型稀土系储氢合金关键材料，积极开展新型镍氢电池设计与制造等关键技术及装备的研发和改造，提升其在市场上的竞争力。

9.3.3　高比能镍氢电池的开发是镍氢电池新的机遇

Ni-MH电池的体积比能量和质量比能量均优于VRLA和Ni-Cd电池。经过30多年的发展，其体积比能量可达430W·h/L，可与锂离子电池相媲美。其质量比能量虽提高到110W·h/kg，但仍与锂离子电池具有差距，使得近年来小型镍氢电池的市场不断缩水。

2016年，BASF公司通过连续过程组装具有核壳结构的α/β $Ni(OH)_2$正极材料（WM12），该材料放电比容量高于350mA·h/g，并且循环性能良好。运用此α/β $Ni(OH)_2$正极材料与传统AB_5型储氢合金负极材料研制出了比能量高达127W·h/kg的软包Ni-MH电池。此外，通过正极材料与BCC-C14型TiZrVCrMnCoNiAl负极材料装配，采用1.2的N/P设计，研制出100A·h袋式Ni-MH电池，其质量比能量高达145W·h/kg，已超过商用磷酸铁锂/石墨、锰酸锂/石墨电池。

采用高比容正极材料，配合新型La-Mg-Ni系非AB_5型储氢合金电极材料，可以开发出能量密度更高的镍氢电池，可以极大地提高与磷酸铁锂、锰酸锂等锂离子电池的竞争力。考虑快充电、大功率、耐低温特性以及安全性等特殊要求，新型镍氢电池在商用车和插电式混合动力车上也有极高的竞争力。

另外一个值得关注的是开发导质子的固体电解质和离子液体，将可能大幅度提高镍氢电池的工作电压，其比能量将得到大幅度提高，从而将大幅度提升镍氢电池的竞争力。

9.3.4　稀土储氢合金在储氢领域也将大有作为

氢气将可能成为未来的主要燃料，燃料电池或蒸汽发电机都可以利用这种氢燃料发电。氢气的来源非常广泛，包括天然气、煤气、冶金、化工、包括弃光弃风弃水在内的电解水等，都会成为氢气的来源。因此，未来氢气的来源不是问题。

从发电效率看，氢气作为发电的燃料不如锂离子等蓄电池，蓄电池充电加放电可以达到90%，而燃料电池只有50%左右，蒸汽机发电效率更低，不超过30%。但正是因为燃料电池和蒸汽发电机的热效率高，这部分热是可以利用起来的，而蓄电池产生的废热却很难利用。如果能够把燃料电池或蒸汽发电机的余热利用起来，其总效率可达90%左右。这样比起来，储氢燃料加燃料电池或蒸汽发电机在效率上就不比锂离子电池等蓄电池差。更为重要的是，相比于蓄电池，储氢材料储氢不存在衰减问题，可以长期储存，而且循环寿命很长，安全性很高，相比更加具有优势。日本松下就出售家用燃料电池，燃料电池除了给家庭供电之外，还把燃料电池发电时产生的热水储存起来供给用户，见图9-3。

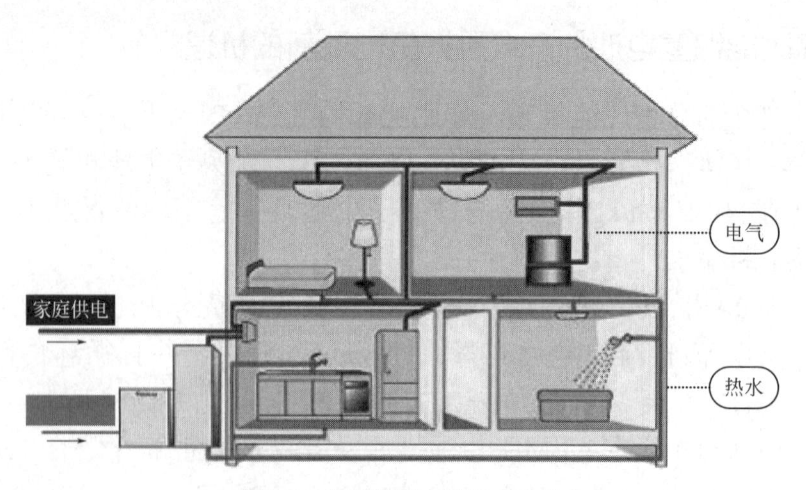

图9-3　家用燃料电池热电联供

稀土储氢合金虽然储氢量不高，约1.5%～1.7%（质量分数），100kg储氢材料含1.7kg氢气，相当于56kW·h的能量，考虑系统损失15%，100kg储氢系统的氢气能量约47.6kW·h，比能量可达476W·h/kg，从热电联供角度看这些能量都是有用的，这样的比能量是现有任何蓄电池不能比的。同时，稀土储氢合金的体积储氢量很高，系统储氢量可达50kg/m^3，能量密度可达1650W·h/L，这也是任何蓄电池无法比的，而且明显优于高压储氢系统的能量密度。

从容量衰减、循环寿命、安全性、环保性等角度分析，大力开发储氢材料储氢与燃料电池的热电联供系统是非常具有前景的，应该站在系统与用户端的角度，大力推进稀土储氢合金在这个领域的应用，解决材料、零部件及系统的关键技术和用户接口技术问题。

9.3.5　进一步降低成本是面临的一个关键问题

制约Ni/MH市场应用的一个很重要的因素是其成本较高。近30年来，通过提高活性物质利用率，使得质量比能量从56W·h/kg提高到110W·h/kg，其成本大幅下降［从1000美元/（kW·h）降低至不到350美元/（kW·h）］。近年来，BASF-Ovonic报道其改进后的镍氢电池的成本不到150美元/（kW·h），比松下和特斯拉共同研发的大容量高能电池（Commodity-Format Cells）成本更低，展现出巨大的市场潜力。

传统的稀土系AB_5型镍氢电池的负极材料，由于使用30%（质量分数）以上的含有Pr、Nd的混合稀土金属，以及含Co、Ni等过渡金属，使得稀土储氢合金电极材料的成本较高。相比目前价位不超过每吨4万元人民币的La和Ce金属，Nd和Pr金属的价位已经超过每吨40万元人民币了。仅从NdFeB永磁材料估算，我国NdFeB永磁材料的现有产量约12万吨，消耗稀土约4万吨，主要是Nd、Pr、Dy等高价格稀土金属。而在轻稀土矿中，Nd、Pr接近20%，La和Ce约80%，

NdFeB永磁材料用4万吨镨、钕意味着同时分离出来的20万吨镧铈稀土金属的量需要消耗。储氢合金不采用Pr和Nd，可以避免与稀土永磁材料争夺市场，有利于降低储氢合金的生产成本，同时对于我国轻稀土共生矿的平衡利用意义重大，有助于提高整个稀土行业及相关稀土生产企业的效益。目前，镧铈稀土的市场应用量并不大，继续解决出路，即使是现有镧铈稀土市场量也足以保证储氢合金的快速增长需求。目前，具有超晶格结构的新型La-Mg-Ni储氢合金电极材料，由于可以不使稀土金属Nd和Pr以及昂贵的过渡金属Co在平衡轻稀土资源利用以及降低材料成本方面表现出极大潜力，有望成为新一代低成本电极材料，从而增强镍氢电池的市场竞争力。

9.4 推动我国稀土电极材料发展的对策和建议

9.4.1 发展我国稀土电极材料的对策与建议

① 为降低稀土储氢材料的成本，大力支持不含镨、钕、钴的稀土系储氢合金的开发与产业化工作，包括无钴稀土AB_5型和新型La-Mg-Ni系储氢合金。同时，支持先进高效的制造技术和装备开发。

② 基于目前的发展态势分析，镍氢电池最重要的应用在于混合动力汽车和纯电动汽车，支持开发和推广高容量和高功率型镍氢电池及其配套的稀土系电极材料。例如，现有目标是电池模块（如9.6V×6.4A・h模块），常温比功率≥1.3kW/kg；鼓励攻关目标是电池模块（如9.6V×6.4A・h模块），常温比功率≥2.0kW/kg。2020年配套HEV车辆50万套，2025年配套300万辆HEV。

③ 考虑到消费类一次电池的巨大应用市场及低自放电镍氢电池替代的可行性，支持开发并推广低自放电镍氢电池及其电极材料。

④ 考虑到环保要求越来越严格，镍镉电池和铅蓄电池等市场会不断萎缩，支持开发轨道交通用镍氢电池备用电源及其配套的镍氢动力电池及其关键电极材料，要求满足规定的交通备用电源的相关要求。

⑤ 我国目前的燃料电池主要在大巴上进行示范运营，考虑到燃料电池成本，目前基本上还是与锂离子电池配合，作为增程器来使用的。但随着燃料电池成本的降低，燃料电池必然会发展到像日本那样在汽车上作为主动力来使用。考虑到启动特别是低温启动、能量回收大电流等问题，高安全性、高功率的镍氢电池配套燃料电池必将成为首选，建议支持燃料电池汽车配套高功率镍氢电池的示范运营与评价工作。

⑥ 燃料电池作为固定式备用电源的应用会越来越多，体积比能量、高安全和无衰减的稀土储氢合金在这个市场上作为氢气储能的应用具有优势，支持稀

土储氢合金、储氢罐及储氢系统在燃料电池等发电领域中的储能技术研发，推进其示范运行。

⑦ 考虑到光伏、风力发电和电网储能上的要求，鼓励低成本、长寿命、高安全的镍氢电池在这些领域的开发及示范运行。

⑧ 随着新型稀土电极材料和新型电池技术的不断发展，新的市场也会逐渐形成，鼓励和加大力度支持高安全、高比能镍氢电池的基础创新与应用性研究，重点研发比能量＞100W·h/kg的特性明显的镍氢电池。

预计到21世纪中叶，混合动力汽车的市场份额将占整个市场的1/3；随着燃料电池应用规模的扩大及成本的大幅度降低，固定式燃料电池的应用将大幅度增加；随着新型稀土储氢电极材料和电池技术的不断进步，高比能、高功率、低自放电、宽温区的镍氢电池发展必将带来新的机遇。因此，制订相应的对策和措施是非常必要的。

9.4.2 发展我国镍氢电池的对策与建议

（1）加强组织领导

成立稀土新能源产业发展推进小组，由国家和省级相关部门、相关科研院所、企业组成的全国稀土新能源产业推进办公室，统筹负责产业发展战略研究和重大决策落实，协调解决稀土新能源产业发展中遇到的重大问题。

（2）加大政策扶持力度

研究制定稀土新能源产业发展的扶持政策，出台相关政策法规。围绕稀土金属、稀土储氢合金、镍氢电池、电池模块与电池组、终端系统集成等方面制定财政税费减免优惠政策；围绕建立稀土新能源产业投资基金，鼓励银行业、金融机构、风险投资、创业投资、基金和民间资本加大对稀土新能源产业发展的投入及支持力度，支持符合条件的企业上市。针对稀土新能源企业工业用地、基础设施用地、工业用电用气、分时充电等制定土地、电力、天然气等要素价格支持政策。

（3）加强创新人才和平台建设

加大稀土新能源高端人才引进力度，加大稀土新能源创新技术团队和采用团队的建设与支持。整合全国高校、科研单位及龙头企业研发资源，成立稀土新能源产业联盟，支持科研院所建立重点实验室和龙头企业建立技术中心，鼓励与国际上高水平科研机构合作。

（4）合理布局产业体系

立足包头、四川、江西等地的优势稀土资源优势，合理统筹产业布局。围绕稀土新能源产业链，加紧完善稀土金属、稀土储氢合金、镍氢电池、镍氢电池模块与电池组、储氢罐、混合动力车、燃料电池发电等的产业链的平衡发展，进一步丰富完善稀土新能源终端产品序列和核心零部件产品序列，促进我国稀土新能源产业成链发展。重点培育四川江铜稀土、四川盛和稀土、四川宝生公司等稀土新能源生产企业，努力打造我国稀土新能源产业龙头企业。

（5）继续加大科技投入

支持将稀土储氢电极材料、镍氢动力电池、混合动力汽车、镍氢电池备用电源、稀土储氢合金储能、高比能镍氢电池等纳入相关的国家重大和重点研发计划中；支持稀土新能源示范项目，例如，具有自主知识产权和技术的混合动力汽车示范项目、新型稀土-镁-镍储氢合金与燃料电池的储能和发电示范项目、轨道交通用镍氢电池的示范项目、镍氢电池回收技术与产业化示范项目等。

（6）建立行业协同创新机制

建立镍氢电池及其关键材料行业协同创新工作机制，协调需求和开展联合技术攻关，建立协调发展的合作机制，助力产业健康发展。建立多元化的投入机制，开展上下游合作，建立多行业协同创新机制，实现“产学研”一体化。

作者简介：

韩树民　燕山大学亚稳材料制备技术与科学国家重点实验室、环境与化学工程学院教授，博士生导师。中国电化学委员会委员，中国材料研究会产业工作委员会委员，中国稀土学会固体科学与新材料专业委员会委员，主要从事稀土储氢材料、镍氢动力电池及其关键电极材料的研究。主持完成国家863计划项目、国家自然科学基金项目等。在SCI收录国际期刊发表研究论文150余篇，获国家发明专利20项，出版学术专著1部。获河北省技术发明奖二等奖1项（第1名）。

王立民　中国科学院长春应用化学研究所研究员，博士生导师。中国科学院“百人计划”获得者，全国物理-化学电源专业委员会专家委员，主要从事稀土材料、新能源材料及其动力电池研究。主持国家863计划、自然基金以及科学院、吉林省、企业委托等研究课题30余项。发明了AB_x型高熵储氢合金和宽温镍氢电池，相关成果获得产业化开发和应用；开发了储氢材料-燃料电池的应用系统；在锂离子电池材料和液流电池研究方面取得新进展。发表学术论文200余篇，取得发明专利40余项（已转让10余项），参加出版专著4部。

陈云贵　工学博士，四川大学教授，博士生导师，四川大学新能源材料系主任，后续能源材料与器件教育部工程研究中心主任。主要从事储能与动力电池（碱性镍系电池、锂离子电池、储氢与燃料电池）、轻量化材料（稀土镁合金、钛合金）等的研究开发。承担国家863、自然科学基金、国防军工、省部等科技项目40余项，发表学术论文约430篇，国家发明专利20余项，培养130余名硕博士，多项科技成果实现转化。在稀土储氢合金、宽温区镍氢电池、钒钛储氢合金、高导热磁制冷工质片、稀土镁合金、钛粉末冶金等方面做出了具有较高学术及应用价值的科研成果。

第10章 质子交换膜电池材料

10.1 产业背景及战略意义

21世纪，能源与环境问题备受关注。随着全球经济的快速发展，能源的需求量也随之增加，而传统的化石能源如石油等资源日渐枯竭，全球正面临着能源危机；与此同时，化石能源的燃烧过程会产生大量NO_x、SO_x等污染气体，造成环境污染和全球极端气候愈加频繁。根据联合国环境署2017年10月31日在日内瓦发布了《排放差距报告》，当前各国的减排承诺只达到了实现2030年温控目标所需减排水平的1/3。因此，全球正面临着化石能源短缺、环境问题日益严重等重大问题，节能与环保已成为人类社会可持续发展战略的核心。解决能源消耗与节能环保相互矛盾的问题，关键是急需开发清洁、可再生的新能源。可重复利用、对环境友好且能源转换效率高的新能源技术的研究也得到了各国政府大量的政策性扶持和财政支持。

氢能的高热值相比传统能源——汽油、煤炭等有较大优势，人类发展史伴随着能源的利用史，即木材—煤炭—石油（天然气），可见人类对能源的利用方式随着对高碳能源的使用到对富氢能源的开发进行转变。同时，氢能作为最清洁的能源之一，它能满足人们对于减缓气候恶化的需求。对于氢能的开发利用，从形式上主要分为两种：直接燃烧利用其热值，可直接利用热能亦可转化为电能使用；通过发电装置直接将氢能转化为电能，其中最重要的应用之一即为燃料电池。

燃料电池是一种可以将储存在燃料和氧气中的化学能直接转化为电能的电化学储能装置。普通的内燃机由于需要经历热机过程，受卡诺循环的限制，其能量转化效率约为25%～35%，而燃料电池不受此限制，因此具有很高的能量转化效率，一般为40%～60%，如果将余热充分利用，甚至可以高达90%。此外，燃料电池在工作时，其反应产物一般为H_2O和少量CO_2，几乎不排放NO_x和SO_x，因此不会污染环境，是新一代的绿色能源。燃料电池在工作时排出的二氧化碳量也低于传统火力发电厂的60%。因此，燃料电池对解决目前全球所面临的能源短缺和环境污染两大难题都具有极其重要的意义。同时，燃料电池具有能量转换效率高、能量密度高、运行温度低、启动快、环境友好、可持续发电等优点，是未来清洁能源的理想选择。

燃料电池种类众多，分类方法也较多（表10-1），目前常用的是根据电解质类型进行分类，包括质子交换膜燃料电池（Proton Exchange Membrane Fuel Cell，PEMFC）、碱性燃料电池（Alkaline Fuel Cell，AFC）、磷酸型燃料电池（Phosphoric Acid Fuel Cell，PAFC）、熔融碳酸盐燃料电池（Molten Carbonate Fuel Cell，MCFC）和固体氧化物燃料电池（Solid Oxide Fuel Cell，SOFC）。根据运行温度分类，PEMFC和PAFC的运行温度一般在200℃以下，归类为低温燃料电池，而MCFC和SOFC的操作温度可以达到600～1000℃，属于高温燃料电池。燃料电池还可以根据燃料的不同分为氢燃料电池、甲烷燃料电池、甲醇燃料电池、乙醇燃料电池和金属燃料电池。

表10-1 燃料电池的分类

Fuel Cell Type	Common Electrolyte	Operating Temperature	Typical Stack Size	Efficiency	Applications	Advantages	Disadvantages
Polymer Electrolyte Membrane (PEM)	Perfluoro sulfonic acid	50～100℃ 122～212℉ typically 80℃	＜1～100kW	60% transportation 35% stationary	• Backup power • Portable power • Distributed generation • Transporation • Specialty vehicles	• Solid electrolyte reduces corrosion & electrolyte management problems • Low temperature • Quick start-up	• Expensive catalysts • Sensitive to fuel impurities • Low temperature waste heat
Alkaline (AFC)	Aqueous solution of potassium hydroxide soaked in a matrix	90～100℃ 194～212℉	10～100kW	60%	• Military • Space	• Cathode reaction faster in alkaline electrolyte, leads to high performance • Low cost components	• Sensitive to CO_2 in fuel and air • Electrolyte management
Phosphoric Acid (PAFC)	Phosphoric acid soaked in a matrix	150～200℃ 302～392℉	400kW 100kW module	40%	• Distributed generation	• Higher temperature enables CHP • Increased tolerance to fuel impurities	• Pt catalyst • Long start up time • Low current and power
Molten Carbonate (MCFC)	Solution of lithium, sodium, and/or potassium carbonates, soaked in a matrix	600～700℃ 1112～1292℉	30kW～3MW 300kW module	45%～50%	• Electric utility • Distributed generation	• High efficiency • Fuel flexibility • Can use a variety of catalysts • Suitable for CHP	• High temperature corrosion and breakdown of cell components • Long start up time • Low power density

续表

Fuel Cell Type	Common Electrolyte	Operating Temperature	Typical Stack Size	Efficiency	Applications	Advantages	Disadvantages
Solid Oxide (SOFC)	Yttria stabilized zirconia	700～1000℃ 1202～1832℉	1kW～2MW	60%	• Auxiliary power • Electric utility • Distributed generation	• High efficiency • Fuel flexibility • Can use a variety of catalysts • Solid electrolyte • Suitable for CHP & CHHP • Hybrid/GT cycle	• High temperature corrosion and breakdown of cell components • High temperature operation requires long start up time and limits

注：$t/℃=\frac{5}{9}(t/℉-32)$。

采用聚合物质子交换膜作电解质的PEMFC，与其他几种燃料电池相比，具有工作温度低、启动速度快、模块式安装和操作方便等优点，被认为是电动车、潜艇、各种可移动电源、供电电网和固定电源等的最佳替代电源。

10.2 质子交换膜电池产业的发展现状

10.2.1 行业背景

20世纪60年代，美国通用电气GE研制出PEMFC，并应用于美国Gemini航天飞机的辅助电源，但是受限于质子交换膜的寿命，并未在航天领域得到进一步推广应用。20世纪70年代，美国杜邦公司研制出Nafion系列全氟磺酸膜产品，提高了质子交换膜的热稳定性和耐酸性，从而提高了PEMFC的寿命。同时，随着石墨双极板加工技术、气体流道的优化以及系统集成等技术的进步，使得PEMFC的性能进一步提高。1983年，加拿大巴拉德公司着力发展PEMFC，并取得了突破性进展，截至2015年，巴拉德公司PEMFC产量累计达到215 MW。国内外对PEMFC的深入研究，使得PEMFC在性能、寿命及成本等方面得到了长足的发展，并且在交通、便携式电源以及分布式发电等领域得到了广泛的应用，并逐步推进了PEMFC的商业化。

由于燃料电池的诸多特性，使其广泛应用于电动汽车、航天飞机、潜艇、通信系统、中小规模电站、家用电源以及其他需要移动电源的场所。汽车行业是燃料电池应用的一个重要领域，以PEMFC为动力的电动汽车正处于大规模产业化的前夜，其进一步的发展，有利于减少各国对化石能源的过度依赖，汽车尾气排放的减少也为我国雾霾的根治提供了一个可能的解决方案。目前，全世界的汽车销售量处在快速发展的阶段，仅2015年全世界的汽车销售量已经超过8700万辆，并预计2025年超过11000万辆（图10-1）。传统汽车以汽油和柴油为动力源，并且其燃烧产生的大量有害气体污染空气，由此带来了汽车燃油短缺和环境污染等问题。因此，PEMFC汽车的发展有望解决全球的能源和环境污染两大问题。

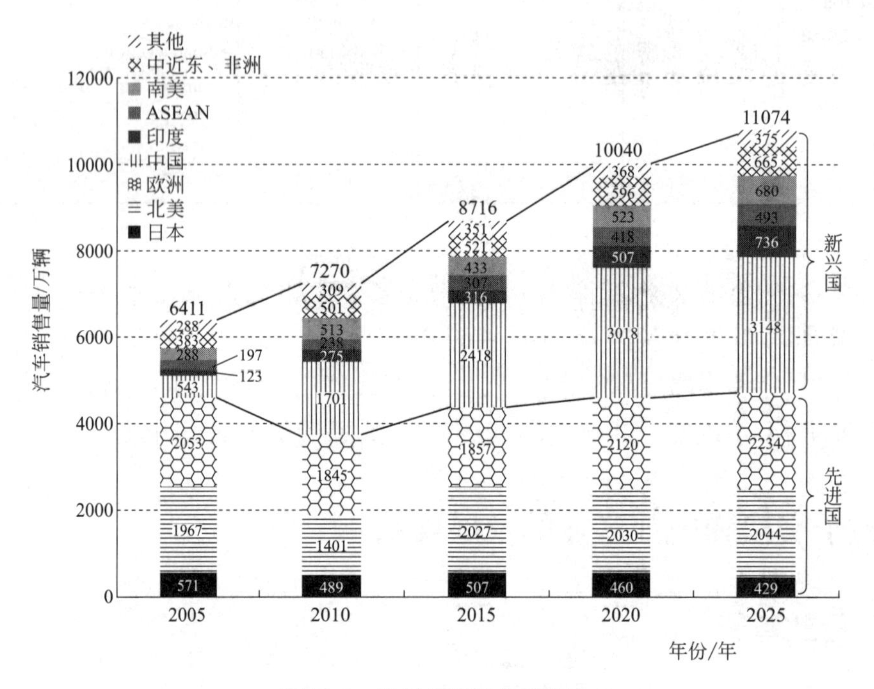

图10-1　世界各国汽车销售量

10.2.2　全球质子交换膜燃料电池汽车的发展现状

早在1966年，通用汽车公司就开发了世界上第一辆燃料电池公路车辆（chevrolet electrovan），该车使用PEMFCs为动力源，输出功率为5kW，行驶里程约为193km，最高时速可达113km/h。近年来，美国、欧盟、日本和韩国等国家都投入了大量的资金和人力推动燃料电池汽车的研究。通用、福特、克莱斯勒、丰田、本田、奔驰等公司都相继研发出燃料电池汽车。

美国是燃料电池研发和示范的主要国家，从20世纪90年代开始，在美国能源部、交通部和环保局等政府部门的大力支持下，美国诸多知名汽车厂商例如通用、福特等品牌都加大了对燃料电池技术的研发与实验，而邻国的加拿大也拥有诸多非常著名的燃料电池品牌，其中巴拉德公司（Ballard Power System）更是燃料电池行业的领头羊。2007年秋季，美国通用汽车公司启动了Project Driveway计划，将100辆雪佛兰Equinox燃料电池汽车投放到消费者手中，2009

年总行驶里程达到了160万千米。同年，通用汽车宣布开发全新的一代氢燃料电池系统，新系统与雪佛兰Equinox燃料电池车上的燃料电池系统相比，新一代氢燃料电池体积缩小了一半，质量减轻了100kg，铂金用量仅为原来的1/3。2011年，美国燃料电池混合动力公共汽车实际道路示范运行单车寿命超过1.1万小时。美国在燃料电池混合动力叉车方面也进行了大规模示范，截至2011年，全美大约有3000台燃料电池叉车，寿命达到了1.25万小时。燃料电池叉车在室内空间使用，具有噪声低、零排放的优点。在基础设施方面，截至2016年，美国东西海岸的加氢站分别为34座与42座，同时有50座正在计划设计当中。在客车方面，从2014年8月到2015年7月，美国燃料电池客车总计运行公里数超过104.5万英里（1英里=1609.344米），运行时间超过83000h，其技术可靠性得到了验证。

2003～2010年，欧洲在10个城市示范运行了30辆第一代戴姆勒燃料电池客车，累计运行130万英里。这些车辆采用“电池+12kW氢燃料电池”的动力形式。但是第一代纯燃料电池客车的寿命只有2000h，经济性较差。戴姆勒集团于2009年开始推出第二代轮毂电动机驱动的燃料电池客车，主要性能达到了国际先进水平，其经济性大幅度改善，电池寿命已达到1.2万小时。2013年初，德国宝马公司决定与日本丰田汽车公司合作，由丰田公司向宝马公司提供燃料电池技术并开展研究。2015年，德国各主要汽车和能源公司与政府共同建立了广泛的全国氢燃料加注网络，全国已建成50个加氢站，为全国5000辆燃料电池汽车提供加氢服务。

日本在燃料电池技术领域的发展也不甘落后。丰田公司的2008版FCHV-Adv汽车在实际测试中实现了在−37℃顺利启动，一次加氢行驶里程达830km，百千米耗氢量0.7kg。2014年12月，丰田发布了Mirai燃料电池电动汽车。根据丰田的官方数据，在参照日本JC08燃油模式测试的情况下，其性能表现基本和1.8L汽油车相仿，Mirai的续航里程达到650km，完成单次氢燃料补给仅需约3min，10s内可以完成百千米加速，最高时速约为161km/h，该车完全能够满足日常行车需求。Mirai的产量预计在2017年达到3000辆，成为首款投放市场的量产燃料电池汽车。而2018款未来燃料电池汽车的性能得到进一步提高，单次充氢后续航将超过700 km，最大输出功率达到113 kW。另外，本田公司新开发的FCX Clarity燃料电池汽车，其性能与Mirai可以相媲美，能够在−30℃顺利启动，最大输出功率高达131kW，续航将超过750km，单次加氢时间为3～5min。同年，日本政府宣布了关于氢能源的发展计划，计划到2020年保有4万辆燃料电池汽车，2025年达到20万辆，2030年达到80万辆，并同时配有8000个加氢站。

10.2.3 我国质子交换膜燃料电池汽车的发展现状

2017年我国的汽车生产量和销售量分别为2901万辆和2888万辆，连续八年汽车销量占全球份额第一位。汽车的销售消耗了大量的石油资源和矿产资源，同时汽车的尾气排放对环境造成了严重污染。因此，我国也在不断加大新能源汽车的投入，其中燃料电池汽车就是其中重要的一项，并且取得了一定的成绩。

燃料电池汽车的发展一直被我国政府所关注并重视，近两年更是密集出台氢能燃料电池汽车的支持政策。2015年工信部出台的《中国制造2025》中“节能与新能源汽车”被列为重点发展领域，并且也明确了“继续支持燃料电池汽车发展等核心技术的工程化和产业化能力，推动自主品牌节能与新能源汽车与国际先进水平接轨”的发展策略。2016年4月，国家发展改革委员会、国家能源局颁布《能源技术革命创新行动计划（2016 ～ 2030 年）》《能源技术革命重点创新行动路线图》，明确表示支持“氢能与燃料电池技术创新”；2016年7月28日，国务院发布“十三五国家科技创新规划”，提出“发展可再生能源和氢能技术”“突破燃料电池动力系统，实现完善的电动汽车动力系统技术体系和产业链，实现各类电动汽车产业化”。2016年8月底，工信部公布《燃料电池汽车技术发展路线图》，且在《路线图》中明确指出：到2030年，我国燃料电池汽车规模预计将超过100万辆。2017年月25日，工信部、发改委、科技部联合印发《汽车产业中长期发展规划》，确定了多项产业发展任务和重点工程，包括创新中心建设工程、新能源汽车研发和推广应用工程等，此规划同时为我国汽车产业发展指明了前进的道路和目标，并将推动我国汽车产业进入转型升级、由大变强的战略机遇期，其中，在《汽车产业中长期发展规划》中明确了逐步扩大燃料电池汽车试点示范范围。

在政府的大力支持下，进入21世纪，中国的燃料电池汽车技术研发取得重大进展，初步掌握了整车、动力系统与核心部件的核心技术，基本建立了具有自主知识产权的燃料电池轿车与燃料电池城市客车动力系统技术平台，实现了百辆级动力系统与整车的生产能力。目前，中国燃料电池汽车正处于商业化示范运行考核与应用阶段。2008年，20辆我国自主研制的氢燃料电池轿车服务于北京奥运会；2010年，上海世博会上成功运行了近200辆具有自主知识产权的燃料电池汽车。上汽集团也拥有燃料电池汽车的整车技术，其2015年研发的荣威950 Fuel Cell插电式燃料电池车以动力蓄电池加氢燃料电池系统作为双动力源，其中氢燃料电池为主动力源，整车匀速续航里程可达400km，并能在−20℃的低温环境下启动。2017年，上汽大通FCV80氢燃料电池轻客正式上市，单次加氢仅需要3min，续航里程超过400km。2017年4月在上海车展上，福田欧辉燃料电池大巴正式上市发售，并斩获批量订单。据了解，福田欧辉多款燃料电池大巴将服务于2022年北京张家口冬奥会。技术方面，该款燃料电池客车加氢只需10min，续航里程可达500km。宇通也一直致力于燃料电池客车的开发，2016年5月，宇通第三代燃料电池客车问世，其加氢时间为10min，续航里程超过600km，并且宇通表示，将于2018年推出第四代燃料电池产品，性能将再上一级。

我国燃料电池汽车产业的发展与国际相比仍存在一定差距，如我国现阶段车用燃料电池的寿命还停留在3000～5000h，燃料电池汽车中一些关键的部件如膜、碳纸等，依然大量依靠进口产品。因此，我国的氢能和燃料电池技术及其产业形成还需要长期努力，不断加强技术提升和创新，加快政策、标准、法规建设和完善。

10.3　质子交换膜电池材料的发展现状与趋势

虽然通过全球氢能科研工作者的努力，车用PEMFC 技术取得了显著进展，但燃料电池系统的耐久性和成本还没达到商业化目标。在美国能源部（DOE）制定的“Fuel Cell Technical Team Roadmap”中，清晰描绘了车用燃料电池的目标状态图（图10-2），即开发的运输燃料电池发电系统的能量转换效率需达到65%，能量密度达到650W/L，比功率达到650W/kg，到2020年耐用性达到5000h，并最终达到8000h，而批量生产成本到2020年需控制到40美元/kW，并最终达到30美元/kW。与目标相比，目前制约燃料电池产业化的主要问题是耐久性和成本。

开发高性能、低成本的PEMFC新材料及其部件是解决燃料电池系统的耐久性和成本这两大问题的必经之路，也是目前车用燃料电池研究的热点。

PEMFC的结构组成如图10-3所示。PEMFC由质子交换膜（Proton Exchange Membrane，PEM）、催化剂层（Catalyst Electrode Layer）、气体扩散层（Gas Diffusion Layer，GDL）和双极板（Bipolar Plate）等核心部件组成。气体扩散层、催化剂层和聚合物电解质膜通过热压过程制备得到膜电极组件（Membrane Electrode Assembly，MEA）。中间的质子交换电解质膜起到了传导质子（H^+）、阻止电子传递和隔离阴阳极反应的多重作用；两侧的催化剂层是燃料和氧化剂进行电化学反应的场所；气体扩散层的作用主要为支撑催化剂层、稳定电极结构、提供气体传输通道及改善水管理；双极板的主要作用则是分隔反应气体，并通过流场将反应气体导入到燃料电池中，收集并传导电流，支撑膜电极以及承担整个燃料电池的散热和排水功能。

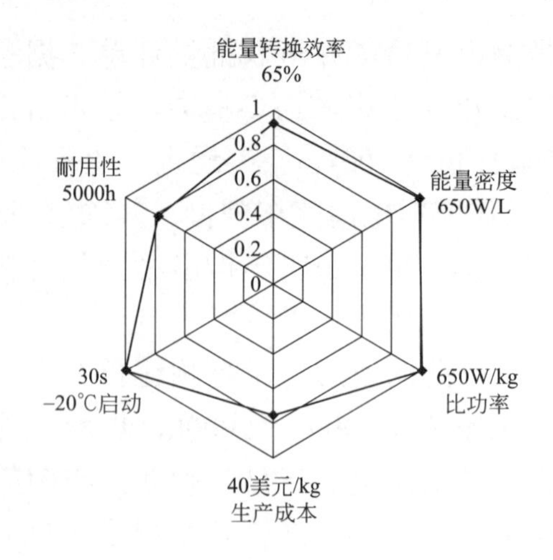

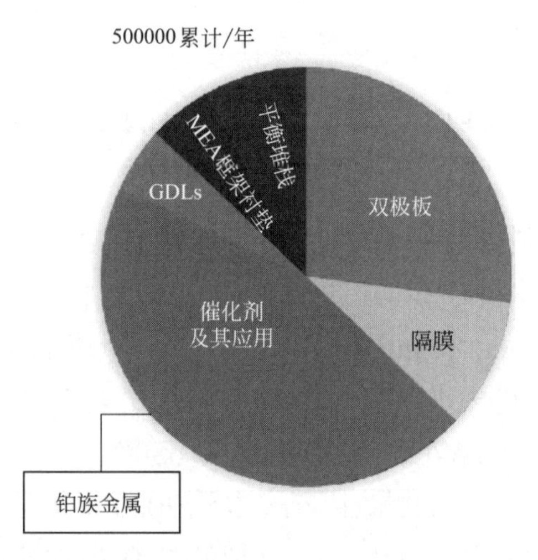

图10-2　美国能源部提出的燃料电池研究目标及其成本组成

PEMFC的工作原理为：燃料（H_2）进入阳极，通过扩散作用到达阳极催化剂表面，在阳极催化剂的催化作用下分解形成带正电的质子和带负电的电子，质子通过质子交换膜到达阴极，电子则沿外电路通过负载流向阴极。同时，O_2通过扩散作用到达阴极催化剂表面，在阴极催化剂的催化作用下，电子、质子和O_2发生氧化还原反应（Oxygen Reduction Reaction，ORR）生成水。电极反应如下：

阳极（氧化反应）：$2H_2 \longrightarrow 4H^+ + 4e^-$　　E^θ=0V（vs. RHE）

阴极（还原反应）：$O_2 + 4H^+ + 4e^- \longrightarrow 2H_2O$　　E^θ=1.23V（vs. RHE）

总反应：　$O_2 + 2H_2 = 2H_2O$　　E^θ=1.23V（vs. RHE）

质子交换膜是PEMFC电池的电解质，直接影响电池的使用寿命。同时，电催化剂在燃料电池运行条件下会发生Ostwald熟化作用，降低电池的使用寿命。

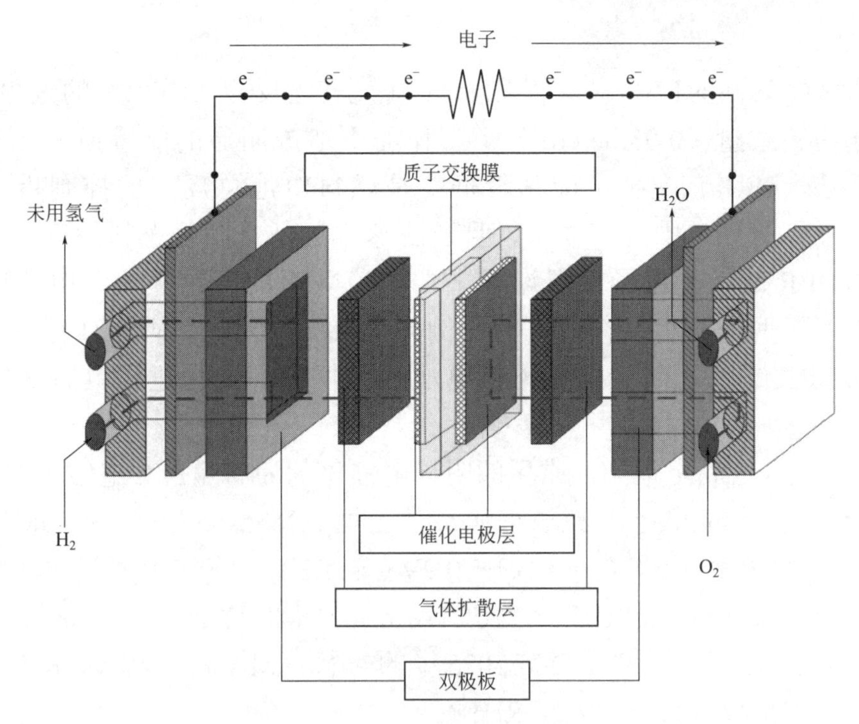

图10-3　质子交换膜燃料电池结构图

因此，质子交换膜和电催化剂是影响燃料电池耐久性的主要因素。燃料电池主要由电催化剂（46%）、质子交换膜（11%）、双极板（24%）组成。其中，电催化剂中由于大量贵金属铂的使用，使其成本占据了燃料电池总成本的近一半。质子交换膜和双极板的高成本也同样增加了燃料电池的总成本。因此，研究开发高性能、高耐久性、低成本的质子交换膜燃料电池新材料是目前该领域的研究热点。

10.3.1　催化剂材料

电催化剂是燃料电池的关键材料之一，其作用是降低反应的活化能，促进氢、氧在电极上的氧化还原过程，提高反应速率。电催化剂层通常由电催化剂和质子交换树脂溶液制备而成，属薄层多孔结构，具有氢氧化或氧还原电催化活性，催化剂层厚度一般为5～10μm。

目前，PEMFC催化剂层中Pt载量较高，每辆燃料电池汽车需要铂约为50g（轿车）和100g（大巴车），在兼顾燃料电池成本和性能的同时，降低Pt用量是一个巨大的挑战。美国能源部（US Department of Energy，DOE）列出了PEMFC中催化剂的性能目标，其中Pt族金属总含量为小于0.1g/kW；在高低电压循环加速老化下，催化剂质量比活性损失小于40%。为促进车用燃料电池的大规模商业化，进一步研发新型电催化剂、降低贵金属用量、提升耐久性势在必行。

对于酸性条件的PEMFC，其阳极的氢气氧化反应（HOR）的过电势很小，能在极低的铂载量（0.05mg/cm^2）下工作而不造成明显的能量损失。而阴极的氧还原反应（ORR）交换电流密度低，是燃料电池总反应的控制步骤。阴极ORR反应过程复杂、中间产物多，且反应速率远低于阳极燃料的氧化反应。阴极复杂的ORR过程造成了低温燃料电池电流效率的严重损失，由此造成的电池效率的下降占电池总损失效率的比例高达80%。因此，研究具有高活性、高稳定性的ORR电催化剂对推进燃料电池的大规模商业化进程具有非常重要的意义。

质子交换膜燃料电池中，常用的阴极电催化剂为商业Pt/C电催化剂，即3～5nm的Pt纳米颗粒负载于高比表面碳载体上面。Johnson Matthey（JM）公司生产的40%（质量分数）Pt/C电催化剂在0.9V（vs. RHE）的ORR质量比活性（Mass Activity，MA @ 0.9V vs. RHE）为0.21A/mg，面积比活性（Specific Activity，SA）为0.32mA/cm^2，远低于DOE2025年的目标（MA @ 0.9V vs. RHE：0.44A/mg，SA：0.72mA/cm^2 at 0.9V vs. RHE）。

铂的低储量和高成本也限制了燃料电池的大规模商业化进程。目前，Pt用量已从10年前0.8～1.0g/kW降至现在的0.3～0.5g/kW，希望进一步降低，使其催化剂用量达到传统内燃机尾气净化器贵金属用量水平（＜0.05g/kW），近期目标是2025年燃料电池电堆的Pt用量降至0.1 g/kW左右。铂催化剂除了受成本与资源制约外，也存在稳定性问题。通过燃料电池衰减机理分析可知，燃料电池在车辆运行工况下，催化剂会发生衰减，如在动电位作用下会发生Pt纳米颗粒的团聚、迁移、流失，由在开路、怠速及启停过程中产生的氢空界面引起的高电位导致催化剂碳载体的腐蚀，从而引起催化剂流失。因此，针对目前商用催化剂存在的成本与耐久性问题，研究新型高稳定、高活性的低Pt或非Pt催化剂是目前的热点。

（1）Pt-M合金电催化剂

为了降低贵金属Pt在燃料电池中的用量，将储量大、低成本的过渡金属M（M为Ni、Co、Cr、Mn、Fe等）与Pt形成铂基合金（Pt-M）电催化剂，不仅可以降低电催化剂成本，而且可以提高燃料电池的ORR电催化活性。研究表明，Pt-M电催化剂的ORR活性高于Pt电催化剂的主要原因为：过渡金属M与Pt形成合金后，Pt的原子结构和电子结构会发生改变，从而影响吸附物种（反应物、中间产物、产物）在Pt-M合金表面的吸附强度，有利于ORR的发生。过渡金属M对Pt原子结构和电子结构的影响包括几何效应和电子效应。几何效应指原子半径不同的过渡金属M与Pt形成合金时，会使Pt的晶格收缩或拉伸，改变Pt-Pt的原子距离。电子效应是指形成Pt-M合金后，Pt得到或失去电子，d带中心的位置发生变化。Pt-M合金的几何效应和电子效应相互作用，影响着合金电催化剂的电化学性能，不同的过渡金属M与Pt形成的合金，其几何效应和电子效应不同，ORR活性不同。例如，对于Pt_3M合金电催化剂（M为Ni、Co、Fe、Ti、V），其表面电子结构（d带中心）与ORR活性之间的关系见图10-4。Pt_3M的ORR活性与d带中心位置的关系呈现出“火山形”关系，即适中的d带中心位置能够带来最高的ORR活性，Fe、Co、Ni是制备Pt-M合金电催化剂的良好过渡金属元素。

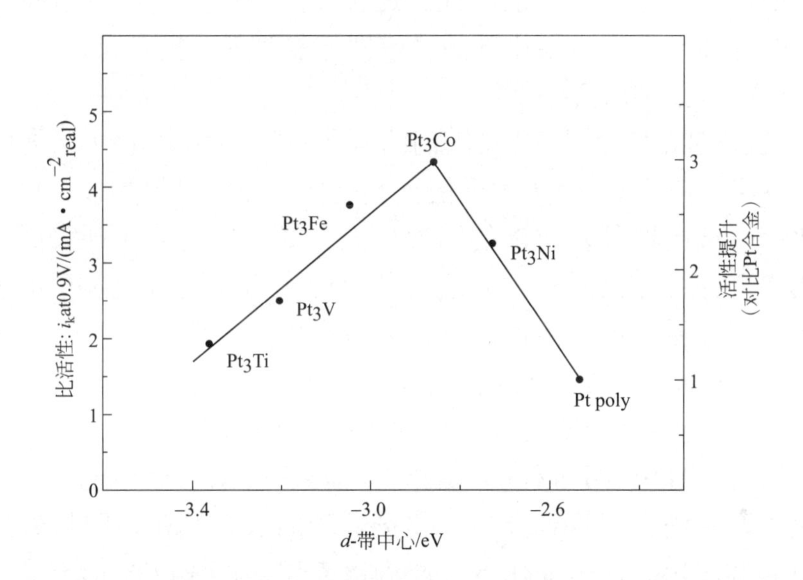

图10-4　Pt_3M表面ORR的实验测量面积比活性与d带中心位置之间的关系

大量的Pt-M合金电催化剂的制备与电化学性能研究表明，Pt-M合金电催化剂的ORR活性与合金材料的组分和表面结构密切相关。例如，Yang和Stamenkovic等利用铂镍合金纳米晶体的结构变化，制备了高活性与高稳定性的电催化剂。在溶液中，初始的$PtNi_3$多面体经过内部刻蚀生成的Pt_3Ni纳米笼结构，使反应物分子可以从三个维度上接触催化剂。这种开放结构的内外催化表面包含纳米尺度上偏析的铂表层，从而表现出较高的氧还原催化活性。与商业Pt/C相比，Pt_3Ni纳米笼催化剂的质量比活性与面积比活性分别提高36倍与22倍。Chen等利用酸处理和热处理两种方法制备了碳载Pt_3Co合金纳米颗粒的电催化剂，Co的存在调节了Pt-Pt的原子间距离，从而使电催化剂显示出更高的ORR活性。得到的两种合金电催化剂在酸性电解质溶液中显示出优异的ORR活性，其面积比活性分别是Pt纳米颗粒的两倍和四倍。除了二元合金电催化剂的电化学活性比商业Pt/C电催化剂的性能有所提高外，第三种过渡金属的加入使得三元合金电催化剂的活性和耐久性都有所提高。例如，Mueller等将过渡金属掺杂的Pt_3Ni正八面体担载到碳材料上，得到了高活性的ORR电催化剂，并考察了过渡金属M（M为V、Cr、Mn、Fe、Co、Mo、W、Rh）对电催化剂性能的影响。结果表明，Mo-Pt_3Ni/C电催化剂具有较高的ORR性能，面积比活性和质量比活性分别为10.3mA/cm^2和6.98A/mg Pt，是商业Pt/C电催化剂的81倍和73倍，显著提高了三元电催化剂的ORR活性。

针对Pt-M合金电催化剂，目前需要解决燃料电池工况下过渡金属的溶解问题，金属溶解不但降低了催化剂活性，还会产生由于金属离子引起的膜降解问题。因此，提高Pt-M合金电催化剂的稳定性还需要进一步研究。

（2）Pt基核-壳结构电催化剂

核-壳（Core-Shell）结构电催化剂的制备是降低铂基电催化剂中Pt用量的又一个有效方法。铂基核-壳结构电催化剂是指以非铂材料为核、以Pt或PtM为壳的电催化剂，该结构可以使Pt的活性位充分暴露在电催化剂表面，提高贵金属Pt的利用率，并且内核原子与壳层Pt的协同作用（几何效应和电子效应）还可以进一步提高电催化剂的活性。几何效应和电子效应都可以改变Pt表面含氧物种的结合能，从而调变电催化剂的氧还原活性。核-壳结构电催化剂的制备方法见图10-5，主要包括去合金化法、Pt偏析法和沉积法。

去合金化法（图10-5中a和b）是指首先制备Pt-M合金电催化剂，然后用酸腐蚀或电化学腐蚀的方法将合金电催化剂的表面去合金化，即将表层合金中的过渡金属M腐蚀溶出，使电催化剂表层为Pt壳层，形成以Pt-M合金为核、Pt为壳的核-壳结构电催化剂。例如，Strasser等人首先制备了Pt-Cu合金纳米颗粒，然后采用电化学腐蚀的方法将合金表层的Cu腐蚀溶解，得到核-壳结构电催化剂，该电催化剂具有高于商业Pt/C四倍的ORR质量比活性。

Pt偏析法（图10-5中c和d）是指对Pt-M合金电催化剂进行适当的处理，从而诱导表层合金发生偏析，使合金表面形成Pt原子层，获得核-壳结构电催化剂。例如，Abruna等人制备了Pt_3Co合金电催化剂，然后对合金电催化剂进行热处理，使表层的合金结构中富集更多的Pt，形成具有2～3层原子层的Pt壳。得到的电催化剂的质量比活性是未热处理的电催化剂的2倍，耐久性也得到显著提高，在5000圈的耐久性测试后催化剂的活性几乎没有降低。

分步制备法（图10-5中e和f）是指分步制备电催化剂的内核和外壳，先制备非铂的纳米颗粒作为内核，再用化学还原法、原子层沉积法或欠电位沉积-置换法在内核外沉积Pt外壳。其中，原子层沉积法（Atomic Layer Deposition，ALD）是指将Pt的气相前驱体通入反应器，使其在非铂纳米颗粒上发生化学吸附并反应形成Pt纳米壳层的方法。而欠电位沉积（Under Potential Deposition，UPD）-置换（Galvanic Replacement）法是指利用电化学的方法在略正于某种金属的平衡电位下将此金属沉积于内核表面，然后利用Pt置换沉积在内核表面的金属，在内核表面形成Pt外壳。例如，采用欠电位沉积方法制备的Pt-Pd-Co/C单层核壳催化剂总质量比活性是商业催化剂Pt/C的3倍。

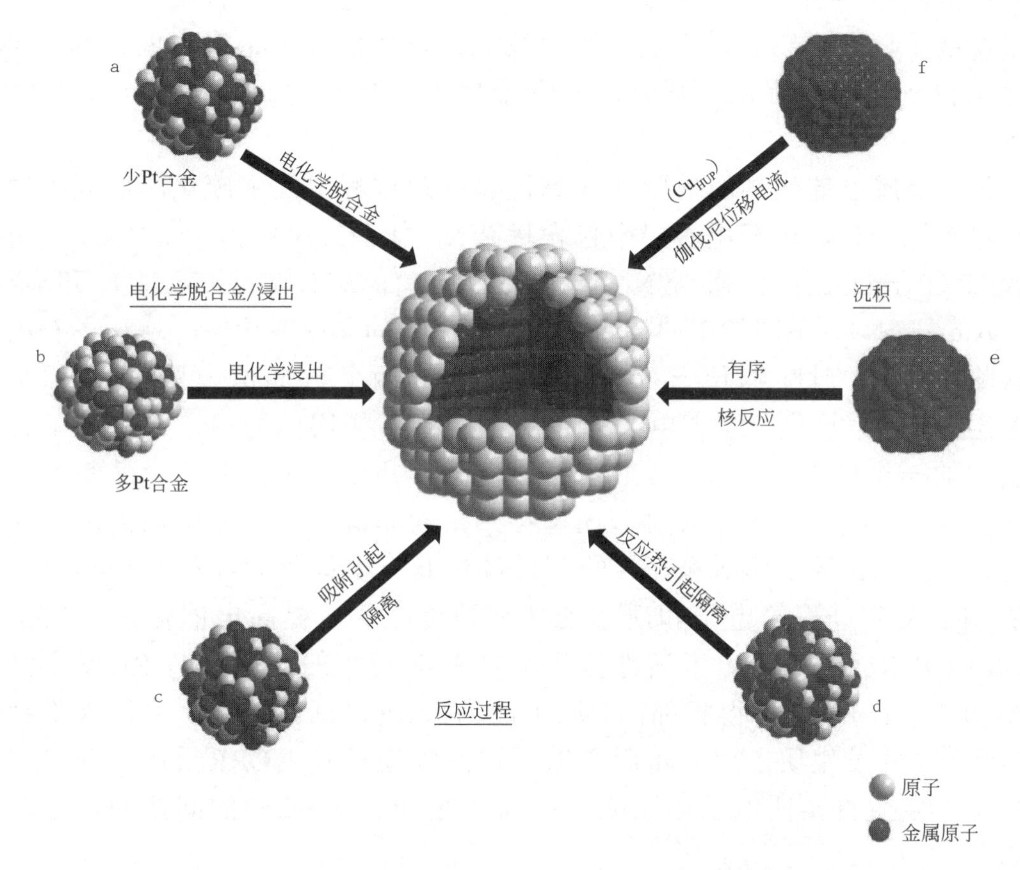

图10-5　核-壳结构电催化剂基本合成方法的示意图

（3）非贵金属电催化剂

虽然关于铂基电催化剂活性和耐久性的研究取得了显著的进展，但尚不能彻底解决Pt储量低、成本高的问题。因此，近年来非贵金属电催化剂受到了研究者的广泛关注，有望彻底解决燃料电池阴极用电催化剂大规模商业化的问题。

1964年，Jasinski首次报道了N_4-螯合物酞菁钴在碱性电解液中具有氧还原活性，从此，开启了非贵金属电催化剂研究的新领域。最初，非贵金属电催化剂的研究主要集中在与酞菁钴具有相似结构的过渡金属大环化合物，其结构特点是中心的过渡金属（Co、Fe、Ni、Mn）原子与周围的4个N原子配位，例如卟啉、酞菁、四氮杂轮烯及其衍生物。该$M-N_4$金属大环化合物具有ORR活性的原因是富集电子的过渡金属可以将电子转移至O_2的π^*轨道，从而减弱O—O键，促进了ORR的进行。然而，$M-N_4$金属大环化合物只能在碱性电解质溶液中稳定存在，而在酸性电解质溶液中无法稳定存在，且ORR活性低。Bagotsky等发现简单的热处理可以有效提高电催化剂在酸性电解质溶液中的活性和稳定性。并且，为了降低电催化剂的成本，研究人员陆续发展了以聚合物和过渡金属配合物为前驱体的非贵金属电催化剂，ORR活性也得到了显著提高。从此，非贵金属电催化剂的研究进入了快速发展时期。

非贵金属电催化剂的前驱体在高温热处理过程中发生碳化，形成了稳定的石墨碳层结构，该石墨碳层中包含掺杂N。掺杂N的形式（图10-6）包括：吡啶N（Pyridinic-N）、吡咯N（Pyrrolic-N）、石墨N（Graphitic-N）和氧化N（Oxidized-N）。不同类型的掺杂N位于石墨层的面内或边缘，增加了石墨层的缺陷。其中，吡啶-N位于石墨层的边缘，与两个sp^2碳原子相连，N原子为石墨层的π体系提供一个p_π电子；石墨-N位于石墨层的面内，即取代了石墨碳层中的一个碳原子，使得3个相邻的六元环共用一个N原子，石墨-N提供两个p_π电子。吡啶-N和石墨-N为n型掺杂，为非贵金属电催化剂提供了ORR活性位。Lahaye等证明掺杂了N的石墨碳层具有更高的表面极化作用，可以加快ORR反应过程的电子和质子的传递速度，从而提高电催化剂的ORR活性。2016年Kondo等提出了活性位为与吡啶-N相邻的C原子，ORR反应机理见图10-7。N的掺杂使得相邻的C原子成为Lewis碱活性位，O_2可以吸附到该C原子上，并发生质子化，随后可以经过两种途径发生ORR反应，即在同一活性位上发生直接四电子还原或在不同活性位上发生2+2的间接四电子还原反应。

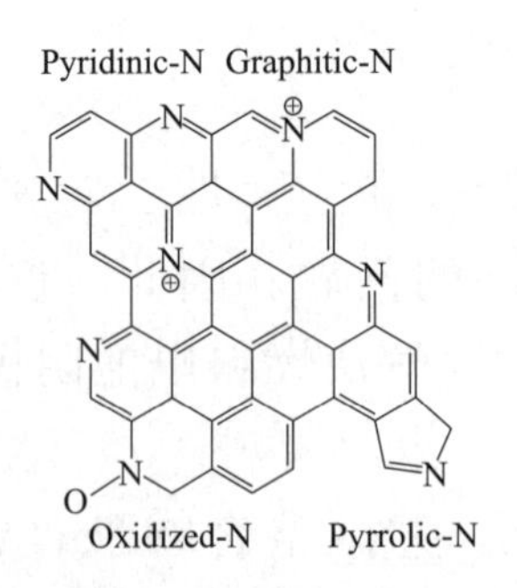

图10-6　掺氮石墨烯中的氮的四种形式

含N碳材料电催化剂的制备方法有以下几种。

① 原位制备含氮碳材料电催化剂。例如，Lu等首先制备了多巴胺聚合物球，后对其进行热处理得到N掺杂的碳纳米球，该材料在碱性电解液中具有较好的ORR活性。

② 将含C前驱体在NH_3中进行热处理。例如，Yu等将碳纳米管和石墨烯在NH_3中进行热处理，得到的含N碳材料电催化剂具有高ORR活性。

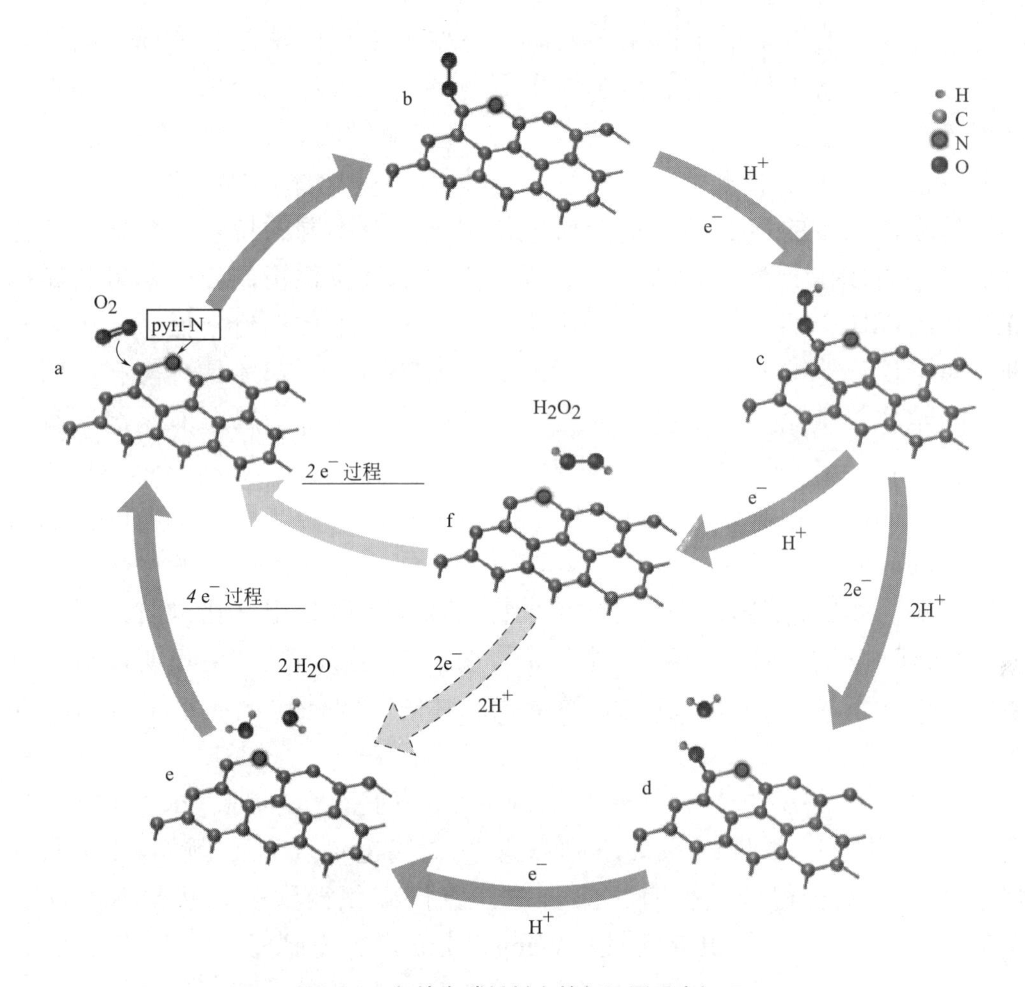

图10-7 氮掺杂碳材料上的氧还原反应机理

③ 将含N和含C的前驱体与硬模板结合制备电催化剂。例如，Wei等以蒙脱土（montmorillonite，MMT）片层为硬模板、聚苯胺为前驱体，热处理后除去硬模板得到N掺杂的碳材料。由于MMT具有二维片层结构，使聚苯胺热处理过程中碳化形成片层的类石墨烯结构，并且，N的掺杂类型也以平面N（吡啶N和吡咯N）为主，该电催化剂在酸性电解质溶液中的ORR活性仅比商业Pt/C的半波电位低60mV。

除了N元素外，其他杂原子（如F、P、S、B等）掺杂的碳材料电催化剂也已经得到了广泛的研究。其中S掺杂的碳材料显示了较高的ORR活性和耐久性。两种或两种以上的杂原子共掺杂的碳材料同样具有较高的ORR活性。例如，S和N共掺杂可以显著提高电催化剂的ORR性能，N、O、S三元素共掺杂材料的ORR活性则高于N、O两种元素掺杂的电催化剂。

除了N掺杂对活性位的影响外，过渡金属对ORR活性也起到了至关重要的作用。M-N-C非贵金属电催化剂的研究主要集中在前驱体的选择及其制备方法两个方面。制备电催化剂的前驱体主要包括金属大环化合物（金属卟啉、金属酞菁等）、含氮聚合物（聚苯胺、聚苯二胺、聚吡啶、聚吡咯等）、配位化合物（金属盐与吡啶、联吡啶、乙二胺、邻菲罗啉等配体形成的配合物）。选择不同的前驱体制备的M-N-C非贵金属电催化剂具有不同的特点。金属大环化合物具有稳定的ORR活性位，热处理过程中大量活性位保留，使得非贵金属电催化剂具有高ORR活性；配位化合物则由于金属盐和配体的价格低廉，可以降低非贵金属电催化剂的成本；含氮聚合物如聚苯胺则由于苯环具有与石墨碳六元环相似的结构，碳化过程中更易形成石墨碳层，使非贵金属电催化剂具有更高的稳定性。前驱体的制备方法也是影响M-N-C非贵金属电催化剂ORR性能的重要方面，如碳载、非碳载及硬模板法。当以碳材料为非贵金属电催化剂的载体时，不同碳载体（形貌、粒径、比表面积不同）的选择对电催化剂的性能有着较大影响，如Song等以金属配位化合物为前驱体制备电催化剂时，考察了石墨烯、炭黑、碳纳米管不同载体对电催化剂性能的影响，结果表明，对于该非贵金属电催化剂，以还原的氧化石墨烯为载体时，电催化剂显示了更高的ORR活性。

为了进一步提高非贵金属电催化剂活性位的密度，提高ORR性能，越来越多的研究者采用非负载的方法制备非贵金属电催化剂。例如，Dai和Feng等将金属卟啉聚合得到共价有机聚合物，直接碳化得到多孔状M-N-C非贵金属电催化剂，显示出高ORR活性。Wang及Liu等首先制备了金属有机框架材料（Metal-Organic Frameworks，MOFs），热处理后得到了高活性的M-N-C非贵金属电催化剂。共价有机聚合物和MOFs的制备都可以从分子角度上控制非贵金属电催化剂的结构和活性位排布。提高M-N-C非贵金属电催化剂活性位密度的另一有效方法是制备过程中加入硬模板（硅胶颗粒、介孔硅、分子筛、蒙脱土片层等）。高比表面积的硬模板的加入，可以有效控制非贵金属电催化剂的孔结构和比表面积，高比表面积的电催化剂暴露出更多的活性位，可以有效地提高ORR活性。例如，上海交通大学的冯新亮等以维生素 B_{12} 为前驱体、以硅胶颗粒、分子筛、蒙脱土片层为硬模板制备Co-N-C非贵金属电催化剂，ORR活性均高于以炭黑为载体的电催化剂。对于M-N-C非贵金属电催化剂的性能表征，当前报道的电催化剂在酸性或碱性溶液中具有一定的ORR活性，并且在碱性电解质溶液中的相关研究取得了较大的进展，而酸性电解质溶液中的电催化剂活性与商业Pt/C电催化剂还有较大差距。

10.3.2 质子交换膜材料

质子交换膜是PEMFC的关键部件，其主要作用包括：分隔燃料和氧化剂，并支撑电催化剂，保证反应的顺利进行；选择性地传导质子并阻隔电子的传递。质子交换膜的性能对PEMFC的使用性能、寿命、成本等有显著的影响。根据PEMFC的使用条件，性能优良的电解质膜材料应具有质子传导率高、化学稳定性好、热稳定性强、力学性能好、气体渗透性小、水的电渗系数小、价格低廉、易成型加工等优点。为了满足燃料电池商业化的要求，科学家们针对不同种类的质子交换膜开展了大量的研究工作。

（1）全氟磺酸质子交换膜

最早的PEMFC中使用的质子交换膜是聚苯乙烯磺酸膜，但是这种膜存在致命缺陷，即在实际使用中由于电池发生降解导致性能急剧下降，从而未能继续投入使用。之后，在20世纪的60年代，美国杜邦公司开发了一种全氟磺酸质子交换膜（Nafion®膜），同时具有优良的稳定性和高的质子传导能力，这使得该产品享誉全球，至今仍然被广泛使用。目前，燃料电池用质子交换膜最广泛的就是杜邦Nafion®膜系列产品。然而质子交换膜的性能依然存在极大可以提升的空间，于是全球众多科研院所和研究机构相继开展质子交换膜的研究工作，并且得到了多种全氟磺酸型膜材料，如美国杜邦的Nafion系列膜（Nafion117、Nafion115、Nafion112等），美国陶氏（Dow）化学公司的XUS-B204膜，日本旭硝子和旭化成公司生产的Flemion®膜和Aciplex®膜，比利时苏威（Solvay）的Aquivion 膜和日本氯工程的C膜等，国内比较出色的生产厂家有山东东岳集团等（表10-2）。Flemion、Aciplex和Nafion一样，支链全是长链，而XUS-B204含氟侧链较短，从而当量质量EW（Equivalent Weight，指含有1mol 离子交换基团—SO_3H的树脂质量）值低，且电导率显著增加，但因含氟侧链短、合成难度大且价格高，现已经停产。Aquivion膜为短支链膜，与长链的Nafion膜相比有其优势，肖川等测试了短支链的Aquivion膜与Nafion 112膜的性能。结果表明，Aquivion膜比Nafion 112膜具有更优异的化学性能，可以通过其更高含量的磺酸根基团来保持膜内的水含量，从而维持较高的电池性能。

表10-2 国内外质子交换膜制造企业

序号	企业名称/国籍	产品	产能/（万平方米/年）	投产时间
1	杜邦/美国	Nafion 系列	—	1966年
2	陶氏（Dow）/美国	XUS-B204系列	—	—
3	3M公司/美国	全氟磺酸离子交换膜系列	—	—
4	戈尔Gore/美国	全氟磺酸离子交换膜系列	—	—
5	旭硝子/日本	Flemion F4000系列	—	1978年投产
6	旭化成/日本	Aciplex F800系列	—	1980年投产
7	Solvay/比利时	Solvay系列	—	—
8	Ballard/加拿大	BAM系列产品	—	—
9	东岳集团/中国	DF988系列；DF2801系列	10	2009年9月

我国也在全氟磺酸质子交换膜的开发研究上进行了大量投入，并取得了显著成绩。山东东岳集团在质子交换膜领域做出了突出的贡献，是国内第一家具有批量生产质子交换膜能力的企业。东岳集团对质子交换膜在电堆内的各种失效因素进行分析，包括了结冰、化学稳定性、机械稳定性（即压边与密封环节的机械稳定性）、氧的传输、质子的传输以及氢气的渗透问题，终于和上海交通大学利用短链磺酸树脂制备出了高性能、适用于高温PEMFC的短链全氟磺酸膜，在95℃、30%相对湿度下的单电池输出性能比同等条件下Nafion 112膜及Solvay公司E97-03S膜优异许多。东岳集团的DF260质子交换膜，其性能与奔驰公司使用的质子交换膜性能基本一样，并且有更好的阻氢能力。另外，120个OCV循环过后，同时加以机械应力测试，其性能依旧保持了相当高的水准，模拟实际乘用车的工况，目前已经超过6000h，质子交换膜无论是厚度还是阻氢能力，都没有太大的损伤。东岳集团在2014年仅仅实现了1000h的工况模拟，而2016年就达到了6000h的水准，目前世界上只有东岳集团和美国Gore两家公司能够达到这个标准。目前，DF260质子交换膜已经实现了批量生产，同时也正在进行第二代膜的开发。第二代质子交换膜主要是短链和侧链调控的新型树脂，以降低EW值、提高保水能力、进一步减小厚度（目前DF260薄膜的厚度为15μm）、将使用寿命提升至9000h、降低成本为主要攻克目标。预计到2023年左

右，东岳集团将实现几百万平方米的产能。

目前，市场上最广泛应用的质子交换膜仍是美国杜邦公司的Nafion膜。杜邦公司申请的美国专利US3282875最早（1966年）揭示了全氟磺酸树脂的制备方法。该专利采用全氟磺酰乙烯基醚为单体，采用有机过氧化物、偶氮化合物以及过硫酸盐为引发剂，分别进行了全氟磺酰乙烯基醚的本体聚合和与四氟乙烯、六氟丙烯、偏氟乙烯、三氟氯乙烯的共聚合，在氟碳溶剂中的溶液聚合和在水相中的分散聚合。其后，于1994年，该公司又发明了一种在溶液中本体聚合的方法，该方法表明引发剂应采用高氟化或全氟化物质，且引发剂必须能溶于反应混合物，溶液聚合的引发剂可以是（CF_3CF_2COO）$_2$，也可以是过氧化物、偶氮化物等，该方法所得到的聚合物在较低的当量分子量时有较低的熔融指数。

Nafion 膜有很多优点，如化学稳定性强、机械强度高、在高湿度下导电率高、低温下电流密度大、质子传导电阻小等。但其也有一些缺点，如中高温时的质子传导性能差、对温度和含水量要求高、用于直接甲醇燃料电池时甲醇渗透率过高、全氟物质的合成和磺化都非常困难、成膜困难、价格昂贵。

（2）低氟质子交换膜

由于全氟磺酸膜的价格一直居高不下，成为阻碍燃料电池大规模应用的障碍之一。为了降低质子交换膜的价格，改变全氟聚合物难合成的现状，很多科学家对部分氟化及无氟质子交换膜进行了研究。

部分氟化质子交换膜使用部分取代的氟化物代替全氟磺酸树脂，或者将氟化物与无机或其他非氟化物进行共混制膜。来自加拿大的Ecole Polytechniqe公司的NASTA、NASTHI、NASTAHTI 系列膜，是将 Nafion®树脂、杂多酸及噻吩结合制得的共混膜。膜的电导和电导率都有所提高，这归功于杂多酸及噻吩的引入。另外，该系列膜的水吸收能力也比Nafion®膜和Dow®膜更大，这表明膜的化学性质发生了变化，但其中的原理尚未得到合理的解释。这种膜的强度以及稳定性等还有待进一步研究。同来自加拿大的Ballard公司也致力于质子交换膜的研究工作，先后研发得到BAM1G、BAM2G和BAM3G膜。其中BAM3G膜是先用取代的三氟苯乙烯与三氟苯乙烯共聚制得共聚物，再经磺化得到部分氟化质子交换膜。该膜具有低的EW与高的工作效率，并且把Ballard MK 5单电池的寿命提高到15000h，同时成本也大幅度下降。

无氟质子交换膜实质上是烃类聚合物膜，作为燃料电池隔膜材料，其价格便宜、加工容易、化学稳定性好、具有高的吸水率。因为C—H键离解焓低，H_2O_2使之降解，严重危害其稳定性。亚苯基氧、芳香聚酯、聚苯并咪唑、聚酰亚胺、聚砜、聚酮等由于其良好的稳定性，被大量研究通过质子化处理用于

PEMFC。比如工程树脂聚苯并咪唑（PBI）与无机酸掺杂生成单相的聚合物电解质，所制得的PBI/无机酸复合膜成本低廉、高温下也具有优异的电导率，几乎为零的电渗系数意味着质子在膜中的传递不携带水分子。从而PEMFC可以在高温、低湿度气体条件下稳定持续地工作，这使得水管理系统得以简化；工作温度可以高达190℃，使阳极催化剂抗CO中毒问题得以解决。此外，PBI/无机酸复合膜具有较低的气体、甲醇渗透率，其甲醇渗透率约是Nafion®膜的1/10，因此它可以应用于DMFC。目前开发的无氟质子交换膜材料主要是磺化芳香聚合物，其具有良好的热稳定性和较高的机械强度。例如，磺化奈型聚酰亚胺也可以用于制膜（Naphtalenic PI膜），性能接近Nafion®膜，且具有良好的热稳定性，而氢气的渗透速率是Nafion®膜的1/4，使用寿命高达3000h。由美国DAIS公司开发的磺化苯乙烯/乙烯-丁二烯/苯乙烯三嵌段共聚物膜，磺化度50%以上时电导率与Nafion®膜接近，磺化度为60%时电性能和机构性能达到平衡，在60℃时电池寿命为2500h，室温时为4000h，可以应用于低温燃料电池。也有研究指出磺化聚砜、聚醚砜、聚醚醚酮能用于制作质子交换膜，研究的难点在于如何达到质子传导性与机械强度的平衡以及延长使用寿命。

（3）复合质子交换膜

由于全氟磺酸膜的原料合成困难，产品制备工艺复杂，膜成本较高。为了解决这个问题并提高膜的性能，各种复合质子交换膜也日益受到研究者的关注。复合质子交换膜的优点是可以增加膜在干燥状态下的机械强度和在潮湿状态下的尺寸稳定性，并且使复合质子交换膜的尺寸更薄。

将全氟的非离子化微孔介质与全氟离子交换树脂结合，可制成复合膜。全氟离子交换树脂在微孔中形成质子传递通道，可以保持膜的质子传导性能，既改善原有膜的性质，又提高膜的机械强度和尺寸稳定性。如通过浸渍全氟磺酸离子（PFSI）进入低成本的微米级多孔支撑材料。例如，多孔的聚四氟乙烯（PTFE）膜具有优良的化学稳定性和良好的机械强度，是目前最常用的增强型多孔支撑材料。虽然PTFE本身不具备质子传导的能力，它的添加对于性能并没有任何提升，但是Nafion/PTFE复合膜的厚度远低于商业Nafion膜，使其具有相对较短的H^+转运途径和较高的电导率。Gore Associates公司通过将PTFE薄膜（Gore-Select膜）浸入到全氟磺酸树脂中，实现了Nafion与PTFE的成功复合，所制备的复合膜机械强度远优于商业的Nafion膜，同时，由于PTFE微孔的存在，全氟磺酸树脂在其中能够实现质子的传导。Ballard公司将磺化的α,β,β-三氟苯乙烯磺酸与间-三氟甲基-α,β,β-三氟苯乙烯共聚物的甲醇/丙醇（3∶1）溶液浸渍在溶胀的多孔PTFE薄膜微孔中，并在50℃下烘干，即得到复合膜。此外，还有一些比较复杂的制备方法，Banerjee Shoibalo

等将25μm厚的磺酰氟型Nafion膜与23 ～ 25μm的Gore公司产的PTFE薄膜在310℃真空下热压，之后在KOH@DMSO溶液中水解，使膜中的—SO_2F转化为—SO_3^-，最后在多孔PTFE膜的一侧涂上5%的Nafion溶液，在150℃下进行退火处理。Steenbaers Edwin等在Nafion溶液中加两片电极，电极上施加50V的电压，让一定孔径的多孔PTFE薄膜通过两片电极中间，全氟磺酸树脂会在电场的作用下将PTFE的微孔堵住，只要让PTFE多孔膜以一定速率通过电极，即可达到连续生产的效果，然而这种方法很难得到致密的复合膜。大连化物所刘富强等人提出了制备Nafion/PTFE复合膜的一种简单有效的方法，即在全氟磺酸树脂溶液中添加高沸点溶剂，之后将一定量的溶液滴加到PTFE多即膜表面，依靠重力作用使全氟磺酸树脂浸入到膜孔中，加热使溶剂挥发即成膜。这种方法操作简单，一步即可成膜，复合膜的厚度以及全氟磺酸的浸入量容易控制，所制成的复合膜阻氢能力好、强度高、成本低。目前，Nafion/PTFE复合膜已逐步商业化，丰田Mirai燃料电池汽车所使用的质子交换膜即为Nafion/PTFE复合膜。另外，英国Johnson Matthery公司采用造纸工艺制备了直径几微米、长度几毫米的自由分散的玻璃纤维基材，用Nafion溶液填充该玻璃基材中的微孔，在烧结的PTFE 模型上成膜后，层压得到厚60mm的增强型复合膜，该复合膜做成的电池性能与Nafion膜相近，但H_2渗透性比Nafion膜略提高。

车载燃料电池的寿命衰减主要来自于质子交换膜的化学降解。以美国杜邦公司的Nafion膜为例，其端基残留的羧基导致其常常被腐蚀，主要以开链腐蚀与主链断裂腐蚀两种腐蚀机制为主。针对以上问题，各研究团队也提出了相应的对策来对其进行改性。自由基淬灭剂（FRS）是一种能有效淬灭活性自由基的物质，在燃料电池中可以有效地清除阴极侧产生的含氧活性自由基，因此能有效地缓解质子交换膜的降解。如CeO_2、VE都可以作为自由基淬灭剂，通过共混的方式与Nafion进行复合形成复合质子交换膜。研究表明，加入了自由基淬灭剂的复合膜能够有效地延长复合膜的使用寿命，经过16个OCV循环仍然能够保持性能不衰减。

此外，添加其他一些填充材料也能使质子交换膜的某些性能得到提升。如添加了磺酸化氧化锆的Nafion膜，其质子传导能力与低湿度下的保水能力都有一定的提升。添加了磺酸化氧化石墨烯（SGO）的复合膜，其气体渗透率大大降低，但由于磺酸化氧化石墨烯的层间质子传导能力较差，导致复合膜的质子传导大大降低。

10.3.3 气体扩散层材料

气体扩散层（GDL）是燃料电池系统的重要组成部分，其成本占整个燃料电池系统的20% ～ 25%。燃料电池的大规模商业化应用需要进一步降低成本以适应产业化的需求，气体扩散层是相对容易降低成本的。预计燃料电池汽车规模达到1万辆以上的情况下，碳纸的成本可以下降50%以上；预计燃料电池汽车规模达到10万辆以上时，碳纸的成本降为目前的10%以下。所以，完善气体扩散层制备工艺，提升气体扩散层整体性能，实现气体扩散层的规模化、国产化制造，对我国燃料电池产业的发展具有不容忽视的推动作用。

气体扩散层位于流场和催化层之间，主要作用是为参与反应的气体和生成的水提供传输通道，并支撑催化剂。因此，扩散层基底材料的性能将直接影响燃料电池的电池性能。高性能的GDL必须具备良好的机械强度、合适的孔结构、良好的导电性、高稳定性。通常气体扩散层由多孔碳纤维基底和微孔层组成，其中多孔碳纤维基底的材料大多是憎水处理过的多孔碳纸或碳布，厚度为200 ～ 400μm，微孔层也叫水管理层（约100μm），通常是由导电炭黑和憎水剂构成的，作用是降低催化层和支撑层之间的接触电阻，使反应气体和产物水在流场和催化层之间实现均匀再分配，有利于增强导电性，提高电极性能。另外，GDL起到在电极上分布反应气体并在电极和双极板之间传导电子和热量的作用，更重要的是，GDL在燃料电池水管理中起到举足轻重的作用，这是由于膜电极中的质子交换膜需要在湿润的条件下传导质子，而过多的水分又会引起电极的水淹现象，从而扩散层需要发挥平衡电极表面存在适量水分的作用。

选择性能优良的气体扩散层基材能直接改善燃料电池的工作性能。性能优异的扩散层基材应满足以下要求：①扩散层与催化层直接接触，发生电化学反应时，有高电腐蚀性，必须要有抗腐蚀性；②扮演着将氢气/氧气或者甲醇/空气扩散至催化剂层反应的媒介，因此必须为多孔性透气材料；③起电子传质作用，必须为高导电度材料；④电化学反应进行时为放热反应，若热量过高将对质子交换膜造成损害，气体扩散层需要能将热导出，避免质子交换膜破损，因此它还必须是高导热材料；⑤燃料电池反应时生成水，会造成性能下降，因此气体扩散层要能将水导出，必须提高其疏水性。

由于碳材料的孔隙度较高，孔径可调，常常被用作制备气体扩散层，主要有碳纸、碳纤维布、无纺布和炭黑纸，此外，也有的利用泡沫金属、金属网等来制备。

碳纤维纸（图10-8）一般是使用传统的湿法造纸技术制成的。首先将切碎的碳纤维与分散剂（如聚乙烯醇）一起分散在溶剂（通常为水）中，再铺在网上，干燥，并重新缠绕成纸。碳纤维纸的孔隙率由炭粉和/或树脂调整，在氧化条件下进行热处理，随后在石墨化条件下再次热处理。之后，需要用氟化乙烯或丙烯进行疏水处理，调节碳纸表面性质。最后，通过着墨步骤在表面覆盖一层微孔层，烧结后最终达到理想的孔隙率。

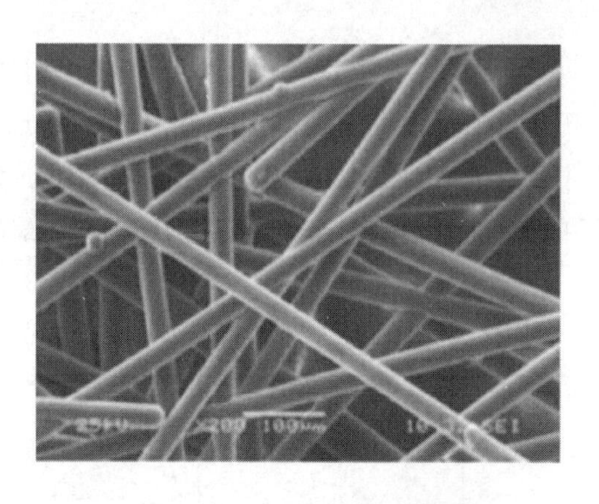

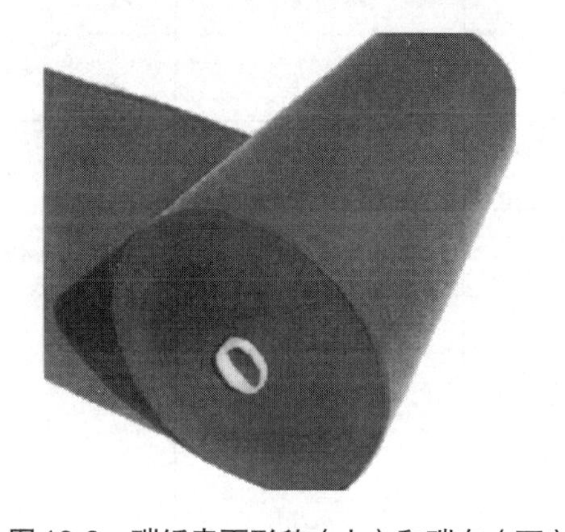

图10-8　碳纸表面形貌（上）和碳布（下）

图10-9为气体扩散层的生产流程示意图，简要说明了GDL生产的3个主要步骤：碳纤维造纸、碳纤维纸造孔和疏水性处理以及微孔层制备。

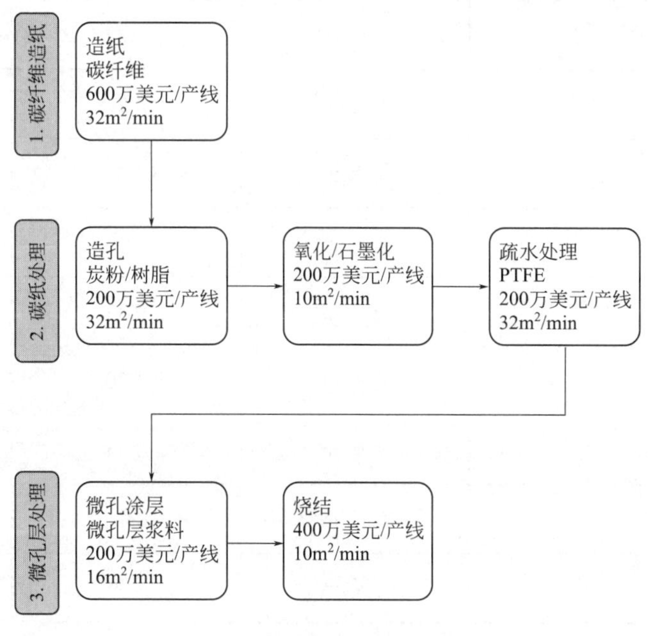

图10-9　扩散层生产流程示意图

表10-3为GDL的原料和生产成本明细情况。图10-10为GDL成本和生产率的关系。由分析可知，气体扩散层的高昂的成本主要来自于其生产线设备，大规模化的生产能大大降低其成本。这也是目前虽然实验室扩散层研究火热，但实际生产商稀少的原因——规模化生产需要大量人力、物力的投入。

表10-3　GDL生产各部分原料及加工成本

GDL年产量		m^2/年	200000	700000
碳纸制造		美元/m^2	4.1	1.7
1	材料	美元/m^2	0.58	0.58
2	生产	美元/m^2	3.52	1.12
造孔		美元/m^2	1.88	1.06
1	材料	美元/m^2	0.52	0.52
2	生产	美元/m^2	1.36	0.54
氧化/石墨化		美元/m^2	6.05	3.91
1	材料	美元/m^2	0.31	0.31
2	生产	美元/m^2	5.74	3.60
疏水处理		美元/m^2	1.62	0.80
1	材料	美元/m^2	0.27	0.27
2	生产	美元/m^2	1.35	0.53
微孔层		美元/m^2	1.63	1.25
1	材料	美元/m^2	0.33	0.33
2	生产	美元/m^2	1.30	0.92
烧结		美元/m^2	5.45	1.80
1	材料	美元/m^2	0	0
2	生产	美元/m^2	5.45	1.80

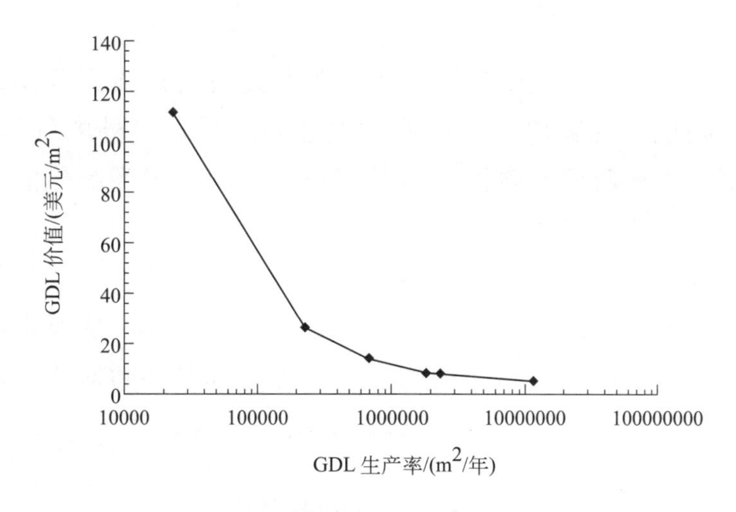

图10-10　扩散层价格与生产率的关系

目前，气体扩散层的生产商主要是国外的三家企业，即日本东丽（Toray）、加拿大Ballard和德国西格里（SGL），中国企业相对落后，仅台湾的台湾碳能一家发展较好。东丽目前占据较大的市场份额，且拥有的碳纸相关专利较多，生产的碳纸具有高导电性、高强度、高气体通过率、表面平滑等优点，但东丽碳纸脆性大而不能连续生产的特点导致其难以实现规模化生产，极大地限制了供应量的增长。这四家的产品既在力学性能上达到了一定的强度，同时也保持着良好的电学、热学性能和气体透过率。从质量上来说，这四家的原材料都是使用日本的碳纤维为基材，技术各有特点。不过高性价比仍然是碳纤维纸目前被客户选择的一个重要指标，而台湾碳能的碳纸目前是性价比最高的产品，加上碳能的特点是专注做燃料电池使用的碳纸、碳布，所以在这个市场上的营销策略最为灵活，对于大小批量都会提供，目前已经授权香港理化有限公司为大陆地区代理。CeTech N系列碳纸是台湾碳能科技公司采用PAN-Based碳纤维作为原料生产的多孔性碳纸，具有优异的透气性与导电性。第二代碳纸的优点表现在其均匀平整的碳纤维孔径分布和组装过程中有较好的材料强度表现。台湾碳能科技公司生产的碳纸的特性十分符合各式燃料电池的需要。为了适应连续MEA生产，台湾碳能也开发了卷状碳布W系列以及卷状碳纸GDS&GDL系列。第二代全新的碳布以适合MEA组装为目的设计研发。目前，最新的两款碳布最主要的差异是厚度的选择性。此系列的产品后期可加上不同的疏水程度处理以确保有最佳的燃料电池效率。W系列产品的主要优势在于其物理强度及均匀的孔径大小，这两个特性可以借由MPL的涂布更为强化。GDS&GDL系列碳纸是碳能开发的卷装碳纸，其产品适用于连续式MEA生产工艺并完全符合商用标准，产品尺寸为宽度400mm、长度

50 ～ 100m。

国产气体扩散层的制造受工艺水平的限制还没有形成产业化效益和规模化使用。中国大陆地区燃料电池生产商主要还是以进口国外的气体扩散层为主，仍处于高校研究所科研研发阶段，与几家已经实现规模商品化的企业相比，这一方面是相对落后的。对碳纸的研发主要集中在中南大学、武汉理工大学以及北京化工大学等。实验室研制的气体扩散层性能已经接近甚至超越某些商品气体扩散层。表10-4为中南大学利用化学气相沉积（CVD）热解炭改性碳纸的新技术研制的气体扩散层和日本东丽的三款产品之间的参数对比，可以发现我国已具备制造透气率高、电阻率低的气体扩散层的技术实力。

表10-4　中外碳纸参数对比

生产单位	产品型号	厚度/mm	密度/（g/cm^3）	孔隙率/%	透气率/［mL・mm/（cm^2・h・mmAq）］	电阻率/mΩ・cm	抗拉强度/MPa	抗弯强度/MPa
日本东丽	TGP-H-060	0.19	0.44	78	1900	5.8	50	—
	TGP-H-090	0.28	0.45	78	1700	5.6	70	39
	TGP-H-120	0.36	0.45	78	1500	4.7	90	—
中南大学	—	0.19	—	78	1883	5.9	50	—

实验室和产业之间是需要时间来过渡的，纵观国内燃料电池市场，抛开原材料的进口不谈，商品化的气体扩散层和国外相比仍有一定的差距。以国内的恒升实业有限公司为例，该公司引进国外最新技术生产的Hesion电极碳纤维纸是以日本短切碳纤维为原料，用造纸工艺制成一定厚度的纸，再经后处理工艺制成，不过电阻率与国外几家知名企业相比还有不小差距。

日本东丽从2010年起产品售价提高了15%，例如40cm×40cm的售价从78美元提高至91美元。德国SGL的原材料由日本三菱供应，但已被通知将逐月减少供给，而Ballard仅供应给合约商-汽车业者。也就是说，由于市场需求大于供应，对于GDL产品的供应商而言，预计有相当可观的利润，而且就目前可预见的未来来看，没有任何证据显示碳纸、碳布的市场售价会疲软。由于市场的需求一直增加，碳纸、碳布销售的价格也将持续强劲，甚至在不久的未来价格会继续上涨。

10.3.4　双极板材料

双极板是质子交换膜燃料电池的重要组成部分，其两面为加工流道，在组装电堆时，双极板的一面与一个电池的阳极相接触，提供该电池的阳极流场，另一面与另一电池的阴极相接触，为其提供阴极流场，水路一般在双极板中输送，与阴阳流道相隔绝。双极板起着收集传导电流、分隔气体、支撑电池堆以及串联各单电池等作用，占整个电池70%～80%的质量，机加工石墨流场板的成本占整个电池组加工费用的60%～70%。而流道流场的构造以及大小也大大影响着电池性能。正因如此，双极板的设计和构造对电堆有着很重大的影响。目前对双极板的研究主要是在其材料的选择上，使其具备满足燃料电池商业化所需的技术指标。

由于双极板的功能及其在电堆中的重要性，其材料需满足：高电导率、高机械强度、低的氢渗透率、稳定性好、耐腐蚀、低成本、制造方便、质量小等条件。根据材料不同，大致可以将双极板分为三类：石墨双极板、金属双极板以及复合材料双极板。

石墨是较早开发的一种双极板材料。石墨具有密度低、良好的导电性和化学稳定性等特点，可以满足燃料电池长期稳定运行的需求。美国Roger C. Emanuelson提出纯石墨粉和炭化热固性酚醛树脂混合注塑制备双极板的方法，可承受强度达27.6MPa，电阻率比纯石墨板大10倍左右。Richard J. Lawrance等提出在阳极侧石墨板上涂覆薄层金属片的方法，可以避免树脂降解。Sanghoon等将石墨薄片叠加起来，制成的双极板性能有所提高。通用电气公司在石墨粉和含氟聚合物中加入碳纤维，提高双极板柔韧性和化学稳定性。Grasso等将碳纤维加入到炭粉、酚醛树脂、乙醇溶剂的混合物中，得到0.7mm厚的双极板。倪红军等以中间相碳微球和碳纤维为原料制备了C/C复合型双极板素坯，使双极板气道一次成型，省去了机械加工的步骤。国内天津大学的李国华等人制成了柔性石墨板。上海交通大学的王明华等人采用真空加压法用硅酸钠溶液浸渍石墨双极板，大大减小了石墨双击板的孔隙率。然而石墨双极板仍然易产生气孔，高温石墨化过程中石墨板的变形使得双极板的尺寸难以精细控制，为了达到所需的力学性能，不得不制造成体积大、质量大的石墨双极板，导致石墨难以加工且加工成本高。

金属板强度高、韧性好、导电导热性能好、成本低、加工性能优异，可显著降低流场板厚度（良好的机械加工强度使得金属双极板厚度可达1mm以下），大大提高了电池功率密度，是微型燃料电池的最优选择。金属双极板在PEMFC的工作环境（氧化性气氛、一定的电位和弱酸性电解质）下易被腐蚀，金属板表面改性或添加涂层是必然的选择。Davies等研究表明不锈钢双极板有较好的抗腐蚀性，但其表面的钝化膜会增大接触电阻。Hermann等研究了多种金属板，其结构都形成了电阻率极高的氧化层，从而增大了接触电阻。但相比而言，不锈钢具有较低的成本和成熟的加工方法。目前研究较多的是不锈钢板，不锈钢板有成本低、强度大、易成型、体积小的优点。Cho等采用中空阴极放电法在不锈钢上涂上一层超薄TiN薄膜，提高了其抗腐蚀性。Brady等将Cr/Cr_2N 涂层覆于Ni-Cr 合金表面，Cr的引入进一步提高了双极板的耐腐蚀性。Tawfik等在不锈钢板上生成CrC涂层，其性能在1000h内未显示衰减。在国内，湖北大学的杨春和大连交通大学的田如锦等人也研究了不锈钢双极板的腐蚀行为，表明不锈钢双极板是确实可行的，但仍需要更多的研究。南京工业大学的姚振虎等人也通过化学电镀Ni-Cu-P对不锈钢进行了表面改性。

除了石墨和金属双极板，现在也较为常用的是复合材料型双极板，采用薄金属板或高强度导电板作为分隔板，边框采用塑料、聚砜和聚碳脂等，边框与金属板之间采用胶连接，以注塑与焙烧法制备流场板。复合材料双极板具有石墨双极板和金属双极板的双重优点，生产价格更便宜、占用面积更小、机械强度更高、抗腐蚀性能更好，优化燃料电池组的质量比功率和体积比功率，已成为未来双极板的发展趋势，但它的导电性能和力学性能还有待提高。Lawrance等采用石墨和氟塑料制成复合型双极板，能很好地达到电池要求，但成本过高。美国橡树岭国家实验室采用低成本泥浆模塑料制备出片状石墨纤维预塑件，然后用化学气相渗透（CVD）至致密，制备出C/C 复合双极板。Pellegri等用环氧树脂和石墨粉制成热固性树脂复合材料，Blunk对其进行进一步研究，选用膨胀石墨为材料，Wilson则用热固性乙烯树脂制造出性能可与不锈钢板相比的复合型双极板。Huang和Bisaria等采用注射成型的工艺也制备了一些热塑性树脂复合材料双极板，但性能一般。国内，华东理工的张世渊等人制备了聚芳基乙炔/石墨复合双极板。可通过调控石墨成分提高性能，当石墨质量分数为70%时性能最佳。黄明宇等将中间相碳微球和碳纤维共混制备了C/C复合双极板，性能稳定，成本低廉。

10.4 我国发展质子交换膜电池材料的机遇与挑战

质子交换膜燃料电池发电作为新一代发电技术，其广阔的应用前景可与计算机技术相媲美。经过多年的基础研究与应用开发，质子交换膜燃料电池用作汽车动力的研究已取得实质性进展，微型质子交换膜燃料电池便携电源和小型质子交换膜燃料电池移动电源已达到产品化程度，中、大功率质子交换膜燃料电池发电系统的研究也取得了一定成果。

燃料电池电动汽车动力性能高、充电快、续驶里程长、接近零排放，是未来新能源汽车的有力竞争者。国际上特别是日本车用燃料电池技术链已逐渐趋于成熟，我国需要加大产业链建设，鼓励企业进行投入，发展批量生产设备，在产业链的建立过程中促进技术链的逐步完善。同时，全球仍需在成本、寿命方面继续进行研发投入，激励创新材料的研制，加大投入，强化电堆可靠性与耐久性考核，为燃料电池汽车商业化形成技术储备。

① 电催化剂是影响燃料电池耐久性和成本的重要因素，解决这两个问题的方法是开发活性更高、耐久性更好的电催化剂，如低铂催化剂和非贵金属电催化剂。低铂电催化剂是目前催化剂商业化研究的重要部分，其质量比活性已经远高于DOE的研究目标，但其耐久性仍相对较差，因此，研究人员应开发、设计制备过程简单、活性高且耐久性更好的电催化剂来满足商业燃料电池的要求。非贵金属电催化剂是铂基电催化剂理想的替代者，但目前的制备方法较为复杂，并且活性和耐久性仍较铂基电催化剂有一定差距。后期研究人员应针对非贵金属电催化剂的活性位和反应机理开展工作，从根本上设计、开发真正可以替代铂基电催化剂的低成本燃料电池电催化剂。

② 质子交换膜还存在的问题：寿命短，过高的成本，较差的低温低湿性能，无法胜任高温的工况。针对以上问题，各研究团队也提出了相应的对策来对其进行改性。探寻高效的氧自由基淬灭剂和提升质子交换膜的使用寿命对燃料电池的发展具有现实意义，是燃料电池产业化的重要参数之一。到目前为止，燃料电池科研及产业界并未提出一种行之有效的材料，有效提升质子交换膜的化学抗氧化性能。从工程上虽然可以缓解质子交换膜受氧化腐蚀的速度和程度，但是这些方案不仅无法从根本上解决质子交换膜寿命短的问题，而且增加了系统的复杂性和成本。因此，探索质子交换膜抗氧化剂，提出有效延长质子交换膜寿命的策略，可以达到减缓电池性能衰减、延长车载燃料电池寿命的目的。

③ 尽管国产气体扩散层面临诸多挑战，但同时也是实现气体扩散层国产规模化制造的好机会。国产化碳纸与进口商品化碳纸比较，有能力做到更低的电阻率、更高的透气率，更有利于燃料电池性能的提高。如何做到产学结合是重中之重，下一步只有建立批量生产设备，才能真正实现碳纸的国产化供给。纵

观国内外，目前成熟应用于燃料电池上的气体扩散层具有较高的导电性和较强的抗电腐蚀性能，且成本较低，但是对其微观结构的控制仍是比较大的难点。我国也可在这一方面加大研发力度，“弯道超车”，掌握气体扩散层的核心制备工艺，从而在气体扩散层这一市场领域占有一席之地。

④ 在双极板材料选择和制备中，石墨由于其质量小、耐腐蚀、加工工艺成熟，是目前较为常用的双极板材料，但它比较脆，加工成本高，应用前景有限。复合材料双极板虽然加工难、效率低，但它耐腐蚀、质量小、成本低、生产周期短，是将来的发展趋势之一。金属双极板有良好的导电导热性和力学性能，在表面改性或添加涂层技术方面有比较大的发展空间。双极板的进一步发展旨在降低成本，单纯的金属板也不能满足双极板的要求，金属表面改性是金属双极板最大的优势。

参考文献

[1] 侯明，衣宝廉. 燃料电池的关键技术[J]. 科技导报，2016，34: 52-61.

[2] 李存璞，陈嘉佳，李莉，魏子栋. 燃料电池关键材料与进展[J]. 科技导报，2017，35: 19-25.

[3] 王诚，王树博，张剑波，李建秋，欧阳明高，王建龙. 车用质子交换膜燃料电池材料部件[J]. 化学进展，2015，27: 310-320.

[4] Higgins D, Zamani P, Yu A, et al. The application of graphene and its composites in oxygen reduction electrocatalysis: a perspective and review of recent progress[J]. Energy Environ Sci, 2016, 9: 357-390.

[5] Stephens I E L, Bondarenko A S, Gronbjerg U, et al. Understanding the electrocatalysis of oxygen reduction on platinum and its alloys[J]. Energy Environ Sci, 2012, 5: 6744-6762.

[6] Xia W, Mahmood A, Liang Z, et al. Earth-abundant nanomaterials for oxygen reduction[J]. Angew Chem Int Ed, 2016, 55: 2650-2676.

[7] 许新龙，顾一鸣，张帆. 燃料电池质子交换膜研究进展与展望[J]. 高分子通报，2017，8: 62-66.

[8] Lapicque F, Belhadj M, Bonnet C, et al. A critical review on gas diffusion micro and macroporous layers degradations for improved membrane fuel cell durability[J]. J Power Sources, 2016, 336: 40-53.

[9] Asri N F, Husaini T, Sulong A B, et al. Coating of stainless steel and titanium bipolar plates for anticorrosion in PEMFC: A review[J]. Int J Hydrogen Energy, 2016, 42: 9135-9148.

[10] Chen, A., Holt-Hindle, P. Platinum-based nanostructured materials: synthesis, properties, and

applications[J]. Chem Rev, 2010, 110: 3767-3804.

[11] Nie Y, Li L, Wei Z. Recent advancements in Pt and Pt-free catalysts for oxygen reduction reaction[J]. Chem Soc Rev, 2015, 44: 2168-2201.

[12] The fuel cell technical team. Fuel Cell Technical Team Roadmap, Washington: DOE, 2017.

第11章 稀土材料与绿色制造

黄小卫

11.1 产业背景与战略意义

稀土是全球公认的重要战略资源，被誉为“现代工业维生素”和“21世纪新材料宝库”，广泛应用于航空航天、电子信息、智能装备、新能源、现代交通、节能环保等战略性新兴产业，对发展现代高新技术和国防尖端产业、改造提升传统产业等都发挥着不可替代的关键作用。世界各国对稀土资源的战略保障、稳定供应和高效应用等给予了高度重视。美国能源部的“关键材料战略”、日本文部科学省的“元素战略计划”都将稀土列为战略元素，欧盟发布的《欧盟危急原材料》、《用于国防技术的原材料：欧盟供应链的关键》《欧盟关键原材料报告》等，也将稀土列为对欧洲军事防务、经济发展至关重要的材料。我国《国务院关于促进稀土行业持续健康发展的若干意见》明确提出稀土是不可再生的重要战略资源，《国家中长期科学和技术发展规划纲要（2006—2020）》中也将稀土材料列入制造业领域优先发展的重点基础原材料。

我国从20世纪50年代开始从事稀土研究，60多年来，根据我国资源特点，自主开发了一系列先进的稀土采、选、冶工艺技术，并广泛应用于稀土工业，已经建立了较完整的工业体系，目前，我国稀土资源储量、生产量、出口量和消费量均居世界第一。特别是近30年来，稀土材料领域取得了长足发展，自主开发的稀土资源提取与分离技术达到国际领先水平，并广泛应用于稀土工业。稀土基础原材料产品产量占世界总量的90%以上，稀土磁、光、储氢等功能材料实现大规模生产，产量占世界总量的70%左右，成为名副其实的稀土第一生产大国和应用大国，基本满足了国家需求，为升级改造传统产业和发展战略性新兴产业提供了有力支撑。

但我国还不是稀土强国，行业发展仍存在以下主要问题：稀土功能材料的发展整体上处于跟踪状态，原创技术少，缺乏核心知识产权，影响我国高端稀土产业的发展；材料的更新换代速度慢，不能适应新兴产业快速发展的需求；

产品大部分位于中低端，关键材料和核心装备仍然依赖进口，不能满足高精尖领域应用要求；稀土产品的应用研究与开发滞后，限制了我国稀土材料的广泛应用，影响了稀土经济优势的发挥。此外，稀土资源开发利用过程中仍存在生态破坏、环境污染问题，资源综合利用率有待进一步提高，绿色高效、短流程的清洁生产工艺及智能化装备需加大开发与应用推广力度。

近年来，随着新一代信息技术、高档数控机床和机器人、节能与新能源汽车等十大领域的发展，对包括稀土在内的基础材料在质量和环保方面均提出了更高的要求，稀土材料的发展迎来了新的机遇。2015年5月8日，国务院正式印发《中国制造2025》，提出力争通过三个十年的努力，到新中国成立一百年时，把我国建设成为引领世界制造业发展的制造强国。作为实施制造强国战略的第一个十年行动纲领，确定了新一代信息技术、高档数控机床和机器人、节能与新能源汽车等十大重点发展领域。以稀土磁性、储氢、发光、催化等为代表的稀土功能材料被列为实施制造强国战略的九种关键材料之一，地位十分重要。稀土永磁材料是制造各类稀土永磁电动机、电磁传感器的关键材料，在机器人驱动和智能控制系统、导弹精确制导系统、现代雷达、新能源汽车动力系统、风力发电等领域都有着相当广泛的应用价值，是实现“中国制造”向“智能制造”转化的核心要素；稀土发光材料是新型照明与高端显示、探测等器件发展的关键核心材料；稀土激光晶体和闪烁晶体在激光武器、信息存储、精密加工、高能物理、核医学、安检、探测等领域前景广阔；稀土催化材料在机动车尾气净化、工业窑炉脱硝、有机废气VOCs净化等方面应用广泛。同时，《中国制造2025》明确将绿色制造列为五项重大工程之一。2016年10月，工信部发布的《稀土行业发展规划（2016—2020）》对稀土行业“十三五”期间的绿色发展指标做出了明确要求，“全行业主要污染物排放强度降低20%”，并提出加快绿色化和智能化转型，构建循环经济，推进上游产业绿色转型。

因此，牢固树立和贯彻落实创新、协调、绿色、发展、共享的发展理念，紧密结合《中国制造2025》、战略性新兴产业等国家战略实施，以创新驱动为导向，以满足新一代信息技术、高端装备及智能控制、现代轨道交通与新能源汽车、节能与环保、国防军工等重点领域的战略需求为目标，重点突破稀土永磁材料、稀土发光材料、稀土催化材料、稀土储氢材料、稀土陶瓷材料、稀土晶体材料等先进稀土功能材料的核心工艺技术与专用装备，积极开发和推广应用新材料节能环保的绿色制备技术是新时期稀土行业应用发展的重要议题。

11.2 产业发展现状

我国稀土工业经过60多年的发展，已经形成了集采选、冶炼分离、材料制备、终端应用为一体的完整产业链，形成了中铝公司、五矿稀土、北方稀土、厦门钨业、南方稀土、广东稀土等6大稀土集团，建成了京津、宁波等多个具有独特优势的产业聚集区，稀土生产、出口和应用量稳居世界第一位，稀土永磁、发光、储氢等功能材料产量占全球总产量的70%左右，中国稀土产业的国际话语权进一步增强。

11.2.1 稀土磁性材料

稀土磁性材料对航空航天、信息通信、计算机、医疗器械、海洋工程等一大批高新技术产业的发展起着支撑和先导作用，也是风力发电、新能源汽车、节能家电等战略新兴产业发展不可或缺的关键材料，其生产和开发应用程度是现代国家经济发展程度的标志之一。根据其性能特征及应用领域，主要包括：稀土永磁材料、稀土磁致伸缩材料、稀土磁制冷材料等。

（1）稀土永磁材料

稀土永磁材料是最重要的稀土功能材料，主要使用镨钕、镝、铽等高价值稀土元素，占相关元素应用总量的90%以上。由于其具有极高的磁性能，在新一代信息技术、航空航天、先进轨道交通、节能与新能源汽车、高档数控机床和机器人、风力发电、高性能医疗器械等领域都有着十分广泛的应用。稀土永磁材料主要包括烧结钕铁硼、黏结钕铁硼、钐钴、热压/热变形钕铁硼等几大类，其中烧结钕铁硼占总量的90%以上。

目前，全球钕铁硼永磁材料的生产主要集中在中国和日本两国。其中，中国从事磁性材料生产的企业多达200余家，产能超过30万吨，产量占全球的90%以上，年产量超过3000t的企业有10家左右，年产量1000～3000t的企业有25家左右。区域分布上，已经形成了沪浙、京津、山东、内蒙古四大产业基地，产业规模占全国70%以上，具有代表性的企业有中科三环、横店东磁、宁波韵升、安泰科技、成都银河、麦格昆磁、有研稀土、烟台正海、烟台首钢、包头天和等（表11-1）。

表11-1 国内部分烧结钕铁硼企业情况

企业名称	年产量/t
北京中科三环高技术股份有限公司	6000～7000
安泰科技股份有限公司	5000～6000
宁波韵升股份有限公司	5000～6000
包头天和磁性材料有限公司	4500～5000
京磁材料科技股份有限公司	4000～5000
安徽大地熊新材料股份有限公司	4000～5000
烟台正海磁性材料股份有限公司	3000～4000

续表

企业名称	年产量/t
厦门钨业股份有限公司	3000 ～ 4000
宁波金鸡强磁股份有限公司	3000 ～ 4000
内蒙古包钢稀土磁性材料有限责任公司	2000 ～ 3000
浙江凯文磁钢有限公司	1000 ～ 2000

日本从事稀土磁性材料生产的主要有日立金属、TDK、大同电子和信越化工4家企业，年产量1万～2万吨，产品以高端钕铁硼为主。近几年，受国家稀土政策调整、市场变化等影响，全球钕铁硼磁体产业逐渐向中国转移，如日立金属与中科三环合作建立永磁工厂，信越化学在厦门建立合资公司，TDK在深圳建立后加工厂等。

得益于近年稀土永磁材料下游应用市场的快速发展，近年来我国稀土永磁材料技术和产业取得了全面进步。例如，我国现在已基本突破了高性能稀土永磁材料产业化关键技术，烧结钕铁硼磁体综合性能（BH）max（MGOe）+Hcj（kOe）≥75，已有10多家重点企业从事高性能钕铁硼的生产。黏结方面，2014年以前，美国MQI公司一直垄断着黏结钕铁硼磁粉的全球市场，国内有研稀土、江西稀有金属钨业等公司近年陆续在该材料的连续快淬工艺、后处理技术等方面取得突破，实现了1610、1509等高端牌号产品的稳定生产，逐步与MQI抢占市场。钢铁研究总院李卫院士开发的掺铈钕铁硼磁体创新技术在宁波展杰、山东上达等公司陆续实现成果转化，2017年铈铁棚产量预计超过3万吨，大大拓展了Ce元素的应用，为稀土资源的平衡利用提供了新的方向。

除钕铁硼永磁材料外，钐钴永磁材料由于具有高的温度稳定性，在航空航天、大功率雷达通信等领域的作用不可替代。目前，全球钐钴磁体的生产主要集中在中国，年产量不足1000t，主要生产企业有宁波宁港、杭州永磁、绵阳西磁等。随着高铁、地铁等产业的快速发展，钐钴磁体的需求未来可能持续增加（表11-2）。

表11-2 钐钴磁体主要生产企业及产品

厂家	年产量/t	主要牌号
宁波宁港永磁材料有限公司	400	30H，28H
杭州永磁集团	200	30H，28H
绵阳西磁科技有限公司	100	30H，28H
嘉兴鹏程磁钢有限公司	90	28H
绵阳恒信磁性材料有限公司	90	28H
宁波科星材料科技有限公司	90	30H，28H

续表

厂家	年产量/t	主要牌号
天和磁材技术有限公司	60	32H，30H
成都银河磁体股份有限公司	50	28H

此外，在新型热压磁体方面，成都银河成为继日本大同电子之后全球第2家可量产热压钕铁硼的公司。目前正处于小批量试制与市场推广阶段，2017年生产量预计超过10t。

在热变形磁体产业化方面，目前国内只有成都银河磁体实现了批量化生产。在技术方面，燕山大学采用纳米化途径，使用较少的稀土金属制备出了磁能积块体纳米复合永磁材料，磁能积达到28MGOe，较纯单相稀土永磁材料提高58%；钢铁研究总院通过研究元素分布对磁体矫顽力及其温度特性的影响规律，提出了提高磁体矫顽力温度系数的有效方法，得到了500℃下最大磁能积11.9MGOe、内禀矫顽力8.2kOe的SmCo磁体。

（2）磁致伸缩材料

稀土磁致伸缩材料（GMM）是一类可以在磁场作用下发生微小变形的新型稀土磁性材料，应用于水声换能器、制动器、精密位移控制器、传感器等，具有频率低、功率大、精度高、反应速度快、高可靠性等优点，在军事工业、航空航天、机器人、海洋和近海工程、地质勘探等诸多方面都得到了应用。

目前，该领域的研究和产业主要集中在美国、日本、德国、澳大利亚等国，产业已进入一个稳定的需求增长期，潜藏着几十亿至数百亿美元的巨大市场。如，美国Etrema公司研制的GMM水声换能器和电声换能器已成功用于海军声呐、油井探测、海洋勘探等领域，美国航空航天局（NASA）成功将GMM制造的高精度伺服阀、高速开关阀应用到卫星变轨系统，日本将GMM应用到了燃料喷射及喷码打标系统中，德国材料研究所、韩国首尔科技研究所、美国Cincinnati大学等单位利用GMM薄膜研制出了性能优越的微型泵和直线电动机。

我国在基础理论研究、材料制备工艺等方面与国外已十分接近，基本具备了产业化条件。如：中船重工集团公司成功开发出了低频大功率GMM水声换能器；中国长江水利委员会应用GMM开发出了大功率岩体声波探测器，应用于三峡工程和地球物理勘探；浙江大学开发出了GMM高速喷码打标机，并批量装备天津钢铁公司生产线。但仍存在制造装备落后、配套测试分析手段不完善、生产规模小、应用领域窄、成功转化速度慢等问题，需要加速推动。

11.2.2 稀土光功能材料

稀土光功能材料主要包括稀土发光材料、稀土晶体材料两大类。其中，稀土发光材料包括白光LED荧光粉、三基色荧光粉、金属卤化物发光材料等，主要用于照明、显示等领域，目前的主流产品是白光LED荧光粉；稀土晶体材料包括激光晶体、闪烁晶体等，在医疗影像、镭射照明、高能物理、辐射探测、信息存储等领域都有着十分广泛的应用。随着绿色照明、高端显示、公共医疗等需求的不断提升，近年来稀土光功能材料的发展日新月异，成为各类稀土功能材料中科研开发活动最活跃、技术进步最迅速、产品升级换代最频繁的产品。

（1）白光LED荧光粉

白光LED荧光粉是伴随着第四代LED绿色光源、LED液晶显示发展起来的一类稀土发光材料，2000年以前，白光LED荧光粉专利和产品基本掌握在日本日亚化学、三菱化学等企业手中，在国内有研稀土、中科院长春应化所、江门科恒等单位为代表的一批企业和研究院所的共同努力下，我国在LED荧光粉生产技术和产业方面快速突破，除显示领域极少数高端粉种市场仍由日本企业占据以外，国内企业已经占据了约80%的市场份额，日本、韩国等国家，成为全球半导体照片和液晶显示产业发展最快的国家和地区之一。截至2016年底，全国LED荧光粉企业约50家，有一定规模的LED荧光粉企业约15家，主要企业有有研稀土、江苏博睿、烟台希尔德（表11-3）。LED荧光粉的月销售量均在1t以上，有研稀土的氟化物红色荧光粉在国内市场上的占有率超过50%。国外企业主要有日本三菱化学、日本电气化学、美国英特美光电有限公司。

表11-3　白光LED荧光粉的主要生产企业

企业名称	所在区域	主要产品
有研稀土新材料股份有限公司	北京	铝酸盐黄粉、铝酸盐绿粉、氮氧化物绿粉、氮化物红粉、氟化物红粉
江苏博睿光电有限公司	江苏	铝酸盐黄粉、铝酸盐绿粉、氮化物红粉
烟台希尔德新材料有限公司	山东	铝酸盐黄粉、铝酸盐绿粉、氮化物红粉

在照明领域，2017年，有研稀土突破了高光效近球形氮化物红色荧光粉批次稳定性制备技术，光色性能优于国外同类产品，封装光效高2%，部分产品已通过国外用户认证，开发出高光效、窄粒度分布纯镥铝酸盐绿粉强化还原-柔性解聚产业化制备技术，纯镥铝酸盐绿色荧光粉成功打入海外市场，年出口量达到1.5t。

在显示领域，截至2017年，适用于LED背光源的β-Sialon、$(Ba, Sr)_2SiO_4:Eu$、$Sr_2Si_5N_8:Eu$、$CaAlSiN_3:Eu$和K_2SiF_6等各类荧光粉，除β-Sialon绿粉外，其他荧光粉在国内均已成功实现产业化；中科院上海硅酸盐所研究了稀土掺杂Sialon基荧光材料的结构与光效之间的变化机制，实现了粉体发光性能的有效调控，获得了表面有效高掺杂的Sialon荧光粉，发光强度增长80%；有研稀土攻克了白光

LED用高稳定性高光效氟化物红粉及其新型共沉淀合成技术，产品性能达到或超过同期进口产品。

此外，长春应用化学研究所开发出一系列植物生长照明用白光LED荧光粉及其封装器件，市场反馈良好。

（2）稀土功能晶体

稀土激光晶体是固体激光器的关键工作介质，在国防安全、信息存储、精密加工、医疗、通信等领域都有广泛应用。常用的稀土激光晶体有Nd:YAG、Yb:YAG、Nd:YVO_4、Nd:YLF等。我国稀土激光晶体技术和产业水平一直处于国际前列。重点企业有成都东骏激光、北京雷生强式、福建福晶科技等。2017年，雷生强式研制出尺寸达ϕ150mm×200mm的Nd:YAG晶锭，是目前国内最大的Nd:YAG单晶晶锭。

稀土闪烁晶体作为重要的高能射线及辐射探测材料，在核医学、高能物理、安检等领域都有着广泛应用，可分为稀土氧化物和稀土卤化物两大系列。其中，稀土氧化物闪烁晶体的代表产品是硅酸钇镥（LYSO），主要用于PET-CT、高能物理等领域。稀土卤化物闪烁晶体的代表产品是$LaBr_3$:Ce晶体，目前主要用于辐射探测，在安检、高能物理、核医疗等领域都有着良好的应用前景。由于国内企业的晶体质量和成本与国外企业相比不具有竞争优势，目前尚不能很好地满足国内PET-CT产业及高能物理等领域应用需求，大部分产品仍依赖进口。

目前，LYSO晶体主要由美国CPI和CTI、法国Saint-Gobain、日本Oxide等公司供应，国内上海硅酸盐所、上海新漫、成都天乐信达、重庆声光电、北京雷生强式、苏州晶特等公司陆续突破了晶体制备技术并形成批量供应能力，但技术水平和产品质量较国外尚有一定差距。$LaBr_3$:Ce晶体市场长期被法国Saint-Gobain公司垄断，国内上海硅酸盐所、北京玻璃研究院、北京华凯龙电子、厦门中烁光电等单位自2006年开始研发，近年也陆续取得了一些突破，目前已经能够生长出直径3in的$LaBr_3$:Ce晶体，但常规仍以1.5in和2in的晶体为主，与Saint-Gobain还存在较大差距。有研稀土于2016年突破了稀土卤化物闪烁晶体用高纯无水$LaBr_3$、$CeBr_3$、EuI_2、SrI_2等原料产业化制备技术，于2017年实现量产和销售，弥补了国内高纯无水稀土卤化物原料仅能依靠进口的空白（表11-4）。

表11-4　稀土光功能晶体主要生产企业

企业名称	所在区域	主要产品
北京雷生强式科技有限责任公司	北京	Nd:YAG、Yb:YAG、Nd:YLF等激光晶体，LYSO闪烁晶体
北京玻璃研究院	北京	$LaBr_3$:Ce、$CeBr_3$等闪烁晶体
北京华凯龙电子器材有限公司	北京	$LaBr_3$:Ce闪烁晶体
上海硅酸盐研究所	上海	LYSO闪烁晶体
上海新漫晶体材料有限公司	上海	LYSO闪烁晶体

续表

企业名称	所在区域	主要产品
苏州晶特晶体科技有限公司	江苏	LYSO闪烁晶体
成都东骏激光股份有限公司	四川	Nd:YAG、Yb:YAG等激光晶体
四川天乐信达光电有限公司	四川	LYSO闪烁晶体
中电26所	重庆	LYSO闪烁晶体
福建福晶科技股份有限公司	福建	Nd:YVO_4激光晶体
厦门中烁光电科技有限公司	福建	$LaBr_3$:Ce闪烁晶体

11.2.3　稀土催化材料

稀土催化材料是石化、环境、能源、化工等催化应用领域的重要组成部分，主要包括石油裂化催化剂、机动车尾气净化催化剂、工业废气脱硝催化剂等产品，以消耗镧、铈等轻稀土原料为主，是轻稀土元素最主要的应用领域。其中，石油裂化催化剂、尾气净化催化剂的应用量最大，年消耗稀土氧化物上万吨。随着近年来国家大气污染治理力度的不断加大，稀土工业废气脱硝催化剂技术快速成熟并推广应用，前景十分看好。

（1）机动车尾气净化催化剂

机动车尾气净化催化剂主要用于汽油车、柴油车等尾气净化，其核心组件由惰性蜂窝陶瓷载体、具备催化活性的贵金属和稀土催化材料等组成。

目前，国内汽车尾气净化剂的生产企业主要有无锡威孚、昆明贵研、四川中自、凯龙高科技、浙江韩锋、玉柴国际、万向通达、浙江达峰、重庆海特、合肥神舟等，约占中国汽车催化剂市场份额的25%，前三家占其中的一半以上，其余市场主要被美国巴斯夫、比利时优美科、英国庄信万丰等公司占据。在蜂窝陶瓷载体方面，山东奥福、宜兴化机是国内比较知名的载体生产企业，其产品可以基本满足国Ⅴ标准TWC及SCR催化剂需求。在催化材料方面，溧阳索尔维、淄博加华占据全球市场份额的80%，赣州博晶、江苏国盛、天津海赛具备了千吨级汽车用稀土催化材料生产能力，但市场占有率较低。

在柴油车尾气净化剂方面，我国已具有尾气SCR催化剂、DOC和CPDF净化单元的规模生产能力，例如，无锡凯龙高科技公司拥有大尺寸陶瓷载体和SCR催化剂的全自动生产线，具备30万套/年的SCR后处理系统生产能力并在国内重点主机厂和京津冀、长三角等主要城市的公交和市政工程车辆批量供应；合肥神舟催化净化器公司独自开发了柴油车尾气后处理技术，可批量生产DOC、POC、DPF和SCR等净化催化剂产品，其中SCR催化剂的生产能力也达到30万套/年。此外，昆明贵研、无锡威孚也拥有大规模生产SCR催化剂及DOC和CPDF等净化催化剂产品的能力。

（2）稀土脱硝催化剂

稀土脱硝催化剂是近年发展起来的一类新型催化剂，相对于传统使用的钒钛基SCR催化剂，具有绿色环保、制造成本低等优点，在电力、钢铁、水泥、玻璃等工业窑炉尾气脱硝净化领域具有相当广泛的应用前景。目前，国内从事该类催化剂研发和生产的单位主要有长春应化所、北京工业大学、华东理工大学、大连理工大学、山东天璨环保公司、中铝广西方信环保公司、包头希捷环保公司等。2016年，北方稀土公司与天璨环保科技有限公司合作，建设了年产5万立方米稀土基SCR烟气脱硝催化剂生产基地。2017年，长春应化所为山东旗开重型机械有限公司35t锅炉配套了烟气脱硝催化装置，现已正常运行几个月，效果良好。包头希捷环保公司一期2万立方米稀土脱销催化剂生产线正在建设中。

（3）石油炼制稀土催化剂

稀土石油裂化催化剂是我国最早发展起来的一类稀土催化材料，目前全球石油催化裂化催化剂的年产量约108万吨，我国18万吨左右，占据16%的全球市场份额。在区域分布上，我国基本围绕原油产地形成了华北、东北、华南和华东等产业聚集地，其中以山东、辽宁、广东地区最为集中。主要的石油炼制催化剂的企业有：中石化齐鲁石化公司、中石油兰州石化公司、中石油长岭分公司、中石油抚顺石化公司、中石油抚顺石化研究院、中石化上海催化剂分公司、中石油兰州催化公司、北京燕化、乐山润和等。

11.2.4 稀土储氢材料

稀土储氢合金具有储氢量大、易活化、不易中毒、吸放氢速度快、充电曲线平缓以及抗中毒性能优越等优点，在混合动力汽车、氢能存储等领域都有着十分重要的应用。稀土储氢合金主要使用La、Ce轻稀土原料，是轻稀土元素的重要应用领域。

稀土储氢材料主要用于制造混合动力汽车（HEV）等用镍氢动力电池，年产量曾一度高达12000t，但随着近年以锂离子电池为代表的动力电池的兴起，用量大幅下降，目前年产量约为8000t。国内从事储氢合金生产的企业有20余家，总产能为25000t，主要有厦门钨业（5000t）、鞍山鑫普（2800t）、内蒙古稀奥科（2800t）、北京宏福源（2500t），甘肃稀土（1000t）、包头三德（850t）、四会达博文（500t）等，产品以AB_5型储氢合金为主，仅有厦门钨业等个别厂家能够批量生产新型稀土镁基储氢合金。

目前，我国稀土储氢合金容量达340mA·h/g，电池放电倍率30C，工作温度-40～80℃，完全能满足HEV电池的使用要求，但全球HEV电池用储氢材料仍主要由日本供给，国内只有少数企业进入HEV电池供应链。2017年，包头长荣电池制造有限公司年产1.6亿只镍氢二次电池生产线正式启动建设。

此外，稀土储氢材料作为重要的储能材料，广泛应用于氢的储存、运输，氢气的分离和净化，合成化学的催化加氢与脱氢，镍氢电池，氢能燃料汽车，金属氢化物压缩机，金属氢化物热泵、空调与制冷，氢化物热压传感器和传动装置等。但由于氢能和燃料电池尚处于发展的初级阶段，储氢装置制造也有一定的技术门槛，因此，除研究机构外，国内外生产厂家只有北京浩运公司。

（1）超高纯稀土金属及靶材

国内高纯稀土金属及靶材的研发和生产起步相对较晚，但随着近年电子信息产业、集成电路等产业的快速兴起，对各类高纯金属靶材的需求迅速增加，高纯稀土金属、稀土金属靶材或合金靶材也迎来了发展机遇，截至2016年，全球高纯稀土金属及靶材用量已达到百吨级水平，产值超过8亿元。

目前，高纯稀土金属生产及应用主要集中在日本和美国，相关生产企业不少于10家，2016年底，日矿金属、东曹、霍尼韦尔等企业已实现大尺寸4N级高纯稀土金属溅射靶材的生产，控制了面向电子信息配套的高端大尺寸稀土靶材的供应。我国从事4N级以上超高纯稀土金属研发和生产的企业仅有研稀土、湖南稀土院、包头稀土院等少数单位，其中有研稀土和湖南稀土院合作开发了16种4N级超高纯稀土金属提纯技术和装备，并形成了千克级生产能力，相关单位也具备了部分小尺寸靶材（直径小于200mm）产品的产业化能力。但总体而言，产业规模、技术水平等与国外均有明显差距。

2017年，科技部“战略性先进电子材料”重点研发计划项目的“微纳电子制造用超高纯稀土金属及靶材”项目启动，该项目将开发出10种4N5级超高纯稀土金属和5种4N级高纯稀土金属靶材，建立超高纯稀土金属纳米尺度薄膜应用检测平台和高纯稀土金属及其靶材示范生产线，为新一代集成电路提供核心关键材料。

（2）超高纯及特殊物性稀土化合物

超高纯或特殊物性稀土化合物是晶体、光纤、光学玻璃、荧光粉等材料的关键基础材料，通常要求纯度在5N甚至以上，但目前普遍使用的溶剂萃取法除能规模生产钇、铕、镧等少数超高纯产品外，多数产品的纯度在5N以下，特别是Fe、Al、Si等含量难以降到1×10^{-6}以下，难以满足高端应用产品的需求，一些特殊要求的稀土化合物材料不得不从国外高价进口。

我国超高纯稀土产量约占稀土总消费量的5%～10%，产值比例高达20%以上，并以每年10%以上的速度增长。市场基本被法国索尔维、日本信越化学等垄断；国内仅有少数企业具备部分超高纯稀土产品的生产能力，如五矿大华、江苏卓群纳米、长春应化所等。但是无论在合成手段，还是在产品质量方面均存在较大差距。

2016年底，广西冶金研究院成功提纯出99.9995%的超高纯氧化钪产品，并有望实现99.999%以上超高纯氧化钪产品的稳定高效生产及其产业化推广；由中北大学与美国南伊利诺伊大学爱德华兹分校合作完成的“碳材料可控合成及对痕量金属离子的分离富集”项目，以植物基和聚合物为原料，设计合成了系列对稀土中铁铝杂质以及钪具有高识别性能的碳材料，实现了高纯稀土中杂质的高效去除以及钪的有效回收。2017年，甘肃稀土采用有研稀土技术建设了“高端材料用超细稀土氧化物粉体产业化技术及装备”项目，完成了项目各项指标，已顺利通过验收。

11.3 稀土绿色制备与清洁生产技术及产业现状

11.3.1 全球稀土绿色制备与清洁生产发展现状

20世纪70年代以前，世界主要的稀土生产国是美国、法国、澳大利亚、印度等国家，产量占世界的70%以上。随着中国逐渐大规模开发利用稀土，稀土制造成本大幅下降，到20世纪80年代，我国已取代美国成为世界第一大稀土生产国，受中国低价稀土的冲击，国外稀土工厂相继停产。为获得低价稳定稀土原料供应，加拿大NEO公司及法国罗地亚公司将分离工厂搬至中国。从20世纪90年代起，中国稀土供应占世界主导地位，中国稀土的绿色冶炼分离技术研究也兴起了热潮，各项新工艺、新技术层出不穷。2010年后，随着中国加强稀土开采、生产、出口等各环节管理，国际稀土价格大幅上涨，极大地刺激了全球稀土开发热潮，部分国家及地区重启或新建了稀土生产线，代表企业有美国钼公司和澳大利亚莱纳公司。2007年，全球稀土价格回升，钼公司镨钕萃取分离生产线重新启动。2010年底，又恢复了矿山的开采。2011年启动凤凰计划，扩建稀土生产线，一期产能为19050t REO/年，2013年底投产，二期产能将提高至40000t REO/年。2012年开始供应稀土产品，产量8000t，但随着2012年以后稀土价格持续走低，钼公司背负了巨大的债务，到2015年6月，钼公司由于巨额债务无法偿还而宣布破产。2017年6月，中国的盛和资源竞购美国钼公司稀土矿获批，预计从2018年起，钼公司将继续开采稀土矿。澳大利亚莱纳公司拥有澳大利亚维尔德矿山，该矿为典型的独居石矿，2011年在马来西亚投资建设了一家冶炼分离企业，产能4万吨/年，采用中国成熟的浓硫酸焙烧法生产独居石矿，2011年9月建成投产，现已成为中国以外最大的稀土冶炼厂。国外稀土提取技术近十几年来基本处于停滞阶段，在矿物资源综合利用、清洁化生产及环境保护等方面投入较大。

11.3.2 我国稀土绿色制备与清洁生产发展现状

近年来，我国的稀土绿色制备与清洁生产技术得到了长足发展，取得了一些重要研究成果，推动了行业的技术进步，并逐步发展成为整个行业主流技术，主要集中在三大稀土资源的冶炼分离方面。

包头稀土矿是由氟碳铈矿和独居石组成的混合型稀土矿，由于其矿物结构和成分复杂，被世界公认为难冶炼矿种。目前90%以上的包头混合型稀土矿采用北京有色金属研究总院张国成院士团队开发的硫酸法进行冶炼，后续分离提取工艺根据产品结构的不同有一些变化和改进。近年来，国内许多研究院所、稀土企业针对包头混合型稀土矿冶炼分离过程存在的环境污染问题，开展了绿色冶炼分离工艺的研发，取得了一些新的进展。由于硫酸体系的特殊性质，在硫酸稀土浸出液除杂、萃取分离转型等过程中使用大量的氧化镁粉调节体系酸度，不仅给体系中带入大量的钙、铝、铁等杂质，并产生大量的含钙硫酸镁废水，饱和硫酸钙易结晶结垢堵塞管路和萃取设备等，而且铝、铁杂质被萃取富集，严重影响稀土萃取能力和产品质量。有研稀土黄小卫团队针对包头稀土矿的特点，开发成功基于碳酸氢镁水溶液的新一代包头混合型稀土矿绿色冶炼分离工艺，利用冶炼分离过程产生的硫酸镁废水和回收的CO_2气体自制纯净的碳酸氢镁溶液，代替氧化镁用于包头稀土矿硫酸焙烧矿浸取、中和除杂及皂化P507和P204萃取转型与分离稀土，生产过程低碳低盐无氨氮排放，实现萃取废水、镁和CO_2的循环利用，并消除了硫酸钙结晶、铝和铁杂质对萃取过程的影响，大幅度降低环保投入和生产成本，实现稀土绿色环保、高效清洁生产。2016年，在甘肃稀土新材料股份有限公司改建了年处理包头混合型稀土精矿30000t的新一代绿色冶炼分离生产线。2017年，该技术持续运行近一年时间，实现硫酸镁废水的循环利用，解决生产过程中硫酸钙结垢的行业难题，并大幅降低了原材料消耗，生产成本降低30%左右，产生了巨大的社会和经济效益。甘肃稀土和有研稀土共同承担的工信部2015年工业转型升级资金绿色制造工程项目“稀土冶炼分离废水再生回用技术开发与示范项目”在2017年12月进行的绩效评价中获得了一致好评。

离子型稀土原矿通常采用硫酸铵浸矿-沉淀富集工艺提取，存在稀土收率低，大量氨氮废水排放以及伴生的微量镭、钍、铀等放射性核素富集进入酸溶渣的问题，稀土分离厂需建立含放射性废渣专用库，存在严重安全隐患。有研稀土新材料股份有限公司黄小卫教授带领团队开发出离子型稀土原矿浸萃一体化（浸萃联合法）新技术，简化工艺流程，提高稀土收率，实现了从源头消减污染，解决含放射性物质废渣污染问题，是一种全新的清洁生产技术。在中铝崇左矿山建成1200m^3/d稀土浸出液浸萃一体化示范线，并实现稳定运行，流程缩减5道工序；氯化稀土溶液REO约230g/L，稀土富集800倍左右，回收率提高8%以上；杂质含量低于国标限值，Pr/Nd/Eu/Tb/Dy等配分共提高2～4个百分点；无氨氮排放、不产生含放射性废渣。2017年，该技术在厦门钨业等下属企业落地实施，并与广东稀土集团签订了技术转让协议，与南方稀土所属赣州矿业签订意向书。2017年，该技术获得中国有色金属工业科学技术一等奖，并入选《第六批矿产资源节约与综合利用先进适用技术目录》（金属矿山类技术）。

此外，2017年，有研稀土新材料股份有限公司在广西国盛实施的低碳低盐无氨氮萃取分离稀土技术一期顺利投产，已进入二期工程设计与建设阶段；“电子信息核心器件用高纯稀土金属及型材制备技术”和“大型智能可控稀土熔盐电解槽及配套工艺技术”两项稀土行业绿色制造的关键技术和重点发展方向被列入工信部《产业关键共性技术发展指南》（2017年）。

11.4 稀土材料发展趋势及前景

随着高新技术的发展以及《中国制造2025》的提出，新一代信息技术、高档数控机床和机器人、航空航天装备、先进轨道交通装备等各大重点领域将对稀土材料提出更高、更新的要求。稀土材料必将发挥越来越重要的作用。同时，在全球气候变暖与环境恶化的大形势下，低碳经济已成为国民经济的必然转变方向。行业发展的安全环保压力和要素成本约束日益突出，供给侧结构性改革、提质增效、绿色可持续发展等任务艰巨。稀土新材料及其绿色制备技术的发展是未来的主要发展方向。

11.4.1 稀土磁性材料发展趋势及前景

稀土磁性材料主要应用领域如下。

（1）稀土永磁材料

随着稀土磁性材料综合性能的进一步提升，钕铁硼永磁体正在逐步替代其他永磁材料而成为主流永磁材料，应用领域不断扩展。

① 汽车　汽车对钕铁硼永磁的需求主要分布在汽车电动助力转向系统（EPS），每台EPS系统需0.15kg钕铁硼成品磁体，折合毛坯0.25kg左右，以全球2016年汽车产量9498万辆和EPS系统50%的渗透率计算，全球EPS系统毛坯钕铁硼消费量至少在1.18万吨。另外，随着新能源汽车的快速兴起，稀土永磁同步电机因具备结构简单、功率密度大、重量轻等优点，已成为车用电机的主流选择，每台纯电动车消耗钕铁硼5～10kg，每台插电式混合动力汽车消耗2～3kg，每台混合动力汽车消耗1～2kg。2017年、2018 年全球新能源汽车销量达到107万辆、151万辆，对钕铁硼永磁材料的需求可达到5350t和7550t。

② 智能机器人　钕铁硼主要用于智能机器人的传感器和驱动电机中。单台工业机器人和专业服务机器人的钕铁硼用量为20kg左右，单台个人/家庭服务

机器人钕铁硼的用量为0.5kg左右。据此测算，预计2016～2018年全球机器人领域钕铁硼消费量分别为9431t、10817t和12799t，分别同比增长13.5%、14.7%和18.3%。

③ 风力发电　永磁直驱电机在风力发电机组中的渗透率逐步提高。2016年全球风电机组的新增装机容量为5464.20万千瓦，其中直驱电机的渗透率为35%左右，每千瓦装机容量对应的钕铁硼的用量为0.67kg，总用量为12750t左右。2017年，全球风电新增装机容量预计将达到6万兆瓦，对钕铁硼磁性材料的需求将达到1.4万吨。

④ 消费电子　钕铁硼是智能手机中不可或缺的一种高端组成材料，每台手机的钕铁硼用量为2g左右，2016年全球手机出货量为19.61亿部，同比增加3.21%，对应的钕铁硼用量预计为3922t。2017年达到20亿部，钕铁硼用量达到4000t。

⑤ 节能电梯　永磁同步电机采用直驱方式，在显著提高传动效率的同时，比传统电机能耗降低50%左右。2016年国内电梯产量为77.14万台，同比增加1.5%。以每台节能电梯钕铁硼磁体的用量7kg估算，2016年国内电梯钕铁硼磁体用量3240t。2017年，国内电梯产量为67万台，对钕铁硼磁体的需求量为2800t。

⑥ 变频空调　高性能钕铁硼永磁材料主要用于生产高端变频空调。2016年国内空调产量为16049台，同比增长2.55%；变频空调产量为3963台，同比增长2.70%，渗透率40%左右。以每台高端变频空调平均使用高性能钕铁硼永磁体0.28kg估算，2016年国内变频空调钕铁硼的消费量为4438t。

（2）稀土磁致伸缩材料

稀土磁致伸缩材料是国外于20世纪70年代末开发的新型功能材料。由于这种材料的长度可随外场的交变而反复伸长和缩短，能产生机械表，从而使实现电磁能（或电磁信息）与机械能（或机械位移信息）、声能（或声信息）之间的转换，而被用作声呐、电-机换能器以及传感器和电子器件。稀土磁致伸缩材料主要指稀土-铁系金属间化合物，其磁致伸缩系数远高于压电陶瓷材料，并且具有机械响应快、功率密度高、弹性模量随磁场变化可调控、响应时间短、工作频带宽、稳定可靠等特点，是其他磁致伸缩材料无法比拟的，在军事工业、机械制造业、海洋和近海工程、地质勘探等诸多方面得到应用。目前两个比较典型的应用如下。

① 在检测领域中的应用　已开发出一种超磁致伸缩激光二极管磁强计原型，精度为1.6×10^{-4}μmA/m。采用GMM开发了磁致伸缩应变计，相比于传统的半导体应变计，它具有更大的动态范围、更高的灵敏度和精度，可测应变量最小达到3×10^{-10}。磁致伸缩线性位移传感器和 Level Plus 液位计，适用于多种不同的工业自动化环境。由于时间检测可以达到很高的准确度，还可采用温度补偿等措施，所以磁致伸缩位移传感器能够达到很高的精度。

② 在磁电-机械换能器中的应用　GMM 的磁电-机械换能器具有大位移、响应快、可靠性高、驱动电压低等优点，因而在超精密加工、微电机、振动控制以及流体机械等工程领域均显示出良好的应用前景，是一种很有潜力的新型智能驱动元件，但目前均未实现商业化应用。

（3）稀土磁性材料发展趋势

2016年，全球钕铁硼总产量为14.6万吨左右（图11-1）。其中，我国钕铁硼产量13万吨左右，占全球的89%。2017年上半年，我国稀土永磁材料毛坯产量约7万吨，磁材产量约5.6万吨，全年毛坯产量可达到15万吨左右。

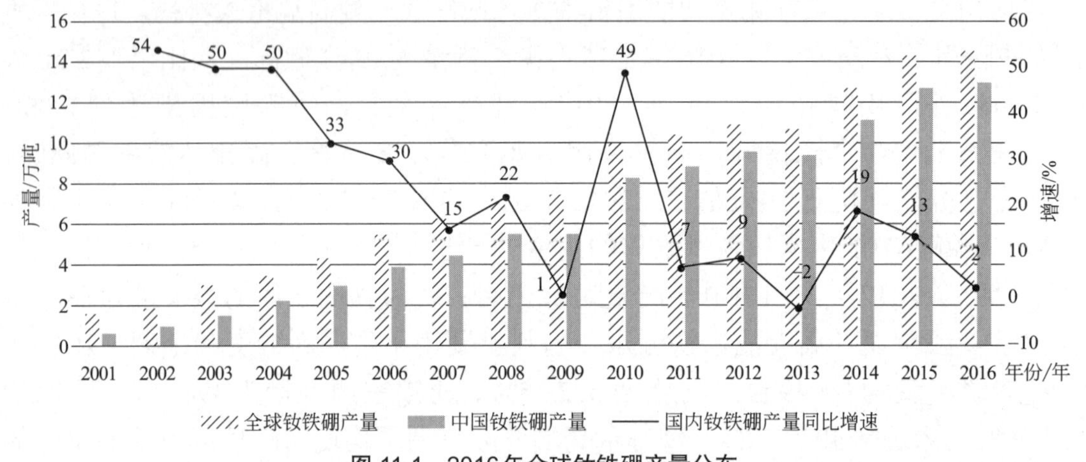

图 11-1　2016年全球钕铁硼产量分布

目前，稀土永磁材料在各种电机中的应用已经占到稀土永磁体总量的46%以上，在绿色经济、循环经济、低碳经济的推动下，风力发电、节能家居、新能源汽车将迎来新一轮的发展高潮。2016年，我国生产新能源汽车51.7万辆。每辆汽车中有几十个部位会用到40～100颗稀土永磁体，每辆混合动力车（HEV）要比传统汽车多消耗约5kg钕铁硼，纯电动车（EV）采用稀土永磁电机替代传统发电机，多使用5～10kg钕铁硼。这些应用方向对具有高温度稳定性、高耐蚀性和节能环保特性的高性能稀土永磁体需求将越来越大，稀土永磁材料的技术研究将从传统成分调控过渡到材料精细组织结构及成分相的控制，研究开发高性能、高服役特性的低Nd、低重稀土、混合稀土、钐铁基稀土永磁材料是我国稀土永磁行业满足下游应用发展需要、赶超世界先进水平的切入点。

随着工业的转型升级，对自动控制、传感器、机器人等要求的提高，超磁致伸缩材料将会发挥其巨大的应用潜力，在精密定位系统、印刷业的雕版打印头、精密机床的工具定位和主动减震，用于机械手、机器人等各种自动化设备的制动器和电机及传感器等方面形成大规模应用。

未来发展主要集中在以下几个方向：①材料精细组织结构及成分相的精确控制机理和技术研究；②开发高性能、高服役特性的低Nd、低重稀土、混合稀土、钐铁基稀土永磁材料；③稀土永磁产品生产装备研发，实现产品的高稳定性、一致性批量制备，开发高性能磁环的连续制备技术及装备，实现综合磁性能$(BH)_{max}+H_{cj}\geqslant 60$的辐向磁环的稳定制备；④新型稀土永磁材料的探索；⑤稀土磁致伸缩材料、磁制冷材料的应用技术研究与推广。

11.4.2 稀土光功能材料发展趋势及前景

（1）稀土光功能材料主要应用领域

稀土光功能材料广泛应用于照明、显示、医疗、通信、工业制造、国防军工等领域。目前较为集中的应用领域主要是照明、显示及高端核医学设备。

在照明领域，白光LED灯用稀土荧光粉是影响灯具照明品质的关键材料之一。中国是全球重要的LED照明产品生产基地，产量占到了全球总产量的80%以上。2017年全球LED照明的渗透率约为39%，预计2019年将超过50%，2020年全球LED灯具产量将超过70亿盏。与此同时，白光LED作为主要照明方式，已经开始从单一追求高光效转变为追求高光效、高显色并行的全光谱模式，白光LED用发光材料也逐渐向更宽光谱范围发展。我国半导体照明产业各环节产业规模及增长率见图11-2。

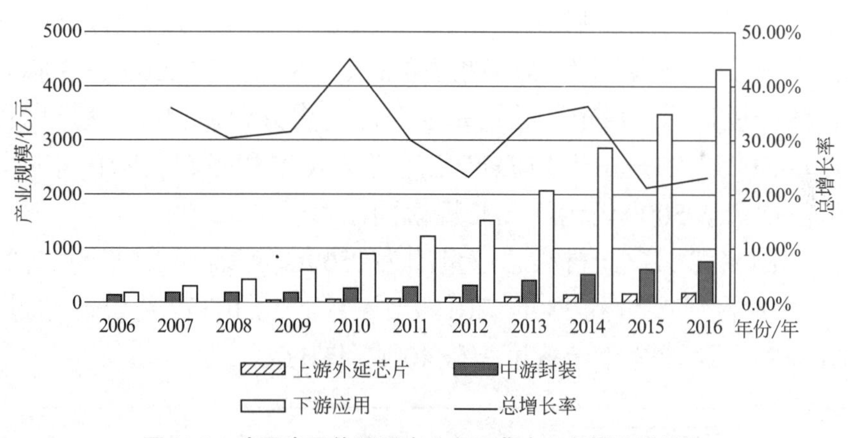

图11-2 我国半导体照明产业各环节产业规模及增长率

在显示领域中，LED背光源液晶显示技术是目前消费电子领域的主流显示技术，LED稀土荧光粉成为决定液晶器件显示效果的关键因素。随着2013年以来新型氟化物红色荧光粉和β-SiAlON:Eu氮氧化物绿色荧光粉的研发和应用，广色域LED背光液晶显示技术得到长足发展，目前LED背光技术已能够实现90%NTSC、90lm/W的显示效果。据市场调查机构报告显示，2016年全球液晶电视出货量2.19亿台，其中LED背光液晶电视渗透率已达99%，我国已经成为全球半导体照明和液晶显示产业发展最快的国家和地区之一。预计未来2～3年广色域LED液晶显示占比将增至20%～30%，2020年后将增至40%，与其配套的绿色荧光粉和红色荧光粉用量将分别达到30～35t。但与此同时，OLED、量子点、激光显示等新型显示技术也可能迎来快速发展，将对LED液晶显示市场带来冲击。

以正电子发射断层扫描（PET）为代表的医学影像诊断设备，是当前高端医疗设备市场的典型代表，对稀土闪烁晶体具有重大需求。LYSO晶体是目前最能满足PET-CT应用需求的闪烁晶体。全球PET-CT市场每年对LYSO晶体的需求量超过30t，价值超过2亿美元。作为一种尖端医学设备，PET-CT在以我国为代表的发展中国家具有巨大的增长潜力。以我国为例，截至目前，我国PET-CT在全国的装机量约350台，而美国约2000台。按中国人口13.7亿、美国人口3.2亿计算，目前我国PET-CT人均保有量只有美国的1/25。如果我国20年后人均保有量达到美国目前的人均保有量水平，中国20年内的装机量将近万台。按每台设备需使用价值300万元的闪烁晶体计算，仅国内市场对闪烁晶体的年需求量价值将超过30亿元，市场前景十分可观。预计未来5 ～ 10年时间，LYSO晶体仍将是PET用闪烁晶体的主流产品，且其需求量将随着中国PET市场的快速发展而出现显著增长。

（2）稀土光功能材料发展趋势

稀土光功能材料约90%的需求来自节能照明和电子信息产业，即照明和显示用稀土发光材料。传统三基色荧光灯和CCFL灯用稀土荧光粉市场规模大幅度缩水，2016年其市场规模只有高峰期时候的1/3左右，约2000 ～ 3000t/年规模。同时等离子体平板显示（PDP）已经完全退出历史舞台，相应的PDP荧光粉市场几近萎缩，取而代之的是白光LED产业的迅速发展和兴起。2016年我国LED光源整体产值首次突破5000亿元，产业规模同比增长了22.8%。

2016年，国内稀土发光材料总产量约为2500t，产值约2.5亿～ 3亿元，其中LED用稀土发光材料产量约350t。2017年上半年，LED荧光粉已超过200t，同比增长50%左右，预计全年产量可突破400t（图11-3）。

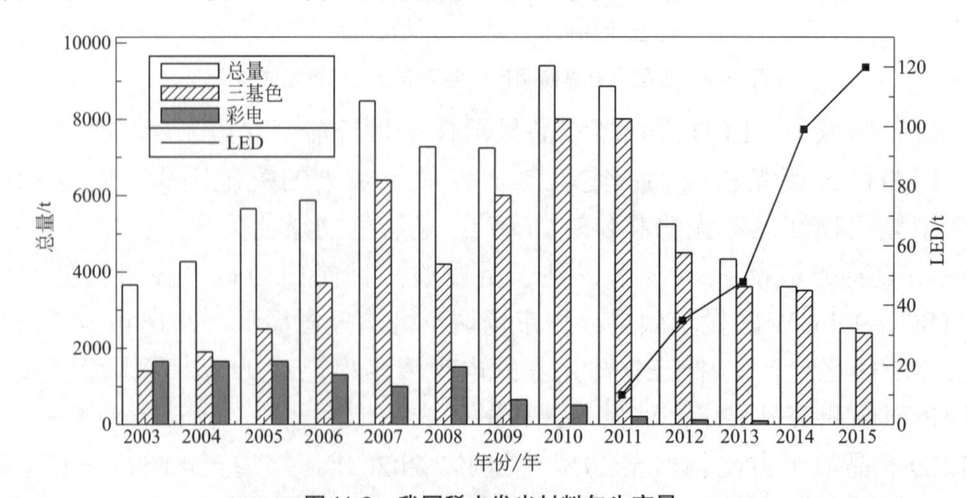

图11-3 我国稀土发光材料年生产量

我国稀土光功能晶体的总产量在7t左右。稀土激光晶体方面，2017年国内市场规模在12亿元左右，供需基本平衡。稀土闪烁晶体尚处于起步阶段，主要产品LYSO和$LaBr_3$:Ce晶体目前的市场规模都比较小，2017年总产值在1亿元左右。由于国内企业的晶体质量和成本与国外企业相比不具有竞争优势，目前尚不能很好满足国内PET-CT产业及高能物理等领域应用需求，大部分产品仍依赖进口。

在半导体照明和显示领域，未来发展方向主要集中在发展高综合性能的稀土发光材料上，以满足多样化应用需求。①在照明方面，开发适合紫外、近紫外或蓝光芯片用高效率的青、绿、黄色荧光粉及其产业化制备技术；②在显示领域，开发高性能、窄带发射稀土发光材料，以满足宽色域、高光效的液晶显示装置的应用要求；③开发大功率LED、激光照明等高密度能量激发器件用稀土光功能材料及其产业化制备技术；④开发新型近红外发光材料，满足光纤通信、生物成像、信号转换放大等多种应用需求；⑤开发稀土转换发光纳米材料，开发植物生长照明用、光动力学治疗用新型稀土发光材料。

在稀土光功能晶体领域，未来发展方向主要集中在提升晶体产品性能和产业化水平、开发自动化和智能化装备、开拓新应用等方面。其中稀土晶体材料方面的主要方向是：①拍瓦（10^{15}W）级超高峰值功率激光晶体的研究；②超高平均功率（＞100kW）级激光晶体及其高质量、大尺寸生长技术开发；③激光加工用LD泵浦高功率飞秒激光晶体研究及其产业化；④高功率中红外低维激光晶体开发。闪烁晶体领域的主要方向是：①稀土硅酸盐、铝酸盐、卤化物系列高性能稀土闪烁晶体新材料开发；②大尺寸、高质量LYSO、$LaBr_3$:Ce晶体低成本产业化生长技术开发；③健全和完善闪烁晶体产业链，重点突破上游高纯稀土原料制备技术和下游晶体封装、应用技术。

11.4.3　稀土催化材料发展趋势及前景

（1）稀土催化材料应用领域

稀土催化材料的重点应用领域为石油炼制、汽（柴）油车尾气污染排放控制、船舶脱硝、工业锅（窑）炉脱硝、VOCs催化燃烧。表11-5给出了稀土催化材料在各领域市场规模和应用中的特点。

表11-5　稀土催化材料应用领域、市场规模和应用特点

重点应用领域	主要产品	市场规模	应用特点
石油炼制	FCC催化剂等	18万吨/年	主要为La或Ce等稀土交换分子筛催化剂
汽油车尾气排放控制	三效催化剂（TWC）	100亿～150亿元	主要用于储氧材料，提高贵金属分散度，减少贵金属用量

续表

重点应用领域	主要产品	市场规模	应用特点
柴油车尾气排放控制	SCR	90亿～100亿元	以分子筛和钒钛基催化剂为主，Ce基SCR催化材料在开发之中
	CDPF	10亿～15亿元	La、Ce和Nd材料，提高贵金属分散度，减少贵金属用量
	DOC	30亿～50亿元	La、Ce和Nd提高贵金属分散度，减少贵金属用量
船舶脱硝	SCR	约500亿元	开发过程中，还没有大规模应用
工业脱硝	SCR	约2000亿元	钒钛基催化剂为主，Ce基SCR催化材料在工业试用和开发中

（2）发展趋势

近年来，我国经济保持持续稳定增长，石油消费量稳步上升，2008～2016年间，我国石油表观消费量从2008年的3.65亿吨增加至5.78亿吨，累计增长58.34%。预计2027年我国石油消费量将增长至峰值6.7亿吨左右，2014～2027年间年均增长率约2%，且在2027～2035年石油消费量继续保持高位。2008～2016年我国石油消费量见图11-4。

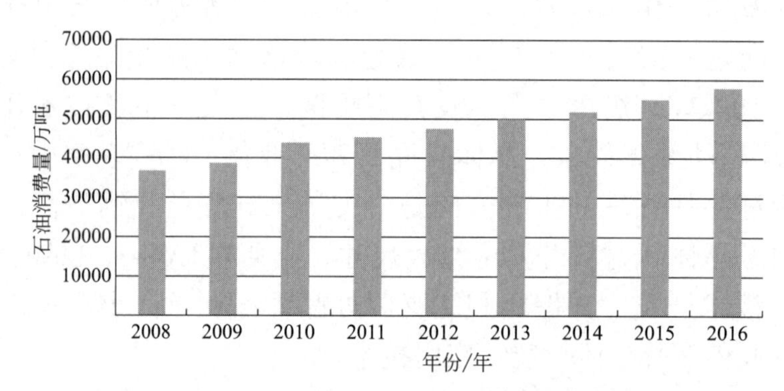

图11-4 2008～2016年我国石油消费量

在石油消费量稳定增长的同时，我国的石油冶炼工业也形成了全面发展的产业格局，充分满足石油消费增长的需求。截至2016年底，我国炼油产能约为7.5亿吨。

石油裂化催化剂目前全球每年生产量约108万吨，我国年产量达18万吨，且未来市场需求量呈现稳步增长态势。预计至2020年，其全球年产量达122万吨，中国年产量达22万吨。石油裂化催化剂产量见表11-6。

表11-6 石油裂化催化剂产量

年份	全球/万吨	中国/万吨
2015年	108	18
2020年	122	22
2025年	138	27

2016年，我国汽车尾气净化催化剂产量3800万升，同比增长38%。2017年产量约4200万升，其中汽油机催化剂约3150万升，柴油机催化剂约1050万升。

稀土催化材料未来发展趋势是进一步体现创新、绿色、高效的特点，石油裂化催化剂倾向于重油的催化裂化，并需要裂化过程的清洁、高效，油品的低硫、低氮、清洁。考虑到原油资源的稀缺性与不可再生性，生产高附加值的轻质油品和石油次生产品将是未来石油工业调控的重点和指导方向，提升石油化工加工企业产品附加值和经济效益将是长期的必然趋势。

机动车尾气催化剂未来发展倾向于满足国Ⅴ、国Ⅵ高尾气排放标准，开发相关催化材料及多种后处理技术的集成等，如满足未来欧Ⅵ标准对颗粒物的特殊要求，发展CO、HC、NO_x、PM四效（FWC）汽油车尾气净化催化剂技术。特别是针对我国国Ⅵ催化剂市场需求，开发先进高性能的铈锆储氧、改性氧化铝、分子筛SCR等关键材料，开发高效先进的催化系统、优化集成技术等，是未来的重要发展方向。

工业废气脱硝催化剂未来发展方向是耐高温、非钒无毒、高效的脱硝催化剂，解决火力发电等高温工业脱硝问题，进一步发展稀土改性或稀土基低温脱硝催化剂，开拓玻璃、钢铁、水泥等非火电脱硝领域的工业应用。工业脱硝催化剂关键技术包括：钒替代配方技术、低成本绿色制备技术、低温高活性催化剂技术、制备成型技术等。

综上，稀土催化材料的主要发展方向是：①突破满足国Ⅵ汽车排放标准催化剂用高性能铈锆储氧材料、氧化铝涂层材料、蜂窝载体材料等关键技术；②突破满足国Ⅵ汽车排放标准的稀土汽车催化剂关键产业化技术，实现工业化稳定生产；③发展稀土改性的非钒基SCR催化材料，推广其在水泥、钢铁、玻璃、焚烧等非火电行业的应用；④改进稀土非钒催化剂，提升其高温使用性能，进一步满足火电行业工业脱硝要求。

11.5 稀土储氢材料

11.5.1 应用领域

稀土储氢材料目前主要有两个应用方向，镍氢电池和储氢装置。镍氢电池广泛用于混合动力汽车、电动工具及工业和民用电池，在安全性能和低温性能方面有较强的优势。储氢装置因其可以无泄漏、低压、安全储氢，且体积储氢密度高，已用于测试仪器、燃料电池、集成电路和半导体生产、粉末冶金、热处理等供氢，还可用于氢气提纯及加氢站和移动加氢站的氢气增压，在氢能、燃料电池和燃料电池汽车应用中发挥重要作用。

我国镍氢电池用高端稀土储氢材料的产业化与日本相比还存在较大差距。国内混合动力车用功率型镍氢电池及高端小型镍氢二次电池市场基本由日本占据，高容量低自放电镍氢电池寿命尚短，稀土储氢装置规模尚小。虽已逐步实现稀土-镁-镍基储氢材料的小规模制备，产品性能趋于稳定，并已小批量供给日本、法国等国外厂家使用，但产品性能尚需提高，且产量尚小，市场仍有待进一步扩展。氢燃料电池汽车与传统汽车相比，具有无污染、零排放、低噪声、无传动部件的优势；与电动汽车相比，具有续航里程长、充电时间短、启动快（8s即可达全负荷）的优势，因此具有广阔的发展前景，我国仍处于研发阶段。

11.5.2 发展趋势

2016年稀土储氢材料产量为0.83万吨，同比增长2.5%。2017年上半年我国稀土储氢材料产量约为0.45万吨。

目前稀土储氢材料市场发展前景有限，其主要瓶颈在于混合动力镍氢电池市场难以形成，镍氢电池替代干电池市场增长乏力，代替镍镉电池的市场有限。我国《节能与新能源汽车产业规划》（2011 ～ 2020年）中明确提出，到2020年，中、重度混合动力乘用车将达到250万辆。丰田普锐斯混合动力汽车每辆车用储氢合金8kg，1000万辆车储氢合金用量高达8万吨，用量非常可观。2017年9月，工业和信息化部发布《新能源汽车推广应用车型目录》（2017年第9批），在配套电池方面，纯电动客车共计100款，其中90%搭载磷酸铁锂动力电池，其中1款搭载电容型镍氢电池，将为稀土储氢合金的发展带来新的契机。

从材料本身来看，研发不含Mg的高容量稀土储氢合金材料是未来发展的趋势。我国自主开发的高容量La-Y-Ni系储氢合金不含Mg元素，可直接用真空感应熔炼法制备，合金放电容量与La-Mg-Ni基储氢合金的容量相当，具有良好的循环寿命，有望成为新一代高容量稀土储氢合金材料。从储氢合金应用性能看，针对镍氢电池的需求开发高功率型、高容量型、低自放电型以及无钴无镨钕的低成本储氢合金仍是该领域的发展方向。

此外，稀土储氢合金仍有许多潜在应用的研究还刚开始，如能量存储利用等广为关注的能量转换、大规模储运等尚未展开。民用及高技术产品配套设备的更新换代，对高性能镍氢电池仍有一定量的需求，发展稀土储氢产业既有利于社会和经济的可持续发展，又能够促进我国稀土资源的高效高值均衡开发利用。

因此，稀土储氢材料的主要发展方向是：①通过组成优化、组织结构控制、制备工艺技术等研究改善和提高材料性能；②开发新型稀土储氢材料体系，如稀土镁基储氢合金材料、非AB_5型稀土储氢合金材料（La-Fe-B系、La-Y-Ni系储氢合金）、稀土钙钛矿型（ABO_3）储氢氧化物等；③开发能量存储用储氢合金。

11.6 超纯稀土材料

11.6.1 应用领域

① 超高纯稀土金属及靶材：在新一代信息电子及新能源技术的带动下，高纯稀土金属及靶材的发展趋势是开发4N5以上纯度稀土金属的制备技术及装备，提高现有高纯稀土金属产业化能力和产品一致性及稳定性，使我国超高纯稀土金属的生产能力达到100t/年以上，形成我国高端功能材料原料供应的保障能力。加快我国高纯稀土金属靶材的研发及生产，减小我国与欧美国家之间的差距；开发满足12in（1in=0.0254m）晶圆生产用的高纯稀土靶材，以及满足第三代半导体及新型通信器件用的高端靶材，建立我国高端大尺寸靶材的供应能力，实现各类靶材生产规模5000片以上，满足新一代信息技术领域对战略性先进电子材料的迫切需求，提升国产电子装备整体水平，降低国产电子装备产品价格，摆脱高性能功能薄膜器件受制于日、韩、美等先进国家的现状，支撑“中国制造2025”“互联网+”等国家重大战略目标。

② 超纯及特殊物性稀土化合物：超纯或超细稀土化合物主要应用于功能陶瓷、半导体、晶体、医疗等众多领域。例如，超细氧化钇、氧化镥、氧化钆、氧化铈等稀土氧化物大量应用于闪烁光功能材料；掺杂纳米Nd_2O_3的钇铝石榴石晶体能够产生短波激光束，广泛用于厚度在10mm以下薄膜材料的焊接和切削，也可代替手术刀用于摘除手术或消毒创伤口；掺纳米Er_2O_3光纤放大器是必不可少的光学器件。

11.6.2 发展趋势

高纯稀土金属及靶材主要用于磁性材料、光功能材料和电子信息用溅射靶材，其中，3N ～ 3N5高纯稀土金属需求达100t；纯度3N5以上高纯稀土金属中，光功能材料年需求达5 ～ 10t，电子信息用4N ～ 4N5级稀土金属年需求量达到10t以上。

应用于磁性材料的3N ～ 3N5级稀土金属主要是金属Tb和Dy，得益于智能制造、新能源汽车等领域应用需求的持续增加，带动了Dy、Tb需求的稳步增长。金属Tb产量从2011年的不到10t增长到2016年的75t，平均每年增幅10t以上，预计2017年产量也与2016年相当；金属Dy市场需求和增幅都比Tb小，2017年预计达到45t。2011 ～ 2017年全球3N ～ 3N5级金属Dy、Tb产量见图11-5。

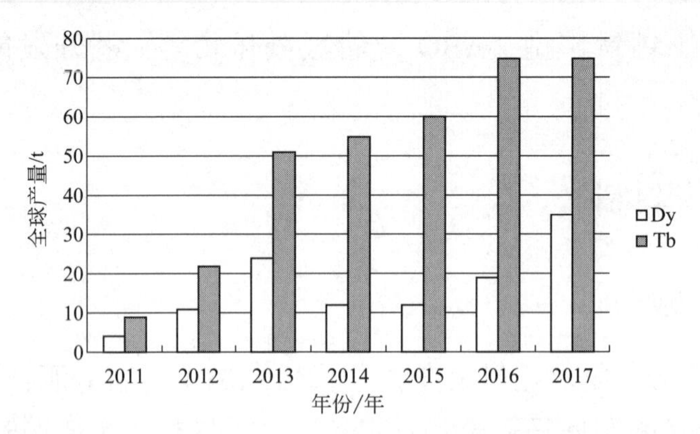

图11-5　2011 ～ 2017年全球3N ～ 3N5级金属Dy、Tb产量

3N5 ～ 4N稀土金属在荧光粉领域的大规模应用始于2016年，年需求量约为3t，2017年市场需求量约为5t；少量应用于碘化稀土、溴化稀土及闪烁晶体和光纤材料的生产，市场需求不超过3t。4N ～ 4N5级稀土金属靶材，目前主要是用于28nm制程节点以下的集成电路研发，未来如能大规模推广应用，年需求量将达到15t，带动相应靶材市场规模1亿元以上。

市场供需方面，目前3N ～ 3N5级稀土金属我国都能够自主供应，可完全满足应用端需求，3N5级稀土金属靶材能够小批量生产，部分产品已出口日本、美国等国家和地区，4N级靶材目前国内正处于研发阶段，预计要应用于集成电路生产还需很长一段时间。

超高纯稀土金属及靶材的发展情况详见本章11.6.1节。未来发展方向主要是：①制备满足不同稀土功能材料需求的4N5级及以上超高纯稀土金属，实现4N5超高纯稀土金属的洁净化、批量化生产；②制备满足集成电路溅射用大尺寸4N级超高纯稀土金属靶材，实现批量化生产。

超纯及特殊物性稀土化合物的发展情况是：全球每年对各类超细稀土氧化物需求以年均15% ～ 20%的速度增长，目前已超过5000t/年，按照1000元/kg计，产值超过50亿元。更为重要的是，高端超细稀土氧化物粉料材料主要依赖进口，技术被日、美企业所垄断，制约了我国稀土材料在高新技术领域的应用水平，限制了国家安全、信息电子技术进步以及我国经济和社会的发展。

因此未来主要发展方向是：①开发满足使用需求的超细/特殊物性稀土化合物的关键共性制备技术；②针对特殊用途，开发稀土化合物材料，如稀土陶瓷粉体材料、颜料用稀土硫化物材料、超细稀土抛光粉、红外成像用高性能复合稀土氟化物镀膜材料等。

11.7　稀土绿色制备与清洁生产发展趋势及前景

近10年来，我国的稀土绿色高效提取分离技术得到了长足发展，取得了一些重要研究成果，推动了行业的技术进步，并逐步发展成为整个行业主流技术。稀土采选工艺方面，重点发展了复杂地质条件离子型稀土原地浸矿新工艺以及包钢尾矿稀土、铌等资源综合利用选矿技术的开发利用技术。稀土冶炼分离方面，主要针对稀土冶炼分离过程中存在的化工材料、能耗高、资源综合利用率低、三废污染严重等问题，开发了一系列高效、清洁环保的冶炼分离工艺，从源头消除三废污染，提高资源综合利用率，减少消耗、降低成本。其主要包括：模糊萃取分离技术、联动萃取分离技术、非皂化或镁（钙）皂化清洁萃取分离技术、包头混合型稀土精矿硫酸强化焙烧尾气资源化利用技术等。为满足以发光材料、催化材料和电子陶瓷材料等为代表的稀土功能材料需求，开发了低碳低盐无氨氮萃取分离制备稀土氧化物技术、溶剂萃取法制备超高纯稀土氧化物工艺、新型稀土沉淀结晶技术、特殊物性稀土氧化物可控制备技术、万安培低电压节能环保熔盐电解槽及配套技术等一系列创新性成果，部分成果已在行业内推广应用。

相比之下，国外稀土提取技术近十几年来基本处于停滞阶段。随着国民经济的迅速发展，尤其是新材料技术的进步，国内外对高纯稀土化合物的需求量将逐年增加，环保的压力也将逐渐增大。国家生态环境部（原环保部）已颁布世界首部《稀土工业污染物排放标准》，严格控制氨氮等排放限值，进一步提高了企业的环保要求，迫使稀土企业追寻具有环保优势和成本优势的稀土化合物高效清洁制备技术。我国在《中国制造2025》中也提出“绿色发展”的指导思想，“全面推行绿色制造”，专门设立“绿色制造”工程，组织实施传统制造业能效提升、清洁生产、节水治污、循环利用等专项技术改造。为此，未来发展趋势将是集成优化稀土高效清洁冶炼分离提纯和化合物制备技术并推广应用，从源头解决稀土生产过程三废污染问题，降低能耗，实现化工材料和生产用水的循环利用，氨氮、盐实现近零排放，提高资源综合利用水平。

综上，稀土绿色制备与清洁生产的主要发展方向如下。

（1）加强稀土提取、分离提纯过程基础理论研究

重点开展典型稀土矿及尾矿的组成、结构和表面状态及其对选矿和分解过程的影响；进一步发展复杂体系的串级萃取理论，优化稀土分离流程；稀土冶金过程物理化学特性与传质动力学研究；稀土冶金过程多元多相复杂体系相图及物性体系的构建；稀土冶金过程数字模拟与智能控制方法等研究。为稀土冶炼分离提纯新技术、新方法、新工艺研究开发提供理论指导。

（2）加快稀土绿色低碳提取分离技术及装备开发

重点研发高效低盐低碳无氨氮排放的萃取分离技术，集成开发出适用的自控技术及装备，提高资源利用率及生产效率，降低整体化工原材料消耗及生产成本，彻底解决萃取分离过程氨氮和盐的排放问题。稀土冶炼分离过程物料循环利用技术及装备：重点研发稀土提取及萃取分离过程酸、碱、盐等回收利用

技术，研究稀土分离过程产生的废水、废气综合回收利用技术及装备，实现稀土化合物高效清洁制备。

（3）加强稀土及伴生资源钍、氟等有价元素综合回收利用技术开发

开展贫矿和尾矿稀土回收工作，推进复杂难处理稀有稀土金属共生矿在选矿和冶炼过程中的综合回收利用。重点研发氟碳铈矿及伴生重晶石、萤石、天青石、钍、氟等综合回收技术，包头混合型稀土矿及伴生萤石、铌、钍、钪等综合回收技术，硫酸化焙烧尾气净化回收硫酸、氟化物技术，伴生钍、氟资源的高值化利用技术。

（4）加强稀土二次资源绿色高效回收利用

积极开展稀土二次资源收再利用，鼓励开发稀土废旧物收集、处理、分离、提纯等方面的专用工艺、技术和设备，支持建立专业化稀土材料综合回收基地，对稀土火法冶金熔盐、炉渣、稀土永磁废料和废旧永磁电机、废镍氢电池、废稀土荧光灯、失效稀土催化剂、废弃稀土抛光粉以及其他含稀土的废弃元器件等二次稀土资源回收再利用。

11.8 先进国家的发展策略及经验

（1）整合先进资源，开展专项研究

整合国内先进的科技资源，对关系国家战略的重点方向进行联合攻关。如2013年美国能源部成立了美国关键材料研究院。这是一个类似科技联盟的组织，以埃姆斯实验室为核心，由能源部下属四个国家级实验室、七个大学、九个工业合作伙伴的科学家和工程师组成。其领导团队来自其中六个机构，像一个独立组织一样管理地理上分散的实验室。其任务是为清洁能源技术关键材料供应提供保障，促进美国制造业创新并加强美国能源安全。

（2）加强基础研究，促进原始创新

从国家层面支持基础研究，为从事基础研究的科研人员和研究机构提供足够的保障，支持其长期开展基础研究，进行原始创新，是国外发达国家处于技术领先国家的重要因素之一。如日本国立材料研究所（NIMS）长期以来主要进行材料的合成、表征和应用的研究，包括金属、半导体、超导体、陶瓷、有机材料和纳米材料等，涵盖了电子、光学、涂料、燃料电池、催化剂、生物技术等范围的应用。同时发展了电子显微镜、高能离子束、强磁场等技术。大多数研究是实验性研究，但至少有一个研究中心，致力于理论研究。正是在雄厚的理论研究的基础上，才使得该机构在多个领域成为全球的领导者。

（3）实施知识产权布局，提高产业核心竞争力

国外发达国家在稀土磁、光等功能材料领域长期处于知识产权垄断地位，而

且由于国外发达国家知识产权制度比较健全，企业通过知识产权来形成技术垄断。如美国MQI公司在钕铁硼黏结磁体方面长期处于垄断地位。2014年以前，由于MQI公司在喷铸法制备黏结磁粉方面的专利限制，国外公司只能使用MQI生产的磁粉，处于垄断地位。与此同时，MQI公司对该项技术实施严格的技术封锁。导致2014年后，即使有国家和企业进行同类黏结磁粉的生产，其产品的质量与性能难以达到MQI公司水平，使得该公司在黏结磁粉领域始终具有世界领先的地位。

（4）建立行业领军企业，引领世界发展

在稀土新材料领域，国外目前已经形成诸如法国Saint-Gobian、美国CPI、比利时索尔维、日本三菱化学、美国巴斯夫、日立金属等一大批在细分领域拥有极强技术和市场优势的领军企业，个别企业市场占有率甚至超过50%，其议价能力堪称恐怖。而国内却鲜有这样的企业，如在磁性材料领域我国有200多家企业，其产品类型、目标市场等均存在大量重叠，内部竞争十分激烈，难以在与国外企业的竞争中取得主动，处于明显的劣势。因此，应在细分领域培育大型领军企业，可以引领整个行业的发展。

11.9　面临的主要任务和挑战

11.9.1　面临的挑战

（1）科技快速发展带来的挑战

新一代信息技术、高端数控机床与机器人、现代轨道交通、航空航天、新能源等高新技术快速发展，对关键核心基础材料的种类、性能、质量以及保障能力提出更新、更高的要求。未来几年，是国家实施《中国制造2025》、调整产业结构，推动制造业转型升级的关键时期。新一代信息技术、航空航天装备、海洋工程和高技术船舶、节能环保、新能源等领域的发展，为新材料产业提供了广阔的市场空间，同时也对关键核心基础材料的种类、性能、质量以及保障能力提出更新、更高的要求。但稀土新材料开发阶段往往忽视中试过程，实验室研究和工程化开发脱节现象严重，导致新技术、新产品的产业化推进问题多。另外，国内产品一致性、稳定性难以满足高端产品要求。因此，促进产品上下游以及不同领域之间的沟通衔接，形成协同发展模式，开发出满足实际应用需求的稀土新材料，保障高新技术产业的基础材料供应，是我国稀土新材料科技创新面临的新挑战。

（2）低碳经济和循环经济带来的挑战

在全球气候变暖与环境恶化的大形势下，低碳经济已成为国民经济的必然转变方向。在国民经济向低碳经济模式转型的过程中，新材料及其产业也必将为这一转变提供强有力的物质基础。不断增强环境意识，将材料研发、生产与生态平衡、环境保护密切结合起来，延长材料使用寿命，提高循环使用特性和再生利用率是今后的重要课题，而材料在制备、生产和使用全过程的节能减排、环境友好与净化以及无毒无害、保障人类生存安全则是今后研发新材料时所要考虑的首要因素。总之，为适应发展低碳经济和循环经济，新能源和节能环保用材料的开发和发展应用面临巨大的挑战。

（3）资源与环境问题带来的挑战

资源与环境制约是当前我国经济社会发展面临的突出矛盾，绿色制造是传统产业发展的主要方向。稀土资源开发与提取分离过程复杂、原材料消耗高、循环利用率低，从而产生大量氨氮、氟、盐、COD及放射性污染物，但现有稀土企业环保投入少，治理技术和设备比较落后，三废回收处理成本高。导致我国稀土行业目前仍存在资源浪费、环境污染等问题，对现有的采、选、冶及分离提纯技术提出了挑战。虽然我国科技工作者已开发出一些高效清洁稀土提取、冶炼分离技术，但尚未进行大范围应用。在知识产权保护力度不足的大背景下，先进科技成果的大面积推广应用也是较大挑战。

在世界科技、产业、经济、环境等瞬息万变的今天，发达国家纷纷实施“再工业化”战略，发展中国家也在加快谋划和布局，积极参与全球产业再分工，拓展国际市场空间。我国在新一轮发展中也面临巨大挑战。

11.9.2 主要任务

面对科技和产业革命为科技发展带来的发展机遇和挑战，结合我国的产业发展现状、存在的问题以及先进国家的发展策略和经验，提出新阶段稀土产业发展的几项主要任务。

（1）加强科技创新

① 突破高端稀土材料制备技术，满足应用领域发展需求　紧紧围绕战略性新兴产业和新一代信息技术、高档数控机床和机器人、先进轨道交通、节能与新能源汽车等中国制造2025重点发展领域对稀土材料的重大需求，通过产、学、研紧密结合，联合攻关，突破新材料关键制备技术，满足科技快速发展对高端材料的发展需求。

② 强化轻稀土元素应用开发，促进稀土材料平衡应用　着力拓展镧铈钇等高丰度元素在工业节能、机动车危机净化、工业窑炉废气脱硝等环保领域的应用；加强稀土合金等轻量化材料的应用研究；开发低成本高丰度稀土永磁材料，推动其产业化，从而促进高丰度稀土元素的应用，实现稀土元素平衡利用。

③ 加强基础研究，推进稀土前沿材料开发　加强前瞻性基础研究与应用创新，重视原始创新和颠覆性技术创新，集中力量开展系统攻关，重点探索稀土材料的结构与性能的内在规律，挖掘稀土的本征特性及新应用，开展基于高通

量的材料结构设计；研发新型稀土材料及其制备技术，形成一批标志性前沿新材料，突破核心专利，获得自主知识产权，抢占未来新材料产业竞争制高点。

（2）推广实施绿色制备和两化融合

加快稀土绿色化转型和智能化升级，以促进稀土行业绿色转型和智能化转型为目标，着力开发稀土资源绿色高效采选和冶炼分离新技术、新装备，研究复杂矿清洁选冶技术，促进绿色清洁生产工艺的推广应用，加快稀土生产企业的技术、工艺、装备优化升级，进一步提高生产的环保技术水平和产品质量的稳定性、一致性，实现节能降耗、减少环境污染。推进资源高效循环利用，加强尾矿资源、伴生资源的综合利用，提高稀土资源综合利用水平。

开展新一代信息技术与稀土行业的集成创新和工程应用。依托优势企业，紧扣关键工序智能化、生产过程智能优化控制、供应链优化，促进稀土冶炼分离和稀土材料生产流程数字化、主体装备智能化、生产工艺优化和服务远程化，建设智能工厂和数字化车间，实现稀土材料生产和运行管理业务的数字化和智能化。

（3）完善稀土行业创新体系和能力建设

① 建设国家级稀土材料公共技术服务平台。充分发挥科技创新的核心引领作用，完善以企业为主体、市场为导向、政产学研用相结合的稀土创新体系，依托重点企业、产业联盟或研发机构，建设国家级稀土材料公共技术服务平台。瞄准《中国制造2025》、战略性新兴产业等国家战略和未来产业发展制高点，开展原始创新、集成创新和引进吸收再创新，突破关键共性技术研发，推进科技成果产业化，规范服务标准，开展技术研发、检验检测、技术评价等专业化服务，培育具有较强创新能力的先进企业和一批创新型科技人才，促进科技成果转化和推广应用。

② 加强稀土材料知识产权运用、标准及评价体系建设。强化以科技创新为动力，推进科技研发—知识产权保护—技术评价—标准制定发展一体化。加强稀土专利分析和战略研究，指导科研院所和企业进行知识产权布局；强化知识产权保护，提高知识产权保护力度，加强知识产权运用，鼓励和支持企业开发和应用具有自主知识产权的新技术。发挥学术团体、行业组织和稀土企业、科研院所、高校在标准制定中的重要作用，推动实施稀土功能材料产品标准化战略，搭建稀土标准化信息平台，建立完善标准化体制机制，完善稀土国内标准体系，推进稀土标准国际化。

11.10　发展对策及建议

（1）健全创新体系模式，增强自主创新能力

以企业为主体，联合科研院所和高校等各类创新主体，建立稀土行业创新

中心，提高自主创新能力。以重大需求为目标，组成联合攻关组，进行协同创新开发，形成基础材料—应用器件—关键零部件—核心装备一条龙开发模式。着力提升原始创新能力、工程化和技术成果转化扩散能力，并努力实现商业化，形成更多具有自主知识产权的创新技术。以企业为技术创新、研发投入、创新成果应用和产业创新受益的主体，全面提升企业的自主创新能力。

（2）建立和完善知识产权保障体系，推动成果转化

引导稀土企事业单位重视和加强知识产权开发、运用和保护，加强专利战略。制定和完善强制有效的知识产权保护法律法规，出台政策“组合拳”，通过奖罚分明的制度，保护知识产权，严厉打击技术流失和侵权行为，为鼓励技术创新成果推广实施提供法律依据和保障。

（3）加强人才培养和创新基地建设，提高科技创新能力

建立人才培养和创新基地的长效发展机制，突出“高精尖缺”导向，依托稀土行业创新中心，着力培养前沿、基础科学、工程化研究、科技领军型人才，加大力度培养工程应用类“工匠”型人才；加强对相关国家重点实验室、工程研究中心、公共技术服务平台等的持续支持，加快提升我国稀土科研和产业的创新能力和应用水平，为我国稀土新材料发展提供人才保障。

（4）加快产业整合步伐，推进供给侧结构性改革

针对稀土新材料产业中小企业林立、大型企业集团主要集中在产业上游的现状，加快中下游产业整合步伐，通过产业的横向整合和纵向整合相结合的方式，逐步建立稀土材料大产业集团和拥有完整产业链的稀土产业创新园区或创新中心。从而实现去产能、促创新，实现稀土产业创新、协调、绿色、开放、共享的发展。

作者简介：

黄小卫　工学博士，中国工程院院士，享受政府特殊津贴。北京有色金属研究总院稀土材料国家工程研究中心副主任，高级工程师。全国劳动模范。主持完成国家和省部级科研课题30多项。负责技术转让15项，获国家科教进步二等奖、三等奖、优秀专利奖各一项。获得部级科教进步一等奖五项、二等奖三项。申报发明专利87项（国际专利6项），已授权35项，发表论文52篇。2017年5月25日，获得全国创新争先奖。

第三篇　特色园区篇

第12章

宁波新材料产业与宁波新材料科技城

杨正平[1]，纪松[2]，田欣幸[2]，陈超颖[2]，徐俊波[1]，王晓光[2]

1. 宁波国家高新区（新材料科技城）管委会

2. 宁波市材料学会

12.1　宁波新材料产业基本情况

宁波是我国首批新材料产业国家高技术产业七大基地之一，新材料产业在宁波高新技术产业中占有较大比重，约占30%，在宁波八大战略新兴产业中位居前列。

宁波新材料产业在磁性材料、合成新材料、高性能金属材料等细分产业领域，已形成明显的竞争优势。

① 磁性材料领域　宁波是中国钕铁硼稀土永磁材料产业化生产的发源地和国内目前最大的生产基地和销售集散地。钕铁硼产量约占全国的40%、全球的30%，集聚了宁波韵升、科宁达、宁波永久、金鸡、招宝等一批行业知名企业。其中，宁波科宁达工业有限公司是国内最大的钕铁硼磁体生产企业，生产的计算机硬盘驱动器用VCM磁体批量供货，打破了西方国家对钕铁硼高端应用领域的长期垄断。

② 合成新材料领域　依托宁波上游产业优势及基础，目前集聚了宁波万华、大成新材料、天安生物等一批国内知名企业。其中，宁波大成的高强高模聚乙烯纤维填补了国内空白；宁波万华拥有聚氨酯原材料MDI自主知识产权；天安

生物是国内第一家采用发酵工程技术生产完全生物分解材料PHB/PHBV的企业。

③ 高性能金属材料领域　宁波拥有兴业铜业、博威合金、宁波东睦新材料等一批国内具有较强影响力的企业。其中，兴业铜业的高精度锌白铜带占国内市场的70%，宁波东睦新材料是国内最大的粉末冶金材料生产企业。

此外，宁波在纳米材料、石墨烯、海洋防腐材料、半导体材料、新型纺织材料等领域形成了一定产业基础，集聚了墨西科技、宁波飞轮造、金和新材料、江丰电子等龙头企业。其中墨西科技投产的年产200万平方米石墨烯涂层材料（铝箔、铜箔）生产线，使全国乃至全球首个基于石墨烯应用领域的产品正式面向市场。江丰电子打破了中国半导体材料完全依靠进口的历史，填补了国家的产业和技术空白。

12.2　宁波新材料科技城基本情况

2013年8月26日，中共宁波市委、宁波市人民政府作出了关于建设宁波新材料科技城的决定（甬党发〔2013〕26号），标志着宁波新材料科技城建设的正式启动。建设宁波新材料科技城是浙江省委、省政府和宁波市委、市政府着眼世界科技创新和产业发展趋势，立足宁波城市特色和比较优势作出的一项重大决策，是宁波市贯彻落实浙江省委创新驱动发展战略，加快培育发展战略性新兴产业，推动区域经济转型升级，打造“创新宁波”的重大举措，浙江省委、省政府提出，要把宁波新材料科技城作为浙江今后科技创新大平台进行重点扶持。

12.2.1　功能定位

根据宁波市经济社会发展的战略目标和创新驱动发展的总体要求，宁波新材料科技城的功能定位为“四区一中心”，具体如下。

① 国际一流、国内领先的新材料创新中心　链接全球新材料高端创新资源，推进人才、技术、资金、信息等要素高效对接，促进科技、金融和产业融合，培育具有自主知识产权的新材料重大创新成果，建设新材料研发成果中试孵化基地和产业化基地。

② 创新驱动先行区　加强新材料领域重大技术创新，推进装备升级和信息技术应用，为产业升级提供强大的技术支撑、先进模式和制度创新，成为实施创新驱动发展战略先行区。

③ 新兴产业引领区　搭建高水平科技创新平台及创业孵化载体，引领全市新材料产业创新发展，辐射带动各产业功能区发展，成为全市产业转型升级的核心引领区。

④ 高端人才集聚区　对接民营资本和产业优势，汇聚全球高端创新创业人才，完善引进高端人才的创新创业政策、创新人才流动及转移机制，努力打造“人才管理改革试验区”。

⑤ 生态智慧新城区　加快培育城市服务功能，加强生态文明建设，优化宜居宜业发展环境，进一步推进智慧城市建设，打造成为现代化、国际化的高端科教产业新城区。

12.2.2 发展目标

力争用20年的时间，集聚一批新材料高端创新资源，引进培育一批创业创新人才，建设一批创业创新载体，打造一批具有全球主导权的新材料细分行业，将新材料科技城建成具有国际影响力的新材料高端资源集聚区，成为国际一流、国内领先的新材料创新中心，成为生态美丽、宜居宜业的智慧新城区。

12.2.3 重点任务

（1）优化区域空间布局

按照“一城多园”模式优化新材料科技城空间布局，形成“核心区+延伸区+联动区”的区域协同发展格局。

① 核心区由宁波国家高新区、宁波高教园区北集聚区、镇海新城北区3个区块组成，规划总用地面积约55km^2。该区域以高端资源密集区建设为载体，加快推进高端研发、创业孵化、总部基地等功能建设。宁波高新区始建于1999年，2007年经国务院批准升级为国家级高新区。

② 延伸区是与核心区紧密联系的产业化功能区，先期以江北高新技术产业园区、鄞州经济开发区、象山滨海区块为重点，加快推进产业园、加速器等建设，引导处于快速成长期的企业实现产业化。

③ 联动区是与核心区有效联动的新材料产业集聚区，先期以北仑滨江区块、鄞州创业创新基地、宁波石化经济技术开发区、浙江省“千人计划”余姚产业园区、慈溪新兴产业集群区区块、奉化滨海区块为重点，主动接受核心区辐射，推进优势新材料产业集群发展。

（2）巩固提升新材料优势产业

做大优势产业规模，提升国际市场影响力，打造2～3个具有全球主导权的新材料细分行业。高性能金属材料，加强产学研用联合攻关，重点发展高性能有色金属材料、高性能钕铁硼永磁材料、粉末冶金汽车结构材料和特种钢材料等。先进高分子和合成新材料，重点发展改性通用塑料、合成橡胶、高性能工程塑料，加快推广绿色高分子材料及加工技术，开发高分子膜材料等功能材料等。电子信息材料与器件，重点发展平板显示材料、磁控溅射靶材材料，鼓励发展电子封装材料、硅基材料等关键信息材料，开发新型传感器/芯片等产品。

（3）培育发展新材料先导产业

积极培育发展基础好、产业关联度高、市场前景广的新材料先导行业。高性能纤维及复合材料，重点发展军民两用高性能纤维及其制品，大力发展高性能碳纤维材料，推动高性能碳纤维工程化示范、产业化及应用技术推广。无机纳米材料及技术，加快发展石墨烯低成本规模化制备技术、无机纳米粉体、微纳薄膜涂层等纳米材料及技术，推动纳米技术在纺织、电子信息等领域的应用。特种功能材料，大力发展以锂离子电池正负极材料为代表的能源材料，积极开发高性能海洋新材料，推广先进表面工程技术在海洋装备中的应用。

（4）提升区域创新能力

鼓励国内外新材料领域的知名高校院所、重点实验室等在新材料科技城设立研发机构，支持跨国公司、央企、大型民企等建立研发中心，充分发挥各类高校院所的支撑引领作用，积极构建新材料创新链。加大对新材料领域前沿性、关键性和共性技术研究的支持力度。加快推进创业苗圃、孵化器、中试基地、产业园等载体建设。完善产学研用合作机制，创新科技成果转化机制，促进创新链、技术链和产业链的融合。加快建设新材料产业关键共性技术研发、科技信息、技术转移等公共技术服务平台。积极实施知识产权发展战略，加大专利保护力度。

（5）打造区域人才高地

深入实施“千人计划”“3315计划”，积极推进人才管理改革试验区建设。加大对创业项目的支持力度，支持企业对人才实施股权激励，实施高端人才个人所得税补贴政策。完善柔性引进人才和高端人才短期工作机制，鼓励其以专利、技术、管理、资金等入股方式与新材料科技城企业和研发机构合作。加大对人才工作的投入力度，完善引进人才的生活配套设施建设。建立完善企业与大学院所联合培养人才机制。创新高端人才的人事编制管理，建立高层次创业创新人才动态管理机制。

12.2.4 主要措施

（1）明确行政管理体制

设立宁波新材料科技城管理委员会，作为市政府派出机构，与宁波国家高新区管理委员会实行“两块牌子、一套班子”合署办公，充实和加强管委会领导力量，负责新材料科技城的开发建设和运营管理。

（2）设立新材料产业发展专项基金

市财政每年出资1亿元、新材料科技城相应配套1亿元，5年累计投入10亿元，设立新材料产业发展专项基金，主要用于支持新材料领域高端科研机构建设、研发项目资助、高端人才引进、股权激励、科技成果孵化及产业化推广等，促进高端创新资源集聚和新材料产业创新发展。

（3）完善科技金融体系

围绕新材料科技创新和成果转化，建立完善集天使投资、风险投资、科技信贷、股权交易、上市融资等于一体的科技金融支撑体系。推进科技金融信息服务平台建设，完善科技金融管理服务体系。鼓励各大银行在新材料科技城设立分支机构，建立健全贷款担保风险补偿机制。充分发挥天使投资引导基金、创业投资引导基金、海邦人才基金等的引导作用，吸引社会资本向新材料科技城创业创新项目投资。

（4）加强资源要素保障

土地、水、电等要素资源优先向新材料科技城倾斜，优先将新材料领域高端创新资源、创业创新人才、重大科技项目、重大公共服务平台向新材料科技城布局。近期重点加强核心区内南江两岸地区的资源要素保障，条件成熟时作为新材料科技城启动区块予以推进。加快推进核心区镇海新城北区规划调整，尽早实现土地利用总体规划全覆盖。

（5）优化创业创新环境

加快基础配套设施建设，提高综合承载能力。完善教育、医疗、文化等公共设施，规划建设一批高层次人才租赁住房，优化创业创新人才宜居环境。提高产业准入和环境准入门槛，强化环评保护机制，严格禁止污染型项目入驻。实行更加严格的节能减排标准，大力发展低碳产业和循环经济，建成国家级生态新城区。

12.3 宁波新材料发展重点

12.3.1 新材料产业发展重点

宁波是全国首个“中国制造2025”试点示范城市，在宁波市政府发布的宁波市建设“中国制造2025”试点示范城市实施方案（甬政办发〔2016〕152号）中，明确了“中国制造2025”框架下新材料产业发展重点，新材料产业位居新型产业体系之首。

12.3.1.1 发展目标

“十三五”及以后时期，充分发挥产业基础优势，把握产业发展新趋势，将智能经济作为主攻方向，重点发展以新材料、高端装备和新一代信息技术为代表的三大战略产业，做强做优以汽车制造、绿色石化、时尚纺织服装、家用电器、清洁能源为代表的五大优势产业，积极培育以生物医药、海洋高技术、节能环保为代表的一批新兴产业和以工业创新设计、科技服务、检验检测为代表的一批生产性服务业，努力打造形成“3511”新型产业体系。2017～2019年，重点将稀土磁性材料、高端金属合金材料、石墨烯、专用装备、关键基础件、光学电子、集成电路和工业物联网八大细分行业作为“3511”产业发展的主攻方向，着力培育形成一批新的千亿级细分行业，带动提升全市产业发展。

12.3.1.2 新材料产业重点细分方向

（1）稀土磁性材料

巩固烧结钕铁硼材料优势地位，突破低成本钕铁硼基高丰度稀土永磁材料关键制备技术，重点发展高综合磁性能烧结钕铁硼磁体以及高性能黏结磁体、钐钴永磁材料、钐铁氮永磁材料、纳米结构磁性材料、软磁材料等新型稀土永磁材料。打造“磁性材料—磁体元件—特种电机—器械”产业链，加快稀土永磁材料及产品在塑机、汽车、纺织机械、电子电器、风力发电、医疗器械、机器人等领域的应用。

（2）高端金属合金材料

重点发展集成电路用高性能金属材料及超高纯金属材料、铜基IC用溅射靶材、精密铜合金材、高硬度超耐磨强化铜合金、无铅环保铜合金、高性能耐蚀铜镍合金等新型铜合金材料。提升发展汽车、高速列车、航空航天用等高性能铝合金板材。培育发展高强韧与耐蚀新型钛合金及其型材、无氧钛、3D打印材料等钛合金材料以及块体非晶镁合金、智能降解镁合金材料。加快发展轴承钢、模具钢等特种金属合金材料。

（3）石墨烯

强化石墨烯产业链构建，加大石墨烯原材料制备技术、工艺及装备的攻关研发，达到千吨级石墨烯微片（粉体）、百万平方米级石墨烯薄膜卷材的低成本规模生产。加快开发应用石墨烯的超级电容器、高分子复合材料、功能涂料、柔性电子器件、新一代显示器件、锂离子电池等产品，带动提升城市电车、新能源汽车、海洋工程、先进装备等终端产品和装备发展。

12.3.1.3 专项工程

① 自动化（智能化）改造项目　铜合金新型材料生产线技改项目。

② 制造业创新能力工程　建设新型创新研发机构，积极推进石墨烯创新中心、磁性材料及应用创新中心等建设，积极申报省级和国家级制造业创新中心。加快宁波新材料科技城建设，初步奠定新材料领域国际创新中心地位。

③ 制造业行业创新中心　重点推进石墨烯创新中心、磁性材料及应用创新中心、模具制造创新中心。

④ 工业强基工程重点项目　阻燃改性塑料产业化，通信光棒、光纤及光纤到户配套产品，锂离子动力电池材料，多功能薄膜，汽车内饰件新型材料设计

开发，光学基膜、太阳能背材基膜、光学功能膜、光学增亮膜等，TFT-LCD液晶显示器光学膜，液晶显示用反射膜，水性树脂及HDI。

⑤ 大数据产业　重点推进材料大数据云服务平台、新材料大数据公共服务与研发平台项目。

⑥ 人才引进平台　重点推进宁波市新材料国际创新中心、清华校友创业创新基地、新材料众创空间等建设。

12.3.2 宁波新材料科技发展重点

为推动重点产业关键核心技术突破，宁波市“十三五”科技创新规划面向宁波产业转型发展方向，梳理聚焦了新材料科技重点创新任务。

① 高端精细化工　重点加快研发高性能工程塑料、生物基芳香高分子材料、高端膜材料、高强高模特种纤维、甘油加氢制备1,3-丙二醇、甘油脱水制丙烯醛等生产技术，突破高效定向催化、先进聚合工艺、材料新型加工和应用等行业共性关键技术。

② 新型磁性材料与器件　重点开发高丰度钕铁硼永磁材料、低重稀土永磁材料，研发高性能磁性材料在新型电机中的应用技术，发展精密驱动等器件。重点开发高频稀土软磁材料、新型非晶软磁材料，研发高性能磁性材料在能源领域的应用技术；重点开发新型软磁、磁致伸缩等敏感材料，以及其在微力、弱磁场探测以及可穿戴设备中的应用技术。

③ 高性能金属材料　以轻质、高强、耐腐蚀为发展方向，重点发展汽车轻量化用铝合金、镁合金材料，海洋工程用钢材料；培育发展交通运输用高强高导铜合金材料、航空航天用低成本高性能钛合金材料、镍铝系新型高温合金产品；布局具有高机械强度和抗疲劳性能、生物相容性好的医用钛合金、钴合金等高端医用材料。

④ 海洋新材料　实现海水淡化用反渗透膜材料、高固厚膜防腐涂料产业化的突破，研究开发隔热保温高分子材料和海底管道用功能高分子材料、应用于风力发电叶片的高端碳纤维等，突破重点品种海洋防护涂料工程化技术。

⑤ 先进碳材料　重点开发低成本、高质量的石墨烯原料的产业化关键技术，开发石墨烯复合材料的结构设计、制造工艺、质量控制等综合技术，发展下一代高容量电池、光电器件先进石墨烯材料以及石墨烯海洋重防腐涂料。研发类金刚石薄膜材料、碳纳米管改性材料等的应用与技术。

12.4 宁波新材料科技城建设重点任务

在宁波新材料科技城（国家高新区）发展“十三五”规划纲要中，明确了新材料科技城的自主创新能力提升、新型产业体系构建等重点任务。

（1）自主创新能力提升

① 实施新型研发机构倍增计划　鼓励已建企业研发机构升级，加强研发机构绩效评价，提升企业自主创新能力。围绕重点产业领域，加快引入一批国家级科研机构、大型企业研究中心或分支机构，支持有实力企业通过共建研究中心、实验室、博士后工作站等方式与高校院所开展合作。重点对接引入新材料领域的大院大所，推动组建材料基因组科学分中心、金属材料科学分中心、先进高分子材料科学中心等一批新材料研发机构，与国家新材料前沿科技重大工程的组织实施相结合，加快推进新材料国际创新中心、宁波新材料联合研究院建设。

② 搭建一批产业公共技术服务平台　发挥区内中科院宁波材料所、兵科院宁波分院等科研院所和龙头企业作用，积极鼓励科研院所、企业、科技中介机构等参与建设一批专业技术服务平台。重点推动宁波新材料检验检测公共技术服务平台（国家磁性材料产业计量测试中心）、高性能纤维复合材料技术创新服务平台、智能硬件共性技术研发平台、3D打印公共技术服务平台等一批公共技术服务平台，为中小企业提供委托检测及研发、共性技术攻关、技术咨询、产业链企业协同研发需求对接等服务。

③ 实施主导产业技术标准制高点战略　鼓励有条件的骨干企业参与或主导新材料等重点产业领域国际、国家及行业标准的制定，推动技术专利化、专利标准化、标准市场化。鼓励企业采用国际标准和国外先进标准，提升主要产品采标率。推动区内龙头企业、产业联盟等与国际公司间、地区间实现标准互认互通。支持企业加强国际前沿技术跟踪、技术评估与选择，开展技术并购和集成应用。

④ 强化产学研合作，释放本地创新资源潜能　鼓励区内大中型企业与中科院宁波材料所、兵科院宁波分院等科研院所共建联合实验室，开展技术攻关。引导区内企业工程（技术）中心、高校院所实验室等优质资源对外开放共享。强化宁波市产学研创新服务平台功能和作用。深化委托研发、技术转让等产学研合作模式，引导企业与高校院所探索技术人才培养、技术入股、研发团队“带土移植”、传统企业与研发机构成立合资公司等多种合作模式。

（2）新型产业体系构建

立足全市新材料产业发展基础与优势，坚持“高端发展、市场导向、延伸链条、产业协同”原则，以技术创新和创业孵化为核心，做大做强先进高分子材料、高端金属材料、高性能磁性材料三大优势主导领域，提升发展电子信息材料、海洋新材料等其他材料领域，积极培育先进碳材料、纳米材料等前沿新材料领域，加快建设新材料国际创新中心、新材料中试基地和专业孵化器等平台载体，集聚全球新材料创新资源，打造具有国际影响力的新材料产业集群。预计到2020年，新材料产业实现增加值35亿元，产业集群规模达100亿元，带动全市新材料产业规模突破2000亿元。

① 先进高分子材料　利用宁波化工原料资源优势，着力改善和提升基础设施、产品研发、生产一体化水平，重点发展特种橡胶、高端工程塑料及聚四氟乙烯塑料等功能性高分子材料领域。

② 高端金属材料　加强高性能金属在航空航天装备、海洋装备、医疗器械等行业的应用，重点发展高性能不锈钢、新型铜合金、镁合金、钛合金等细分领域。

③ 高性能磁性材料　充分发挥宁波磁性材料产业的基础优势，对接高性能磁性材料的广泛市场空间，重点发展高性能钕铁硼永磁产品、低重稀土永磁材料及器件、高频新型非晶软磁合金等细分领域。

④ 其他材料　提升发展电子信息材料、海洋新材料、高性能纤维复合材料和生物医用材料等领域，重点发展平板显示材料、海洋防腐及防污涂料、化学纤维新材料、储能材料等细分领域。

⑤ 前沿新材料　培育先进碳材料、纳米材料等前沿新材料，重点发展石墨烯、金刚石及复合材料、纳米信息材料、纳米生物医学材料等细分领域。

12.5　宁波新材料科技城建设进展

宁波新材料科技城以创新、创业、产业化为核心，致力于打造宁波万亿级新材料产业的创新引擎，引进共建了中科院宁波材料所、北方材料科学与工程研究院、宁波新材料联合研究院等一批重点研发机构，建设了宁波新材料众创空间、宁波新材料产业加速器等一批创新创业载体，形成了高性能磁性材料、光电薄膜材料、生物医用材料等一批细分领域特色产业集群，集聚了两院院士、国千、省千等一批高端创新创业人才，综合排名位居全国国家高新区第16位。2018年1月获浙江省政府批准成为全国首个新材料领域产业创新服务综合体；2018年2月获国务院批准成为国家自主创新示范区。

（1）建设国家自主创新示范区

2018年2月1日，国务院正式批复同意宁波、温州2个高新技术产业开发区建设国家自主创新示范区。批复指出，要深入贯彻党的十九大精神，按照党中央、国务院决策部署，全面实施创新驱动发展战略，充分发挥宁波、温州的区位优势、民营经济优势和开放发展优势，积极开展创新政策先行先试，着力培育良好的创新创业环境，激发各类创新主体活力，深入推进大众创业、万众创新，全面提升区域创新体系整体效能，打造民营经济创新创业新高地，努力把宁波、温州高新区建设成为科技体制改革试验区、创新创业生态优化示范区、对外开放合作先导区、城市群协同创新样板区、产业创新升级引领区。同时结合自身特点，不断深化简政放权、放管结合、优化服务改革，积极开展科技体制改革和机制创新，在引导民间资本投资创新创业、科技成果转化、科技金融结合、知识产权保护与运用、人才培养引进、区域协同和开放合作创新等方面探索示范。

宁波国家高新区（新材料科技城）将以增强对地区的创新引领作用为发展目标，发挥创新资源相对集聚的比较优势，重点开展创新创业生态营造和体制机制改革试点示范，打造国际一流的新材料创新中心和产业高地，力争成为浙东南地区创新创业和制造业转型升级的新引擎。国务院有关部门将结合各自职能，在重大项目安排、政策先行先试、体制机制创新等方面给予积极支持。

（2）产业化

加快培育发展新材料、智能制造、生命健康等高新技术产业，主导特色产业进一步壮大，高新技术产业增加值占规模工业增加值比重达82%，全社会R&D经费投入占GDP比重为7%，在新技术开发、新业态培育和企业做大做强上取得重要突破。新材料产业快速发展，在高分子材料、高性能磁性材料等领域已涌现出韵升集团、激智科技、路宝科技等一批具有较强竞争力的领军骨干企业。韵升集团是国内主要的稀土永磁材料制造商之一，2000年10月在上交所挂牌上市，专业从事稀土永磁材料的研发、生产和销售。激智科技是宁波市首家“3315计划人才”创办的上市企业，主要研发、生产光学薄膜和特种薄膜，其自主知识产权“TFT液晶显示薄膜”打破了国外行业垄断的局面，填补了国内空白。路宝科技致力于桥梁产品（伸缩缝、支座等）、桥面铺装材料和技术的研发设计与创新，自主研发的“RB-ECO混凝土”桥面铺装系统及高分子聚合物弹性铺装材料，打破了发达国家对钢桥面铺装的垄断。

积极抢抓宁波“中国制造2025”试点示范城市建设机遇，加快发展智能制造、生命健康等新兴产业，在汽车电子、工业机器人等细分前沿领域取得一定成效，均胜电子、中银电池、美诺华药业等一批领军型企业发展良好。均胜电子以近16亿美元收购了全球领先的汽车安全系统制造商日本高田公司，成功跻身全球汽车零部件领域高端供应链。美诺华、镇海石化工程等5家企业成功上市，29家企业在“新三板”挂牌。

（3）人才集聚

聚焦高端人才引进培育，深入推进人才管理改革试验区建设，不断建立和完善人才政策体系，为高端人才的创新创业提供坚实保障。大力实施“高新创业精英”引才计划，举办中国科技创业计划大赛、中国创新创业大赛等赛事，吸引海内外高端人才共谋发展。截至目前，高新区已集聚各类人才7万余名，高层次人才总量位居全市各区（县）市前列。其中，集聚创新创业院士15名，国家“千人计划”人才44名，省“千人计划”人才91名，市“3315计划”人才

（团队）146名（个），区“高新创业精英”计划人才（团队）75名（个），高端人才发展成果丰硕。其中，引进40余个由海内外院士、国千、省千、海归博士等领衔的新材料领域高端人才项目，新材料领域创业氛围日渐浓郁，为宁波产业转型升级提供了有力的智力支持。

（4）创新平台

深入实施创新驱动发展战略，打造了研发园、软件园、新材料国际创新中心等创新创业载体，集聚了全市约1/3的重点研发机构、1/2的公共技术服务平台、2/3的检测认证机构。深化与大院名校及大企业的合作，引进共建了中科院宁波材料所、北方材料科学与工程研究院、宁波新材料联合研究院、诺丁汉大学宁波新材料研究院、宁波国际材料基因工程研究院等一批重点研发机构和创新平台，新材料研发优势进一步凸显，区域科技创新能力显著提升。

① 宁波新材料联合研究院是由政府搭建的新材料产学研协同创新平台。研究院以开放、联合、协同、创新为宗旨，产业化导向，企业化运营，专业化服务，通过整合高端科技和人才资源，引进培育应用研究机构，对外开放共享仪器设备和专业服务，瞄准国际前沿技术，开展应用研究和科技成果转化，孵化原创性创新项目，引领新材料产业快速发展，致力于新材料应用研究和成果转化。目前37个实验室、近50台（套）尖端设备已全部对外开放，累计服务企业600余家。2017年荣获“中国新材料产学研合作创新示范基地”称号。

② 宁波新材料国际创新中心是宁波市委、市政府作出建设宁波新材料科技城决定后的首个示范性项目，也是浙江省委、省政府明确要进行重点扶持的浙江科技创新大平台。依托新材料研发大厦、创新创业大厦、科技服务大厦、总部基地等新材料产业专业载体及宁波新材料国际技术转移中心等专业平台，以“引进高端研发机构、培育优质创新创业项目、打造总部经济、引导产业投资”为切入点，重点承载新材料应用研究、成果转化、创业孵化、科技服务等功能，构筑科技城融合、智慧生态的科技大平台。

③ 诺丁汉大学宁波新材料研究院由诺丁汉大学、宁波新材料科技城管委会、宁波市科技局三方共建，依托诺丁汉大学的新材料学科优势和国际资源，以新材料技术与工程研究为核心，在复合材料与工程、土力学及颗粒材料与技术、可持续材料及高端制造技术、新能源材料与技术、先进材料和工程分析技术等领域，开展具有国际竞争力的创新技术应用研究，致力于建成国际名校在中国的科技成果转化示范基地。

（5）创业孵化

建成宁波新材料众创空间、宁波众创空间、宁波新材料产业加速器等创新创业载体，引进创客组织30余家，其中，国家级众创空间4家、省级众创空间4家、区级众创空间10家、创客联盟2家，形成了专业化、特色化、多层次的众创空间发展格局。拥有宁波市科创中心、浙大科技园宁波分园、甬港现代创业中心等4家国家级孵化器，孵化总面积100万平方米以上，基本形成集研发、孵化、中试、加速一体化的创业孵化体系。

① 宁波新材料众创空间一期建设面积2万平方米，是国内首家以新材料为主导产业方向的专业化众创空间。众创空间以“专业化、市场化、国际化”为导向，按照“研发+创客+孵化+投资”模式建设，致力于以新材料科研机构为支撑，降低创业门槛、创新服务模式、弘扬创新文化，加快完善新材料开放协同创新体系，促进新材料应用技术开发和科技成果产业化，倾力打造国内知名的新材料产学研专业化基地。2016年被科技部认定为“国家级众创空间”，目前已汇聚了诺丁汉大学宁波新材料研究院、宁波激智创新材料研究院等60余个新材料领域的科研机构和产业化项目。

② 新材料初创产业园。建筑面积约3万平方米，是专业从事科技项目成果孵化、初创型高科技公司培育等业务，面向全社会开放的新材料高端孵化器。初创园主要依托中科院宁波材料技术与工程研究所在全球高端人才集聚和科研平台的优势，通过全球招才引智，充分发挥在新材料产业的影响力和对产业、风投的吸引力，实现资金链、产业链、创新链的“三链融合”，提高科技成果转化并最终商业化的成功率，联动资本向周边区域辐射成长，促进和引领区域产业转型升级。目前，初创园已集聚科技型初创企业20多家，核心科技创新创业类人才300多人。

③ 宁波新材料产业加速器。占地面积约160亩（1亩=666.7m^2），建筑面积6万平方米。重点引进新材料领域具有自主知识产权、拥有较为完善的经营管理团队、处于快速成长阶段的新材料企业，并优先支持获得人才计划、风险投资、科技计划资助的新材料企业落户。目前，新材料产业加速器已引进高性能PI薄膜项目、纯离子纳米薄膜技术产业化项目、高强度改性聚丙烯粗纤维增强混凝土产业化项目、聚合物轻量化微孔材料项目等30多个具有自主知识产权、技术领先、市场成熟度较高的产业化项目。

④ 宁波新材料产业创新服务综合体于2018年1月19日获批，是宁波唯一获浙江省政府批准创建的产业创新服务综合体，也是全国首个新材料领域产业创新服务综合体，依托宁波国家高新区（新材料科技城）创建。建设宁波新材料产业创新服务综合体，有利于加快新材料产业全链条服务体系建设，为中小企业提供研究开发、检验检测、创业孵化、成果转化、科技服务等全链条服务，全面提升中小企业创新发展能级；有利于发挥新材料产业引领作用，打造万亿级新材料产业，辐射带动宁波新兴产业快速发展；有利于探索产业生态发展新模式，加快产业跨界融合，为浙江省经济优化升级提供先行先试。

近期建设目标：到2020年，基本建设成为产业协同创新能力强、开放服务水平强、产业培育能力强的全链条新材料服务创新综合体。

中长期建设目标：到2030年，带动全市形成万亿级的新材料产业集群，大幅提升全省新材料产业国际竞争力。

（6）辐射带动

充分发挥宁波新材料科技城（国家高新区）“一区多园”平台作用，通过“一区多园”来培育和带动宁波战略性新兴产业发展。目前在宁波全市范围内已挂牌成立了7家专业园，分别为慈溪新兴产业园、奉化智能制造产业园、鄞州投资创业中心、江北高新技术产业园、浙江“千人计划”余姚产业园、宁海生物产业园、象山临港装备工业园，部分分园的新兴产业已初步形成集聚效应。

近年来，从宁波新材料科技城（国家高新区）孵化转移到分园和周边地区的创新创业企业达100余家，成功转移日地太阳能、长阳科技、激智科技等优质项目几十个，正在转移汉篁生物、云升新材料、奇亿金属等一批优质项目，总投资超过100亿元。同时，有效发挥宁波科技大市场作用，加速推进科技成果转移转化，新材料科技城的辐射带动效应已初步显现。

参考文献

[1] 中共宁波市委，宁波市人民政府．关于建设宁波新材料科技城的决定：甬党发〔2013〕26号．2013-08-26.

[2] 宁波市人民政府办公厅. 宁波市建设“中国制造2025”试点示范城市实施方案:甬政办发〔2016〕152号. 2016-09-30.

[3] 宁波市“十三五”科技创新规划. 2016-12.

[4] 宁波国家高新区（新材料科技城）管理委员会. 宁波国家高新区（新材料科技城）国民经济和社会发展第十三个五年规划纲要.2016-04.

[5] 国务院关于同意宁波、温州高新技术产业开发区建设国家自主创新示范区的批复.国函[2018]13号. 2018-02-01.

作者简介：

杨正平　宁波市科技局副局长，宁波国家高新区管委会副主任。

纪松　中国兵器科学研究院宁波分院副院长、北方材料院副总经理、宁波市科协兼职副主席、宁波市材料学会副理事长。

第13章 全氟膜材料

山东东岳集团

全氟膜材料主要涉及氯碱全氟离子膜、燃料电池全氟质子膜、聚四氟乙烯微控膜等不含任何氢原子的高分子功能膜材料。

13.1 氯碱工业用全氟离子膜

13.1.1 取得的成绩及行业引领作用

氯碱工业用全氟离子膜的问世是全球氯碱工业发展的里程碑，氯碱工业从此告别了高能耗、高污染的历史。然而这项革命性技术出自美国和日本，技术对中国严格封锁。因此，在20世纪80年代初的“六五”“七五”期间，我国原化工部和中科院就组织多家单位联合强势攻关，希望在10年内将我国这一化工领域头号难题攻克。但遗憾的是，氯碱离子膜是系统技术，涉及众多的基础理论难题、技术难题、工程难题和装备难题，直到2009年9月，在“十五”国家863计划和“十一五”、“十二五”国家科技支撑计划项目的支持下，东岳集团与上海交通大学又历经8年时间携手攻关，才突破了一系列关键技术，建成了1.35m幅宽的连续化离子膜生产线，生产出幅宽1.35m全氟磺酸/全氟羧酸/增强复合离子膜，中国氯碱工业氯碱离子膜才走过了从无到有的艰难历程。东岳第一代离子膜（型号DF988）各项技术指标达到国际同类产品指标要求，并在万吨级氯碱生产装置上成功应用。氯碱离子膜性能可以与当时流行的美国杜邦公司N966膜媲美，推广应用于20多家国内外氯碱企业。我国氯碱工业从此摆脱了长期以来受制于人的处境，中国氯碱离子膜从卖方市场转变成了买方市场，国外进口到中国的氯碱离子膜不但价格大幅度降低，而且性能大幅度提高，国外公司不断把他们储存的高性能新产品供应给中国市场，虽然这些变化是为了打压中国新生的氯碱离子膜，但是客观地对我国氯碱工业、对每个企业都是巨大利好，现在我国企业不但每年节省10亿元的购膜费用，每年还节电费用50亿～60亿元。这是我国材料领域的重大成果，对我国国民经济有重大影响，相关科研人员得到了广泛赞扬。

中国氯碱离子膜问世以后，国外公司迅速推出新一代产品，使得国产氯碱离子膜的推广遇到很大困难。在此情况下，东岳集团/上海交通大学氯碱离子膜研发团队加速追赶步伐，2012年4月，山东东岳集团又开发出适用于高电流密度（4 ～ 6kA/m^2）的高性能第二代国产化离子膜（型号DF2801）。该产品通过牺牲纤维构建3D微观通道结构、降低膜层厚度等途径，降低槽电压的同时赋予离子膜更好的杂质耐受性。2014年5月，经过树脂优化、网布升级、结构创新、设备改造等多项科技研发和装置技改，新型号DF2806离子膜问世，适用于超高电流密度（6 ～ 8kA/m^2）电解工艺，并具有更加优异的力学性能。

通过对离子膜制膜机械装备的升级换代，东岳集团已实现国产化离子膜对所有离子膜电解槽槽型的全覆盖。至今，国产氯碱离子膜已经在上海氯碱化工股份有限公司、中盐常州化工股份有限公司、赢创三征精细化工有限公司、青岛海晶化工集团有限公司、苏化集团张家港有限公司、江西赣中氯碱制造有限公司、湖口新康达化工实业有限公司、甘肃中天化工有限公司、中国铝业山东分公司氯碱厂、福建夏鹭电化有限公司以及泰国Siam PVS化学公司、印度LordsChloro有限公司等近30多家国内外氯碱装置上试用，整套装置30余套，其中万吨级装置16套，形成了国产化离子膜的良好工业应用。

国产氯碱膜的研发与规模化应用对我国氯碱行业起到了巨大的引领作用。

一是成功打破国际垄断，对我国氯碱行业产业安全起到重要支撑作用，意义重大。当前我国氯碱生产用离子膜主要依靠进口，世界上氯碱用离子膜被美国和日本的3家公司所垄断。氯碱离子膜是氯碱生产装置的核心，当完全依赖进口时，一旦美国和日本联手限制离子膜对中国的出口，将会对我国氯碱产业安全产生严重威胁，并对国民经济发展产生重大影响。近期伊朗一个烧碱项目采购了蒂森克虏伯伍德氯工程公司（德国）电解槽，由于美国和日本对伊朗实施高科技产品出口禁令，致使缺少离子膜这个重要辅材，项目不得不中途搁置。

二是国产氯碱膜的研发成功惠及整个氯碱行业。国产化离子膜开发成功以来，迫使进口离子膜在国内的售价大幅度降低，由最初的900美元/m^2降至450美元/m^2，为我国氯碱企业节省了大量购买资金。同时国外离子膜厂家提供的离子膜性能大幅度提高，年节电费用达50亿元以上。

三是促进了我国氯碱行业结构调整和产业升级。国产化离子膜研发成功以来，在产业安全得到一定保障的背景下，我国基本完成了离子膜全面替代隔膜的产业升级，共淘汰隔膜法烧碱产能约720万吨，每年节能约220万吨标煤（隔膜法产能按照60%开工率估算）。

然而，国外公司为了摆脱国产氯碱离子膜的追赶，不断把储备的最新氯碱离子膜在中国推广。如杜邦公司的N2050氯碱离子膜，这种氯碱离子膜在5.5kA电流密度下的槽电压可以低至3.0V左右。近10年来，国外和国内氯碱离子膜的研发竞争达到白热化程度，一方是美国杜邦公司、日本旭硝子公司，另一方是中国东岳集团。面对这种新的挑战，中国氯碱离子膜研发团队正在努力追赶，已经取得一系列可喜进展，相信在国家的大力支持下，我们一定会取得最终的胜利。

13.1.2 对国民经济和重大战略工程的支撑

氯碱工业是以盐和电为原料生产烧碱、氯气、氢气的基础原材料工业，氯碱产品种类多、关联度大，其下游产品达到上千个品种，具有较高的经济延伸价值，产品广泛应用于农业、石油化工、轻工、纺织、化学建材、电力、冶金、国防军工、建材、食品加工等国民经济各命脉部门，在我国经济发展中具有举足轻重的地位。据有关部门预测，1万吨氯碱产品所带动的一次性经济产值在10亿元人民币以上，我国4000万吨氯碱产能支撑的GDP超过4万亿元人民币。另外，氯产品也是我们生活饮用水处理、日用化学品的主要原料，与人们生活息息相关。由于氯碱工业所具有的特殊地位，自新中国成立以来，我国一直将主要氯碱产品产量作为国民经济统计的重要指标。离子交换膜是离子膜法烧碱工艺装备的核心材料，国产化离子膜科技进步对于提升我国氯碱行业产业安全水平、促进行业结构调整、支撑行业优化升级、提升行业整体竞争力以及契合《中国制造2025》做强氯碱工业和膜工业，具有非常重要的现实和长远意义。《中国制造2025》重点领域技术路线图中，将“氯碱工业离子交换膜产品”作为“高性能分离膜材料”列入“9.2关键战略材料”。工信部根据“十三五”规划纲要和《中国制造2025》制定的“十三五”期间“新材料产业发展指南”中，明确将“全氟离子交换膜”列入“三、（二）关键战略材料”。

根据各企业的实际运行数据评测和国外同类产品的对比分析，国产化离子膜在安全性、稳定运行、供应保障和服务指导等方面已具备大规模推广应用条件。“十三五”期间力争研发出我国新一代具有世界先进水平的全氟离子膜工业生产技术，使我国氯碱工业继续发展。

13.1.3 存在的突出问题与困难

① 美国和日本加快产品更新换代，挤压国产化离子膜商业化空间。美国和日本基于自己强大的研发能力和技术积累，加快高性能离子膜推出速度，推出电耗更低的新型号（如N2050离子膜），获得国内氯碱企业的青睐，使得国产化离子膜始终处于“跟跑”状态。离子膜国产化8年以来，山东东岳集团只有研发投入，商业化市场空间被打压，国家层面又缺乏对国产高性能离子膜的研发支持，使得国产离子膜商业应用—研发—商业应用的良性循环面临严重挑战。

② 美国和日本公司依靠“价格战”对国产化离子膜商业化应用实施围剿。离子膜国产化以来，美日三大公司在中国的氯碱离子膜大幅度降价销售，而同期国外市场离子膜售价约为中国的1.5倍。特别是美日三大公司推出的新型号离子膜，一方面以高性能和节电为卖点，价格上对国内氯碱企业实施较大优惠，价格接近老型号离子膜，希望把国产氯碱离子膜扼杀在摇篮中。

③ 与美日离子膜性能相比，国产化离子膜在电耗上还有差距。离子膜技术是系统技术，堪称化工领域的“大飞机”工程，涉及众多理论、材料、技术、工程和装备的系列难题都必须得到很好解决，方能突破氯碱离子膜的整套技术。2016年，东岳集团最新研发的DF2807国产化离子膜性能基本与杜邦公司N2030离子膜相当，但与杜邦公司2016年推出的N2050离子膜相比，吨碱电耗高20～30kW·h。如果我们不迎头赶上，我们的国产离子膜就无法大规模推广，因此研发新一代高性能氯碱离子膜迫在眉睫。

④ 国内氯碱企业对国产化离子膜应用多处于观望状态。2010年以来，中国氯碱工业协会每年都组织行业技术年会和专题研讨会，加强国产化离子膜的研发与应用交流，氯碱企业多以试用评测为主，大规模应用企业寥寥无几。特别是2012年以来，氯碱行业连续亏损四年，氯气及其下游涉氯产品经营困难，烧碱市场勉强支撑企业生存，国内氯碱企业为不影响烧碱生产，对国产化离子膜应用普遍缺乏积极性。对国内氯碱企业而言，一方面希望国产离子膜牵制国外离子膜产品价格，另一方面继续使用国外离子膜，因为他们已经习惯了国外离子膜的性能，不愿因更换成国产离子膜而冒风险，特别是氯碱行业全行业亏损的经济情况下，氯碱企业考虑最多的就是经济效益和如何生存的问题。

13.1.4　发展含氟膜产业的对策和建议

① 设立国家重点研发计划项目，引导企业研发世界一流和世界领先的氯碱离子膜，保证我国氯碱工业继续发展。如果不能赶上国外技术水平，紧靠企业自身的艰难维持，企业总有放弃的一天，将给我国氯碱工业造成巨大困难，国民经济将遭受重大打击。进一步督促和支持山东东岳集团加强国产化离子膜的后续研发，形成研发与应用“齐头并进”的良好局面，从而最终实现国产化离子膜从“跟跑”到“并跑”直至“领跑”的转变。

② 加强政策引导，使氯碱企业变被动为主动。对100%应用国产化离子膜的氯碱企业，给予政策支持与资金扶持。“十三五”期间，对100%应用国产化离子膜的氯碱企业，实施国家投资补贴和贴息贷款政策。烧碱生产用电价格给予优惠政策，直接列入各省、自治区的大用户直购电交易名单，对已开展大用户直购电的氯碱企业，在原有年度直接交易电量的基础上增加20%。力争到“十三五”末，实现国产化离子膜30%市场占有率。

13.2 全氟质子膜

13.2.1 材料概述

质子交换膜是质子交换膜燃料电池的关键零部件，在燃料电池中起着传导质子、用作电极反应介质和催化剂载体、隔离阴极和阳极反应物的作用，是整个电池的心脏。优异的PEM FC 质子交换膜应具有下列性质：①低的燃料和氧化剂渗透性；②高的质子传导率；③优异的化学和电化学稳定性；④良好的热稳定性；⑤好的尺寸稳定性；⑥良好的机械强度。当前仅有全氟磺酸树脂形成的全氟质子膜能够满足燃料电池苛刻的要求，其主要原因是这类树脂的主链被具有高键能、不易极化的C—F键环绕覆盖。图13-1是各种全氟磺酸树脂的分子结构。全氟磺酸树脂一般是由四氟乙烯和相应的含有磺酰氟基团的全氟乙烯基醚单体共聚而成。

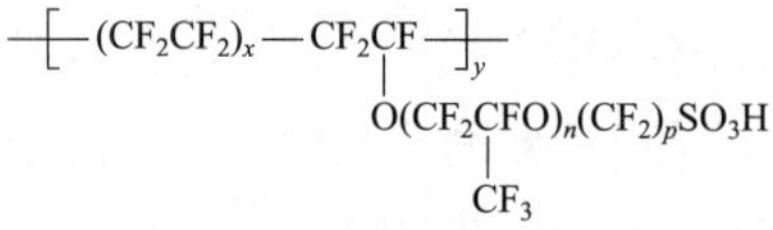

$$-\!\!\left[(CF_2CF_2)_x - CF_2\underset{\displaystyle |\atop \displaystyle O(CF_2\underset{\displaystyle |\atop \displaystyle CF_3}{C}FO)_n(CF_2)_pSO_3H}{C}F\right]_y\!\!-$$

图 13-1 全氟磺酸树脂分子结构

［n=1、p=2（东岳集团、科幕公司）；n=0、p=4（3M），
n=0、p=2（东岳集团、Solvay公司）；n=0、p=3（旭化成公司）］

全氟质子膜一般是由氟磺酸树脂通过熔融挤出或溶液浇铸工艺制备成型。由于燃料电池，特别是车用燃料电池对膜的性能和寿命的要求越来越高，全氟磺酸树脂与惰性材料（如括膨体聚四氟乙烯多孔膜）等形成的增强复合型全氟质子膜日益成为当前车用燃料电池的主流。表13-1是美国能源部对燃料电池用质子交换膜性能的要求。

表 13-1 美国能源部质子交换膜性能目标

特性	单位	2015年状态	2020年目标
最大氧透过率	mA/cm^2	2.4	2
最大氢透过率	mA/cm^2	1.1	2
质子面电阻			
T，水分压40～80kPa	Ω·cm^2	0.072（120℃，40kPa）	0.02
80℃，$p_水$=25～45kPa	Ω·cm^2	0.027（25kPa）	0.02
30℃，$p_水$=4kPa	Ω·cm^2	0.027（4kPa）	0.03
−20℃	Ω·cm^2	0.1	0.2
最小电阻阻抗	Ω·cm^2	＞5600	1000
耐久性			
机械耐久性	周（H_2透过率＞15mA/cm^2）	23000	20000

续表

特性	单位	2015年状态	2020年目标
化学耐久性	h（H_2透过率＞15mA/cm^2 或OCV降低＞20%）	742	＞500
化学/机械复合耐久性	周（H_2透过率＞15mA/cm^2 或OCV降低＞20%）	—	20000

注：内容来自https://energy.gov/eere/fuelcells/doe-technical-targets-polymer-electrolyte-membrane-fuel-cell-components# membrane。

自20世纪80年代Ballard公司将全氟质子交换膜用于PEM FC并获得成功以来，全氟质子膜已成为现代PEM FC主要的膜材料。除此以外，全氟质子膜还被用于直接甲醇燃料电池（DM FC）、全钒液流电池、SPE法电解水制氢、化学传感器和加湿除湿等领域。

13.2.2　产业发展现状

燃料电池用全氟质子交换膜到目前已发展了三代。第一代是以杜邦的N112、N115、N117为代表的熔融挤出型全氟磺酸质子膜。这类膜EW值较高、质子传导率低，其成膜树脂还含有不稳定的端基，极易被燃料电池运行时产生的羟基自由基降解；不能满足当前高性能燃料电池的需求。第二代膜是以N212、N211为代表的溶液浇铸型全氟质子膜，这类膜EW=1000，具有较高的电导率；曾经在2005～2010年期间是世界上开发燃料电池车的首选膜。随着燃料电池车对燃料电池性能要求的不断提高，燃料电池膜发展到第三代增强型全氟质子膜。第三代膜具有更低的EW值和小于20μm的厚度；第三代膜还通过特有的化学稳定化技术使膜的使用寿命达到5000h以上。

东岳集团是我国唯一生产研发燃料电池用全氟质子膜的企业；自“十五”以来，东岳集团在国家科技部门的支持下，突破了全氟离子交换树脂原料、中间体、单体制备与聚合反应、浇铸成膜等一系列核心技术。2015年经科技部批准，在东岳集团筹建含氟功能膜材料国家重点实验室。2008年以来，东岳燃料电池膜的开发与奔驰公司形成紧密合作关系，2013年签署战略合作协议。2016年东岳集团定型并批量生产的DF260全氟质子膜具有高性能、长寿命的特点，成为我国在燃料电池关键零部件领域第一个实现工程化的关键材料。东岳全氟质子膜当前已实现批量化生产，产品已向十余家国内外燃料电池客户的销售。

表13-2列出了东岳DF260膜的相关性能。其中DF260膜的运行寿命超过6000h，处于世界领先地位（当前世界上只有包括东岳在内的两家公司达到这一水平）。

表13-2　东岳DF260膜性能

编号	指标	单位	性能
1	厚度	μm	15.0
2	模量	MPa	350（TD）/350（MD）
3	屈服力	MPa	14（TD）/15（MD）
4	断裂伸长率	%	120（TD）/100（MD）
5	溶胀率	%	2（TD）/5（MD）
6	电导率	mS/cm	约60（80℃，50%）
7	OCV（30%RH　95℃）	h	600
8	BDV（RT）	V	＞50
9	BDV（GDL　RT）	V	＞3
10	RH循环	周	22000
11	H_2透过率（95%RH，90℃，2.5barH_2）	mA/cm^2	11
12	电输出性能	mV（1.5AC　RH=30，80%，90℃）	560
		mV（1.7A）	500
		mV（1.7A）	590
13	阳极湿度敏感（1.5A/cm^2）	mV/RH%	1.4
14	短堆热性能（1.7A/cm^2）	V	0.64
15	COCV	周	＞200
16	耐久性	h	6000

13.2.3　市场需求及下游应用情况

2017年被称为中国燃料电池的元年，我国燃料电池产业已呈现蓬勃发展的势头。从国际市场来看，到今年年底，燃料电池车累计销售量将达到6000辆。但无论是从国内还是国际两个市场来看，燃料电池产业均处于起步期，对燃料电池质子交换膜的需求市场总量还不是特别大；其中主要供应商是美国科幕公司（原杜邦公司）和美国Gore公司。我国的东岳集团也有小批量膜供应市场，并获得了客户的认可。另外，我国大型储能示范项目也在如火如荼的进行中，而某些型号的燃料电池用全氟质子膜同样可用于该领域，未来应该有数十万平方米的需求。尽管现在燃料电池用膜总体规模还不大，但随着一系列政府政策和规划的出台以及相关燃料电池生产线的建设，可以预计未来几年对燃料电池膜的需求将出现井喷式的发展。

13.2.4 发展趋势

随着燃料电池技术的发展，特别是燃料电池车对成本、安全的需求；不断提高全氟质子膜的耐久性、高温低湿和冰点以下低温条件下的性能成为全氟质子膜未来技术发展的主要方向。其中一个主要的趋势是为了降低膜阻抗，提高膜的水迁移能力，膜的厚度变得越来越薄，膜的EW值变得越来越低；如何在厚度达到10μm甚至更低的情况下使膜仍然具有良好的耐久性，以保证膜在燃料电池车中10年以上的服役期成为技术上的挑战。

随着燃料电池车产业化大幕的拉起，汽车行业对零部件在质量和交付上的苛刻要求也将成为全氟质子膜等相关燃料电池基础零部件面临的工程与产业化方面的挑战，主要包括高精度超薄膜快速成型技术及装备技术、高强度高模量增强材料产业化及工程化装备技术；无缺陷质量控制工程和全维度质量探测技术等工程技术的开发。

我国燃料电池用全氟质子膜刚刚实现小批量试产，下一步应扎实推进膜相关配套材料的工程化和膜工程化放大技术与质量控制技术研究，以满足蓬勃成长的燃料电池产业的需求，为我国燃料电池产业做大提供支撑。同时，还需进一步开发应用于更高电流密度和更长寿命的下一代燃料电池膜，为我国燃料电池产业做强做好准备。

13.2.5 存在问题

全氟质子膜材料作为燃料电池的核心零部件，对燃料电池的性能与寿命起到关键作用，没有国产高性能全氟质子膜，我国燃料电池质子膜汽车的发展会受到致命制约。一张合格的膜从设计到最终产业化应用需要经历漫长时间，杜邦公司从1960年开始研发燃料电池质子膜，投入了巨大的人力、财力，但直到现在其全氟质子膜还停留在第二代，现在落后于我国东岳未来公司的第三代膜，其中所涉及的学科领域众多，投入巨大。如何将材料开发与生产和最终客户需求建立起紧密的关系，在材料设计初始就能将客户的需求输入；如何保证在漫长材料开发过程中保持高强度的有效投入；如何在国家产业扶持政策与新能源车补贴或积分政策中惠及国产材料，支持国内应用客户积极使用国产材料等问题事关关键核心材料的可持续发展和产业的壮大。

13.2.6 发展建议

材料是器件的基础和关键，没有高性能材料的支撑无法实现我国燃料电池产业的健康发展，更不可能做大做强。因此建议设立全氟质子膜基础研发项目，开展系统性研究，使我国在这一领域保持绝对优势，支撑我国新能源汽车产业加大对基础材料的支持。

13.3 聚四氟乙烯双向拉伸膜（ePTFE）

13.3.1 材料简介

ePTFE通过拉伸成型工艺使制品中含有大量微孔，由于大量空气冲入到微孔中形成PTFE和空气的复合材料。该材料具有柔性、多孔性、低密度、低介电常数等特点，广泛应用于除尘、除菌、精密过滤、防水透湿织物和水处理领域。该材料于1976年由美国Gore公司率先研制成功。随后，日本、欧洲的很多国家也进行了研制工作。目前能够生产和制造ePTFE产品的公司主要包括Gore、Pall、Millpore、Whatma和日本的大金、旭硝子等，其中以美国Gore公司的Gore-Tex专利产品销售量最大，该公司生产2000多种相关产品。

我国从20世纪70年代后也开始研制PTFE微孔膜，长期以来一直停留在单向拉伸工艺。为了提高单向拉伸薄膜的孔隙率和使膜达到要求宽度，必须对薄膜进行横向拉伸以制得双向拉伸薄膜。到1997年，解放军总后勤军需装备研究所建成了国内第一条（世界第二条）宽幅双向拉伸PTFE微孔膜生产线。目前，在我国的浙江、河南、上海等地拥有双向拉伸PTFE微孔膜生产线数十条。经过近几年的努力，已在中常温环保除尘、功能服装等领域得到应用。如在中常温环保除尘领域，已用于电子、医药、医院等的室内空气净化上；另外在高温过滤领域，如在电厂、冶金、垃圾焚烧等高温尾气烟尘处理等领域，ePTFE膜也有非常重要的应用，为“十三五”期间打赢蓝天保卫战做出了巨大的贡献。

另外，双向拉伸PTFE微孔膜可以通过逐步双向拉伸或同步双向拉伸技术完成，但同步拉伸工艺的流水线进口价格很贵，是逐步拉伸工艺的2.5倍。当今国外公司在原有基础上，在一些高端领域进行了大量的研究并已经工业化生产。如美国的Donaldson（唐纳森）公司，PTFE微孔膜涉及了包括微滤/滤芯行业、吸尘器和洁净室电信行业、医疗行业、晶体保护膜以及燃料电池质子交换膜、化学品塑料桶桶盖/瓶盖、冻干托盘等特殊应用，产品质量是国内产品无法比拟的。国内PTFE微孔膜生产商如新乡新星丰华制膜有限公司、上海凌桥环保设备厂有限公司、上海灵氟隆膜技术有限公司等公司则产品种类单一、应用领域狭窄，尤其是应用在高端领域的微孔膜很少涉及，即使有相关的研究，相对于国外来说差距还很大。

还有一个新兴的应用领域是ePTFE应用于燃料电池膜的结构增强材料。由于燃料电池产业的迅速发展，就燃料电池质子交换膜用的PTFE膜来说，膜要求厚度低于20μm，孔隙率＞80%，孔径＜0.10μm，强度要求≥20MPa，特别是对双向拉伸膜在横向与纵向均衡性上要求尤其苛刻，国产膜几乎都不能达到要求。随着燃料电池产业的快速发展，可以预期不久的将来对高强度ePTFE 的需求将会迅速增加。

ePTFE制备需要超高分子量的聚四氟乙烯。目前美国杜邦公司、日本大金公司等少数氟化工巨头生产双向拉伸膜用PTFE树脂，其生产量占全球用量的90%。国内能够生产双向拉伸膜用PTFE树脂的只有山东东岳集团和巨化集团公司。东岳在此方面有自己的国家专利与科技成果各一项：一种高分子量适用于加工双向拉伸膜的聚四氟乙烯分散树脂的生产方法（CN200710115897.2）和《东岳500吨/年双向拉伸膜用聚四氟乙烯分散树脂》（科技成果）。

13.3.2　发展对策和建议

ePTFE双向拉伸膜在众多领域具有无可替代的作用，但我国所生产的ePTFE膜当前还多是用在低端领域，诸如精密过滤和燃料电池膜用增强材料等高端领域还多是国外产品。其关键的问题主要有两个方面，一是没有掌握制备高端ePTFE双向拉伸膜所用的专用分子量分布窄的超高分子量聚四氟乙烯树脂的工艺；二是国内没有高端的双向拉伸装备。而国外相关设备动辄几千万元或上亿元。因此，一是建议国家相关部门将超高分子量聚四氟乙烯及高性能的ePTFE双向拉伸膜列入科技与产业发展的规划和支持发展目录；二是设立相关支持经费，支持高性能ePTFE的开发，特别是支持高性能ePTFE原料制备、加工工艺及下游应用等链条式创新；以期通过精准着力和上下游共同创新突破相关技术与产业瓶颈。

第14章 包头稀土高新区

彭炳珖

包头稀土高新区位于包头市南部，总面积120平方千米，由建成区、滨河新区和希望园区组成，下辖万水泉镇和民馨路、稀土路2个街道办事处，人口13万，是国家级高新区中唯一以稀土资源命名的高新区。现有注册企业4600多家，其中，稀土企业65家，上市公司投资企业22家，世界500强企业7家，外资企业39家；高新技术企业49家，占自治区的40%；拥有“千人计划”人才6名，占自治区的60%，“草原英才”工程人才26名，占自治区的50%；授权专利总数2410项，占全市的50%；研发中心达50家，其中，国家级3家，创新创业团队5个，“创业海归”329人。稀土高新区先后被国家有关部委认定为国家新型工业化产业示范稀土新材料基地、国家稀土新材料高新技术产业化基地、全国稀土新材料产业知名品牌创建示范区、国家海外高层次人才创新创业基地、国家创新型特色园区等18个国家级基地（中心）。

14.1 诞生与成长

1990年8月21日，经内蒙古自治区政府批准，包头稀土高新技术产业开发区成立。1991年1月15日，经国家科委批准，包头稀土高新技术产业开发区成为省级高新区。1992年5月5日，包头市人民政府发布了《包头稀土高新技术产业开发区税收政策的若干规定》和《包头稀土产业开发区若干政策的暂行规定》。1992年5月8日，包头稀土高新技术产业开发区举行奠基典礼，正式破土动工。1992年11月9日，国务院下发了《关于增建国家高新技术产业开发区的批复》（国函〔1992〕169号），1993年1月20日，包头稀土高新技术产业开发区授予“国家高新技术产业开发区”牌匾。

包头稀土高新区建立后制定了一系列优惠政策，促进区内产业发展。1995年“一站式管理、一条龙服务”管理模式有了基础，成为日后服务企业、形成优良投资环境的基础。随着包头稀土高新区的发展，《包头稀土高新技术产业开发区条例》、《招商引资奖励办法》、《吸引、使用、培养人才暂行办法》等各种政策和举措不断出台。政策创新推动和引导了包头稀土高新区的健康发展。

包头稀土高新区成立以来，不断获得包头市、内蒙古自治区和国家级荣誉：国家高新技术创业服务中心、国家火炬计划软件产业基地、全国稀土新材料产业知名品牌创建示范区、国家级科技企业孵化器、创新人才培养示范基地、国家级技术转移示范机构、国家知识产权示范园区、中国生产力杰出贡献奖等记录了全区各行各业奋斗的历程。

创新引领发展，10余年的奋斗为我们展现了一个日渐美好、人气旺盛的包头稀土高新区。人才、资金、技术源源不断地涌入这里，在创新发展的道路上，包头稀土高新区满怀信心。

14.2　创新驱动、服务为先、协力打造全产业链

（1）制度创新、政策引导、服务为先

良好的投资环境是企业快速发展的重要依托，更是吸引投资的重要因素。以服务的理念实现制度创新，打造人气满满的新区风貌。正所谓栽下梧桐树，引得凤凰来。包头稀土高新区将大量的功夫下在了打造优良投资环境上。

服务企业重在提高效率，降低行政成本。着力试点“马上就办”改革，通过政务服务、机关办事、科技化办公“三大机制革新”等举措，打造出了“审批最快、效率最高、收费最低、服务最优”的全国一流政务服务平台。

初步实现了政务大厅“一站通”、建立各部门“一岗对接”高效服务模式，办事效率全面提高。打造政务服务“一厅三站”，简化企业办事流程，积极打造“15min距离圈”。

精简审批事项，区级行政审批事项从89项精简至22项。提高效能，审批时限由23个工作日压缩到2.9个工作日。包头稀土高新区在被评为国家级基层政务公开标准化、规范化试点区县的同时，更得到了区内企业的认可。

建立金融专家培训辅导常态化机制，开辟企业改制上市和挂牌“绿色通道”，打造企业“培育、股改、上市”梯队，不断将金融活水引向实体经济。

用心服务，建立宜居城市，让城市更有温度。分期分批对包头稀土高新区公园、广场、小区、道路、绿化、排水、路灯、交通管理系统等基础设施进行升级改造，燃气普及率99%，集中供热普及率97%，建成区绿地覆盖率36.5%，棚户区居民人均住房面积40m^2，生活污水处理率、垃圾无害化处理率均达90%以上，城市垃圾处理率100%，城市基础设施日臻完善。实施“片长制”城市管理改革，实现城乡市政管理制度化、常态化、规范化、长效化、品质化，有效解决了城市综合治理难题，城区面貌大为改善，公民的获得感、安全感和满意度明显提升。

持续推进基础教育设施的建设，每万人拥有小学1.32所，拥有中学0.59所，分别高于国家标准的32%和77%。成立了自治区唯一的女子职业足球俱乐部，总投资4.5亿元的内蒙古中德足球精英中心和包头全民健身中心项目正在有序推进。

给以企业支持，给企业助力。从2014年开始，包头市和高新区陆续实施新材料销售奖励政策、稀土原材料采购奖励政策、稀土综合平衡利用奖励给予区内企业大力支持。几年来包头市及高新区两级财政为企业奖励近3.7亿元，极大地支持了企业装备智能化和自动化水平的提升，增强了行业竞争力。同时，高新区还积极争取了工信部和财政部批复的“包头市稀土产业转型升级试点城市项目资金”，用以支持稀土高新区企业，三年累计达5.87亿元。

2018年初，稀土高新区召开稀土产业工作会，会上稀土高新区向包钢磁材、韵升强磁、天和磁材等16户稀土永磁、储氢、抛光企业发放新材料奖励资金1039.45万元；向天和磁材、金山磁材等10户企业发放原材料采购奖励资金2177.0752万元；向北方稀土、新雨稀土等25户企业发放稀土产业转型升级试点项目支持资金9210万元，三项合计约1.24亿元。多项政策的支持使高新区稀土产业实现了稳健发展。以天和磁材为例，在奖励政策的扶持下，该公司产量由2014年的1500多吨增加到2017年的4800t，产值由2014年的2亿元增加到2017年的近10亿元。

（2）重视科技发展，夯实创新基础

科技进步是创新的基础，特别是新材料领域，新技术新成果是产业升级发展的原动力。包头稀土高新区立足本土，在支持基础厚重、实力强劲的本地科技研发机构发展的同时，通过院士工作站、国际会议等平台汇聚全球智力资源。

包头稀土高新区有包头稀土研究院、中科院包头稀土研发中心、上海交大包头材料研究院等多家实力雄厚的研发机构。其中，包头稀土研究院于1960年按照聂荣臻副总理指示筹建，1963年正式成立，直属原冶金工业部，是全国最大的综合性稀土科技研发机构。以稀土资源的综合开发、利用为宗旨，以稀土冶金、环境保护、新型稀土功能材料及在高新技术领域的应用、稀土提升传统产业的技术水平、稀土分析检测、稀土情报信息为研究重点的，多专业、多学科的综合性研发机构。建有国家级的“白云鄂博稀土资源研究与综合利用国家重点实验室”、“稀土冶金及功能材料国家工程研究中心”和“北方稀土行业生产力促进中心”；建有内蒙古自治区级的“内蒙古希苑稀土功能材料工程技术研究中心”等多个研究平台；建有内蒙古自治区和包头市两级“稀土新材料院士工作站”；承办的“中国稀土网”是稀土行业门户网站；负责《稀土》、英文版《China Rare Earth Information》、《稀土信息》等杂志的出版发行。建有国家级的“国家稀土产品质量监督检验中心”，并拥有“全国分析检测人员能力培训中心”的资质。

中科院包头稀土研发中心，由中科院北京分院、内蒙古自治区科技厅、包头市人民政府和包钢（集团）公司于2015年联合建立的稀土科技创新研发平台，是中科院批准设立的技术转化平台。主要职能包括技术转化、企业孵化、专题研发、决策咨询、知识产权运营、人才培养等多个领域。与企业建立了包头中科金蒙磁材绿色防护技术研发中心等四个研发中心，打造了多家高新技术企业，持续开展企业青年科技创新“1+1”行动计划。

上海交大包头材料研究院，于2015年由包头市人民政府与上海交通大学共同建立，由上海交通大学材料科学与工程学院具体运营。定位于科技与产业的连接器、成果产业化的助推器、创新创业的孵化器、应用型人才的哺育器，融合中试研究、技术服务、产业孵化、人才培养四大功能。研究院针对包头市及内蒙古自治区的产业结构特点，在铝、镁、钢铁、新能源、先进材料加工制造技术、循环经济等领域储备了大量优秀的国内外团队，同时汇聚多方资源打造科技服务、国际合作平台。研究院立足于包头，辐射内蒙古，前期研究和基础理论技术来源于上海交通大学，中后期材料中试开发及产业化工作主要在包头稀土高新区完成，在多个领域进行应用技术开发和成果产业化研究，实现“基础在上海，应用在包头”的研发产业化格局。

近年来，包头稀土高新区充分发挥了包头稀土研究院、中科院包头稀土研发中心、上海交大包头材料研究院的科研力量，一批新技术、新产业、新产品、新项目不间断研究、开发和产业化。一批具有核心知识产权的新型稀土磁、光、电等功能材料，一批龙头企业凸显，形成永磁、储氢、催化、抛光、合金五条产业链。

包头稀土高新区汇聚区内人才、技术等资源打造出了国家科技部“包头国家稀土新材料高新技术产业化基地”、国家工信部“国家新型工业化产业示范基地有色金属（稀土新材料）基地”、国家科技部首批41家“全国创新型产业集群建设工程”、国家质量监督检验检疫总局“全国稀土新材料知名品牌创建示范区”等多个品牌。

建立有效的聚智平台，目前包头稀土高新区拥有5个院士工作站和3个博士后科研工作站。持续加大科技投入，每年用于科技创新的经费支出约占GDP的6.3%。建立“苗圃—孵化器—加速器—产业园”全链条创新创业培育体系，已建成14万平方米的高新技术特色产业孵育体系，成为自治区规模最大、功能最全、服务最完善的产业孵化基地。积极推动高端创新人才汇聚高新区，拥有国家“万人计划”人才2名，占全市的66%；“千人计划”人才7名，占全市的54%；海外高层次人才383人，领创办企业362家，在孵企业936家，成为高新区创新驱动发展的生力军。

用智须先引智，引智最好的办法就是打造智力交锋的舞台。从2009年起，每年举办中国包头稀土产业论坛，论坛每四年为一个周期，前三年为国内行业专题论坛，第四年为国际综合性论坛。国内论坛每年以年会的形式召开，主题一般根据包头稀土产业特色及发展需求确定，邀请国家稀土行业管理部门领导、相关领域全国著名的专家和企业家作主题报告并展开研讨。国际综合性论坛，则邀请世界各国行业组织、产业界知名人士和专家、学者作主题报告并展开广泛深入的研讨和交流。近10年来，中国包头稀土产业论坛得到了国家发改委、国家科技部、国家工信部、国家商务部等多个国家部委的高度重视和业内相关人士的高度评价，已成为我国稀土行业的顶级盛会。每年的定期举办，已成为中国乃至全球稀土界的一项重要活动，为稀土产业政策研判、地区发展经验交流、供需双方增进了解等方面建立了良好的平台，为促进中国乃至世界稀土产业的和谐健康发展做出了重要贡献。

以开放的思维发展，立足稀土，始终不限于稀土。包头稀土高新区在继续做大做强主导产业的同时，积极抢占战略性新兴产业制高点，孕育发展新动能。

有色金属深加工和高端装备制造业在不断延伸产业的同时，出台了《包头稀土高新区关于加快大数据产业发展的决定》等政策，设立3亿元的大数据产业发展基金，大数据产业园完成基础施工，中科院大数据产业研究中心和上海交大大数据产业研究中心挂牌成立。

小白河文化旅游产业园区以打造“国家5A级景区，国内外知名旅游目的地”为目标，计划投资200亿元，高水平打造集文化旅游、休闲娱乐、生态居住为一体，可观、可感、可参与、可消费的体验式文化旅游引领项目。温泉水上世界项目已开工6.3万平方米，预计2018年底内部分投入运营，环湖景观带、颐嘉学院等项目主体完工。

同时，不断推进“双创”培育，建成“互联网+”创新创业基地、高新技术特色产业孵化基地等一批科技成果转化基地，众创空间、金融超市、创业咖啡、创谷孵化基地等得到国家及内蒙古自治区的好评，荣获内蒙古自治区首个国家级双创示范基地。

（3）完善配套体系，助力全产业链

新材料产业的发展离不开下游加工配套企业的支撑，完善的下游配套设施的建立，不但能够有效降低上游企业的成本，更能够促进产业链延伸，直至形成全产业链。

为了给区内新材料产业提供良好的配套设施。包头稀土高新区投资10亿元，打造了23万平方米的稀土新材料深加工基地。随着数十家企业的入驻，区内磁材企业电镀成本降低40%，成功打通了稀土永磁材料后加工瓶颈。钕铁硼毛坯就地加工转化率从“零”一步提高到80%，形成年电镀1.5万吨稀土磁材的处理能力。

从原料保障、新材料销售奖励、电力多边交易电价、本地配套采购奖励等多角度出台专项政策，再到稀土新材料深加工基地的建立。包头稀土高新区不断完善着新材料等各个产业的配套政策和设施，助力全产业链的形成。

政策、服务、科技、配套，各个环节的高效配合，营造了一个人气旺盛的稀土高新区，吸引了大批的企业、人才进入包头稀土高新区，技术和资金融合最终转化成了实实在在的产值和利润，体现在了产业结构的变化上。

近几年迅速吸引了唐山拓又达、北京航天万源、天津长荣电池、山东昊明电源等稀土企业在高新区落户，形成了集稀土科研、生产、检测、交易为一体的稀土产业集群，呈现出了龙头企业带动、骨干企业集聚、新兴企业蓬勃的可持续发展态势。驻区企业增长了1.2倍，地区生产总值从306亿元到400亿元，增长了31%；社会消费品零售总额从63亿元到92亿元，增长了46%。

随着稀土高新区企业英华融泰医疗科技股份有限公司完成“新三板”挂牌程序，稀土高新区拥有上市企业6家，占全市的85%；新三板挂牌企业8家，占全市的50%。

企业研发中心数量已发展至63家，其中，国家级4家，自治区级30家；拥有国家级重点实验室1家，自治区级重点实验室3家；经过认定的高新技术企业42家，占全市的59%、自治区的12%，4家企业成为包头市首批科技“小巨人”企业，占全市的80%；拥有自主知识产权企业近400家。

高新区稀土新材料企业数量占稀土工业企业的56%，达到54家，稀土终端应用企业36家，稀土原材料企业仅7家。稀土新材料工业总产值比重显著提升，由2013的产值占比23%提升到目前的46%。创新引领，转型升级，在新材料产业大发展的未来，包头稀土高新区必将发挥更加重要的作用。

作者简介：

彭炳珑　高级工程师，包头稀土高新技术产业开发区管理委员会委员。